ALEXANDER BARTL

DER ELEKTRISCHE TRAUM

Fortschrittsjahre
oder eine Gesellschaft unter Strom

HarperCollins

1. Auflage 2023
Originalausgabe

gesetzt aus der Garamond Premier Pro
von GGP Media GmbH, Pößneck
Druck und Bindung von GGP Media GmbH, Pößneck
Printed in Germany
ISBN 978-3-365-00458-6
www.harpercollins.de

Klimaneutral
Druckprodukt
ClimatePartner.com/15109-2009-1001

MIX
Papier
FSC FSC® C014496

FÜR MEINE ELTERN

INHALT

1

IN FLAMMEN

NIZZA, 1881

Nizza war bereit für den Wahnsinn, doch als er die Stadt an jenem Mittwoch befiel, stürzte er sie ins Unglück.

Noch am Morgen deutete nichts darauf hin, zumindest übersahen die Gäste alle Vorzeichen mit beiläufiger Noblesse. Der 23. März 1881, der als schwarzer Tag in Frankreichs Geschichte eingehen sollte, begann so schillernd wie die vorherigen. Zwar hatte sich die Sonne hinter Wolken verschanzt, es sah nach Regen aus. Der Ozean war über Nacht ergraut, aber das störte niemanden, denn die Stadt besaß ihren eigenen Glanz, dank der Besucher, die ihn mitbrachten.

Schon vormittags führten russische Fürstinnen und englische Lords, deutsche Herzöge und österreichische Gräfinnen ihre prachtvollen Garderoben auf der Strandpromenade spazieren. Hier musste man sein, hier musste man renommieren, die Damen in dieser Saison möglichst in Kleidern mit aufgemalten Blumengirlanden, um sich eine der begehrten Einladungen zu den exklusiven Empfängen im Club de la Méditerranée oder in den Villen am Hang zu sichern.[1]

In vielen Sprachen erörterten die Flaneure nun das Tagesprogramm. Sollten sie sich ins benachbarte Monaco begeben und nachsehen, ob beim internationalen Taubenschießen ein paar Vögel übriggeblieben waren, die sie eventuell selbst erlegen könnten? Das Casino dort lockte ebenfalls, wenngleich Nizza auf Plakaten davor warnte, weil die Behörden befürchteten, der Reichtum der Gäste versickere im Fürstentum nebenan: »Fahren Sie nicht nach Monte-Carlo!«[2] Deutlicher konnte man es kaum ausdrücken, verzweifelter auch nicht. Das Nachmittagskonzert bei dem in dieser Saison erstmals aufgetauchten Millionär aus Russland erschien manchen ebenfalls reizvoll. Er habe »sein eigenes, aus 50 Musikern bestehendes Orchester«[3] mitgebracht, hieß es in der Presse, und wolle nun demonstrieren, dass er mithalten könne mit hiesigen Luxusexzessen.

So wurden diverse Vergnügungen erwogen und wieder verworfen. Nur das Abendprogramm war diesmal unstrittig: Das Stadttheater gab *Lucia di Lammermoor*, die berühmte Oper von Gaetano Donizetti, die auf Walter Scotts Romeo-und-Julia-Adaption zurückging. Die Handlung hatte der Schriftsteller aus dem sonnigen Verona nach Schottland verlegt, wo die Herzen naturgemäß ein bisschen schwerer waren.

Düster dämmerte das Unheil herauf, bis die zwangsverheiratete Lucia ihren Ehemann erstach und im schönsten Belcanto den Verstand verlor. Die »Wahnsinnsarie« hatte sich zum Bravourstück entwickelt und oftmals auch zur Klippe für aussichtsreiche Sängerinnen, die von dort in die Bedeutungslosigkeit stürzten, wenn sie das Solo vermasselten.

Diesen Balanceakt zwischen Triumph und Tragik wollte Nizzas Hautevolee nicht verpassen, zumal ihn an diesem Abend die in Italien gefeierte Bianca Donadio wagen würde, die sich mit dem Auftritt auch in Frankreich etablieren wollte. Wer in Nizza bejubelt wurde, der hatte schon fast Paris erobert.

Es würde nicht einfach werden für sie, denn das Publikum war mindestens so verwöhnt wie das in der Metropole. Erst vor wenigen Wochen hatte die weltberühmte Koloratursopranistin Adelina Patti am Mittelmeer triumphiert und hinterher geprahlt, sie habe noch nie mehr verdient als an jenem Abend. Fünfzehntausend Francs! »Eine gleiche Summe dürfte bisher noch keine Künstlerin erhalten haben«[4], meldeten Zeitungen ehrfürchtig.

Noch erstaunlicher als Pattis Honorar war allerdings die Karriere, die der Stadt Nizza in den vergangenen Jahren gelungen war. Bis dahin hatte sie als verschlafener Ort mit dem Charme eines Sanatoriums gegolten, allein dazu errichtet, den europäischen Adel aufzupäppeln. Im Süden zu überwintern, half den meisten. Manche starben. Selbst Nizza konnte keine Wunder wirken, trotz Meerblick und Strandpromenade.

Bald aber kamen Künstler, um von der Spendierlaune der frühen Kurgäste zu profitieren, und spätestens zu diesem Zeitpunkt wurde Nizza auch für Gesunde interessant. Weil also Parvenüs, Prinzessinnen und Patienten dort mittlerweile eine ziemlich exaltierte Mischung bildeten, siedelte die Stadt grundsätzlich nah am Wahnsinn. Und am 23. März 1881 wollte man sich eine bis zur Genialität verfeinerte Spielart gönnen, die Lucia di Lammermoor, die hoffentlich ohne verrutschte Töne dem Irrsinn verfiel.

Zum Glück ahnten die vornehmen Gäste nicht, was an jenem Nachmittag in Nizzas Rathaus vorging, sonst hätten sie sich angemessen empört. Der Intendant des Stadttheaters war nach der letzten Probe vor der Premiere dorthin geeilt, um ihnen den Abend zu verderben. Aus einem defekten Rohr ströme Gas in den Bühnenraum, klagte er und empfahl, die Vorstellung abzusagen. Natürlich nicht, hieß es seitens der Behörden, schließlich war die Leitung schon seit Wochen undicht, weshalb man die Risse notdürftig mit Mörtel verspachtelt hatte.[5] Kein Grund zur Aufregung.

Ob die Aufführung stattfand oder nicht, die Sopranistin Bianca Donadio musste bezahlt werden. Sie erhielt zwar ein weit geringeres Honorar als die Patti, dennoch war es hoch genug, um das Leck lieber mit einer weiteren Mörtelschicht zu überschminken, anstatt die Premiere zu streichen und das Gasrohr auszutauschen. Herr Cottoni, der für die Oper verpflichtete Bassist, war übrigens auch nicht billig gewesen.

Fast alle kostspieligen Logenplätze hatte man verkauft, ebenso jene im Parterre. Ein kleines Vermögen lag in der Theaterkasse. Müsste man das Geld zurückerstatten, würde es das enttäuschte Publikum als Vergeltung für das entgangene Bühnenamüsement womöglich im Casino von Monaco verprassen. Nicht auszudenken!

WIEN, 1875

Die Stadt wartete auf Mister Kennedy. Schon Anfang Februar kursierten Gerüchte über seine Respekt einflößende Statur, zwei Wochen später hieß es, er sei womöglich gefährlich. Dann vermeldete die erste Zeitung endlich seine Ankunft in Österreich, um kurz darauf einzuräumen, mit dem zuständigen Redakteur sei leider die Fantasie durchgegangen. Noch sei Kennedy nicht gesichtet worden im Kaiserreich. Schade.

Nun wurden die Wiener nervös, und mit der Unruhe wuchsen die Zweifel. Hatte Kennedy überhaupt vor, sie zu beehren, wie Franz Jauner versicherte, wann immer ihn Journalisten bedrängten? Dabei sollte der Direktor des Wiener Carltheaters eigentlich wissen, wie empfindlich man in der Hauptstadt reagierte, wenn Wunschträume platzten. Wilhelm von Schwarz-Senborn zum Beispiel, der Generaldirektor der Wiener Weltausstellung vor zwei Jahren, war als Botschafter nach Washington verbannt worden, weil sich die Großveranstaltung zum finanziellen Debakel entwickelt hatte. Wer wollte schon in Amerika darben, wenn es daheim demnächst Mister Kennedy auf der Bühne zu bestaunen gab, den imposantesten und talentiertesten Elefanten des Erdballs?

»Der vierfüßige Künstler, der für 600 Pfund Sterling gekauft wurde, und ein Spielhonorar von einem halben Centner Brot per Abend erhält, wird in dem Ausstattungsstücke ›Die Reise um die Welt in achtzig Tagen‹ (nach Jules Verne's Roman) auftreten«[6], schrieb die *Neue Illustrirte Zeitung*. Noch weile das Tier in London, wo es beim Zirkus für Aufsehen sorge. Bis zur Wiener Premiere am 28. März 1875, dem Ostersonntag, waren es zwar noch mehrere Wochen, aber wer wusste schon, ob Kennedy nicht im letzten Moment seinen Auftritt verweigern würde.

Die Kaiserstadt kannte sich aus mit exotischem Großwild. Sie rühmte sich immerhin des ersten Zoos der Welt, 1752 in Schönbrunn eröffnet. Auch dort gab es einen Elefanten, doch aus London erwartete man einen Star.

In der Fantasie der Wiener wuchs das Tier über sich hinaus. »Vorderhand hat das Carltheater keine Thüre groß genug, um den interessanten Gast passiren zu lassen; man wird eine eigene Ehrenpforte von colossalem Umfange für ihn errichten müssen«[7], spekulierte die *Neue Illustrirte Zeitung*. In der Hofoper an der Ringstraße könne man den Elefanten wohl unterbringen, aber für das Privattheater in der Leopoldstadt erscheine er entschieden zu imposant.

Für die kaiserlichen Bühnen, neben der Oper noch das Hofburgtheater, waren solche Überlegungen wenig schmeichelhaft. Eigentlich sollten doch sie für Aufsehen sorgen mit ihren Stücken. Jahrzehntelang waren sie Maß und Orientierung gewesen. Und nun riss Franz Jauner alle Aufmerksamkeit an sich – mit einer Zirkusattraktion! In der Hofburg war man alarmiert, so gern diverse Angehörige der kaiserlichen Großfamilie einen Abstecher ins Carltheater machten.

Am 7. März gab es endlich wieder Neuigkeiten von Kennedy. Der Direktor verkündete vor Journalisten, er habe seinen Buchhalter nach London geschickt, um das Tier abzuholen.[8] Reklame, Reklame, darauf verstand sich Franz Jauner wie kein zweiter Theatermann. Er pries seine Produktionen nicht nur in der Presse an, sondern auch auf überdimensionalen Plakaten, die renommierte Künstler entwarfen. Wer mitreden wollte an den Stammtischen, in den Amtsstuben, sogar in den Salons der Ringstraße, der musste ins Carltheater.

Das Haus war 1847 in der Leopoldstadt errichtet worden, nahe dem Prater, also in der Sphäre des Wiener Amüsements – ein Standortvorteil. Unter den frühen Direktoren hatte es sich mit österreichischen und deutschen Volksstücken einen Namen gemacht. Der Dramatiker und Schauspieler Johann Nestroy war hier schon zu Lebzeiten zum Klassiker aufgestiegen.

Immer dem Zeitgeist auf der Spur entrümpelte Jauner den Spielplan, riss den Horizont auf, und siehe da: Jenseits der Landesgrenzen, vor allem in Frankreich, gab es Spannendes zu entdecken, das er unverzüglich importierte. Auf einmal standen Dandys und Abenteurer auf der Bühne, bekam das Wiener Publikum frivole Damen und Bonvivants zu Gesicht, die Ehebrüche in Serie begingen. Was für ein Spaß! Die Pariser Boulevarddichter schienen auf Dreiecksbeziehungen in allen Variationen spezialisiert zu sein.

Dafür nahmen sie es oftmals mit der Logik der Handlung nicht so genau. An diesem Punkt kam Jauners zweites Talent neben dem für zugkräftige Werbung ins Spiel, jenes für das große Spektakel. Damit ließen sich die Mängel der Werke vortrefflich kaschieren. Kein anderer Theaterdirektor staffierte die Bühne prunkvoller aus, keiner kostümierte die Darstellerinnen so verführerisch wie er. Und keiner verstand sich besser auf Spezialeffekte.

Man mochte sich wundern, wo all die Feuerwerke und Pistolen auf der Bühne plötzlich herkamen, die in den Dramen gar nicht vorgesehen waren. Peng! Das Publikum zuckte. Peng! Der betrogene Ehegatte erschoss erst den mutmaßlichen Liebhaber seiner Frau und danach den tatsächlichen: Peng! Tauchte dann auch noch ein unehelicher Sohn auf und knallte wild um sich, während Feuerwerksraketen über die Szene zischten wie die wütenden Seelen der Toten, registrierten die Zuschauer zufrieden, Jauner habe sich wieder einmal selbst übertroffen. Es krachte und loderte in seinen Inszenierungen, eine theatralische Materialschlacht, als hätte Österreich nach dem verlorenen Krieg 1866 gegen Preußen noch eine Rechnung offen.

Danach trat der Direktor unter tosendem Applaus auf die Bühne, gab dem Publikum Zeit, ihn zu betrachten, bevor er sich verbeugte. An Hinterkopf und Schläfen wellten sich die Reste seiner Künstlermähne, oben hatte sich die Pracht schon merklich gelichtet. Im Verhältnis zur hohen Stirn wirkten Augen, Nase und die vollen Lippen etwas zusammengedrängt, dennoch ein Charaktergesicht, kein Zweifel, bühnenreif, auch ohne Schminke.

Auf den meisten Porträtfotos blickt Jauner demonstrativ an der Kamera vorbei, mal verträumt, mal erstaunt, als wäre hinter dem Fotografen gerade Mister Kennedy ins Atelier gepoltert. Nur auf den wenigen Bildern, auf denen er direkt in die Kamera schaut, lässt sich der Krawall-Jauner erahnen, wie ihn Zeitgenossen schilderten, der Impresario, der mit seinen Spektakeln über die Fantasie der Wiener herrschte wie der Kaiser über Österreich-Ungarn.

Den linken Arm in die Taille gestützt, das Hemd zugeknöpft bis zum Hals, dennoch mit einem Anflug von Lässigkeit in der Pose, eine vormoderne Version der Coolness, während sich normale Bürger im Fotoatelier noch stocksteif hinstellten wie Imperatoren auf den Gemälden der Altmeister. Dies war der Direktor, den selbst Johann Strauss fürchtete, weil die größten Walzerfreunde mitunter lieber ins Carltheater gingen.

Kaum eine Vorstellung, die nicht ausverkauft war, während andere Bühnen noch an den Folgen des Börsenkrachs vom 9. Mai 1873 litten. Einige Theater hatte die Krise ruiniert, viele schleppten sich mit kargen Mitteln von Tag zu Tag: ein Trauerspiel. Selbst die Hofbühnen, dank üppiger Subventionen eigentlich gegen die Wechselfälle der Ökonomie gewappnet, mussten sich zum Entsetzen des Obersthofmeisters Konstantin zu Hohenlohe-Schillingsfürst, in dessen Verantwortung der Spielbetrieb lag, mit Kalamitäten herumschlagen.

Das Defizit wuchs in gleichem Maße, wie sich das Publikum rarmachte. Dass es nicht zum Besten stand um seine künstlerische Heimat, spürte auch das verwöhnte Hofbühnenpersonal: »Sparen, sparen blieb die Devise, und so kam es zu jenen denkwürdigen Erlässen, welche zum Schrecken aller Künstlerinnen plötzlich den seit Decennien üblichen Gratisbezug von Seife und Handschuhen verboten.«[9] Als entwürdigend empfanden die Betroffenen das, als mutwillige Beschädigung ihrer Aura.

Allein jenseits des Donaukanals, beim Jauner, florierten die Geschäfte. Manche seiner Freunde warnten ihn trotzdem vor dem sündteuren Pomp seiner Inszenierungen. Wenn plötzlich die Zuschauer wegblieben, wäre er ruiniert! »Das versteht ihr nicht«, entgegnete er dann, »das Geld, das man bei Tag anscheinend zum Fenster hinauswirft, kommt am Abend hundertfach an der Kasse wieder herein.«[10]

Im Frühjahr 1875 bahnte sich also der nächste Triumph an, theoretisch, denn noch fehlte von Mister Kennedy jede Spur. »Elephant, wo bist Du?«[11], fragte ein Reporter beklommen. Drei Tage später konnten die Wiener endlich aufatmen: »Der Elephant des Carl-Theaters ist heute Früh mit dem Postzuge der Kaiserin Elisabeth-Bahn glücklich in Wien angelangt.«[12] Jubelnde Menschen empfingen ihn in der Leopoldstadt, wo er neben dem Theater im Gasthaus »Zum Goldenen Tiger« an der Weintraubengasse 1 abstieg. Der Stall des Lokals sei vorab eigens für den exotischen Gast gepolstert worden.[13]

Nur eines enttäuschte viele: Mister Kennedy benahm sich zwar vorbildlich, war aber längst nicht so kolossal wie erwartet. Er wirkte, im Gegenteil, sehr normal, um nicht zu sagen: kleinwüchsig. Das pompöse Ehrenportal für das Tier konnte sich Franz Jauner sparen.

Der Direktor äußerte sich nicht dazu, der Wirbel um den Elefanten war ihm inzwischen selbst suspekt. Das Tier sollte doch nur der Köder sein, um das Publikum zu locken. Die eigentliche Attraktion war selbstverständlich die Inszenierung des Jules-Verne-Romans. Schauspieler, Bühnentechnik, Gaslichteffekte, Feuerwerk – wie Kolben und Schwungräder einer Maschine griff bei Jauner immer alles perfekt ineinander, nahm im Laufe des Abends Fahrt auf, bis sich die Ereignisse überschlugen, und die Zuschauer aus dem Staunen nicht mehr herauskamen.

Neben dem regulären Orchester hatte der Direktor diesmal eine »Militärmusikkapelle mit Hörnern und Trompeten«[14] engagiert. Die Begleitmusik stammte von Franz von Suppé, dem 1866 mit der Operette *Leichte Kavallerie* ein derart mitreißendes Werk gelungen war, dass die Ouvertüre noch im 21. Jahrhundert zu den Standards gemischter Konzertabende zählen sollte. Die opulente Szenerie entwarfen die renommierten Hoftheatermaler Brioschi, Burghart und Kautsky.

Während auf der kaiserlichen Bühne vor allem Fünfakter des klassischen Repertoires zu bebildern waren, hatte Jauner gleich dreizehn Großformate geordert. Dazu entwarf der ansonsten exklusiv den Hofbühnen verbundene Historienmaler Franz Xaver Gaul raffinierte Kostüme. Und um sein Meisterwerk abzurunden, ließ Jauner sämtliche Accessoires aus dem Pariser Meisteratelier Leblanc, Granger und Hallé kommen.[15]

Ausgerechnet Mister Kennedy gefährdete nun die Gesamtwirkung. Weil er, so klein er war, schon vor der Premiere alles andere überschattete – den großen Autor, den großen Theaterdirektor, dessen grandiose Inszenierung.

Dabei war das Stück wie gemacht für Opulenz und Temporausch. Es erzählt von einem Engländer, der um die Welt hetzt, weil er gewettet hat, dies in achtzig Tagen zu schaffen. Eine vollkommen verrückte Idee, aber genau deshalb ein typisches Jauner-Szenario. Dass nun der ganze Erfolg von der Tagesverfassung des vierbeinigen Nebendarstellers abzuhängen schien, missfiel dem Direktor.

Drei Tage vor der Premiere kam es noch schlimmer: »Wie uns mitgetheilt wird, ist der Elephant für die ›Reise um die Welt in achtzig Tagen‹ seitens der Polizei für nicht Carltheaterfähig erklärt worden, weil er lebendig ist und kein Zeugniß über seine vollendete Zähmung ausweisen kann«[16], vermeldete die *Morgen-Post*.

An diesem Tag entfielen die Proben für das neue Stück, es entfiel Mister Kennedys Morgenspaziergang zum Prater, sogar Jauners Überschwang entfiel. Der Direktor schwieg. Möglicherweise bezweifelte er erstmals selbst, das hinausgeworfene Geld werde an der Theaterkasse hundertfach wiederkehren. Wien stand unter Schock.

NIZZA, 1881

Nizzas Einwohner, viele davon als Dienstboten und Handlanger der zahlungskräftigen Besucher tätig, waren die Ersten, denen es auffiel. Die Saison 1881 fühlte sich trotz Oper, Theater, Gala-Corso und Kostümbällen auf Privatjachten anders an als die vorherigen. Die Puszta-Kapellen, die in diesem Jahr in Mode waren, gaben zwar alles, um mit Polka und Csárdás die Bedenken zu zerstreuen. Dennoch: Die demonstrativ zur Schau getragene Grandezza wirkte unecht. Eine Zeitung schrieb:

> »Trotz der Überfüllung Nizza's sind die hiesigen Einwohner und namentlich die Ladenbesitzer mit der Saison nicht zufrieden. Sie klagen darüber, daß die Qualität der Fremden gegen frühere Jahre sehr abgenommen habe.«[17]

Das Geld saß nicht mehr so locker, was bei denen, die auf die Großzügigkeit der Gäste angewiesen waren, Existenzängste weckte. Die richtig Reichen machten sich rar. Ein Insider vermeldete alarmiert: »Man vermißt plötzlich die ersten Sterne der Gesellschaft, sie sind geflohen; aus Nizza geflohen! vor der Fülle der Vergnügungen, um sich in Cannes zu erholen.«[18] Die Flucht war auch eine Reaktion auf soziale Erschütterungen, die Europas Adel in jüngerer Zeit zusetzten.

Das Volk begehrte auf, das Proletariat machte mobil, das wachsende Bürgertum hinterfragte die Nonchalance, mit der manche Zeitgenossen dank ihrer angeborenen Privilegien den Müßiggang zelebrierten und in Monaco auf Tauben schossen. Dass die Kadaver hinterher großmütig für die Armenspeisung gespendet wurden, war mittlerweile zu wenig, um die eigene Bedeutung für das Gemeinwesen zu beweisen. Zar Alexander II. hatte gar keine Chance bekommen, seinen Lifestyle entsprechend zu justieren. Vor zehn Tagen, am 13. März 1881, war er einem Attentat zum Opfer gefallen.

Die üblichen Unpässlichkeiten wurden in Nizza salopp weggelächelt, doch gegen die neue Bedrohung half nicht einmal Champagner aus dem Hause Clicquot. Die Stadt war in ihrer Dekadenz erstarrt, während sich die Welt weiterdrehte; ein Sinnbild für das kränkelnde Establishment in ganz Europa.

Die beiden Handwerker, die am frühen Abend den Dachboden des Stadttheaters betraten, ahnten nichts von der Krise der Privilegierten. Schließlich gehörten sie zum Unterbau der Gesellschaft, der es gewohnt war, Lasten zu tragen. Durch Ritzen drang das Flackerlicht der Straßenbeleuchtung in den Raum, nur eine Ahnung von Helligkeit. Die Männer ertasteten die Luke, öffneten sie und setzten eine Kurbel in Gang, die eine Kette bewegte. Der Kronleuchter rasselte aus der Tiefe zu ihnen herauf, bis er durch die Luke stieg, den Dachboden beinahe ausfüllte mit seinen zahlreichen, in Ringen angeordneten Gasbrennern. Einer der Arbeiter öffnete ein Ventil an der Wand.

Sofort füllte sich der Raum mit Gas. Es strömte durch Schläuche und aus den Düsen, die auf die Zündflamme warteten. Nun mussten sich die Männer beeilen, mit einer Fackel das Feuer verteilen, bevor ihnen das Gas die Sinne raubte. Als der Leuchter ordnungsgemäß in Flammen stand, bemerkten sie nur einen dezenten Schwindel. Das war gut. Keiner der beiden krachte benommen auf die Bretter.

Wieder kurbelten sie, nun schwebte der Kronleuchter abwärts wie eine Lichtgestalt aus Feuer und vergoldetem Eisen. Im Flackerschein bekam der Raum darunter Tiefe und Farbe. Ein Meer aus roten Samtsitzen, umschlossen von fünf Rängen, wartete auf das Publikum. Die Handwerker verließen den Dachboden und stiegen hinab zur Bühne. Nun mussten sie dort die Lampen entzünden, während im Zuschauerraum wieder Stille einkehrte, als könnte die Unruhe der Zeit dem Theater nichts anhaben.

BERLIN, 1875

Bis auf den Makel, dass es nicht schwimmen konnte, war das Schiff vollkommen. Majestätisch erhob es sich im Tanzsaal des vormaligen Berliner Vergnügungslokals Bella Vista an der Chausseestraße.[19] Emil Rathenau, 1838 in der Hauptstadt geboren, hatte den Raum in eine Fabrikhalle umfunktioniert, und die historische Karavelle war das erste Werk seines jungen Unternehmens. Obwohl nicht viele Ingenieure des 19. Jahrhunderts solche Kunstwerke fertigen durften, missfiel ihm der Auftrag.

Mit allem Pomp sollte er das Schiff ausstatten, ein dreigeschossiger Deckaufbau war gewünscht worden und eine weitläufige Tanzfläche. All das hatte Rathenau meisterhaft ausgeführt, damit die Delegation der Königlichen Hofoper, die gekommen war, um das Prachtstück abzuholen, am Rumpf emporblickte und staunte. Bedauerlicherweise wäre es sogar bei Windstille auf der Spree gesunken, denn für eine wasserdichte Beplankung hatte das Geld gefehlt. Schließlich sollte die Karavelle bloß so aussehen, als könnte sie zwischen den Kontinenten pendeln. Die Illusion zählte, nicht die technischen Möglichkeiten.

Rathenaus Werk war für Giacomo Meyerbeers Oper *Die Afrikanerin* vorgesehen, die von Vasco da Gamas Abenteuern handelt. Natürlich musste in diesem Fall ein stattlicher Kahn her, damit der portugiesische Seefahrer seiner Bestimmung folgen konnte.

Die Premiere geriet zum Triumph. Nicht nur die meisterhafte Musik und der Gesang wurden gefeiert, sondern ausdrücklich auch Rathenaus Beitrag. Das Schiff im dritten Akt und die Tempelanlagen im vierten seien »decorative Meisterwerke«[20], schwärmte etwa die Schriftstellerin Luise Mühlbach.

Las Rathenau die Hymnen, die etliche Musikkritiker auf sein Schiff anstimmten? Wohl kaum. Zweifelhaft, ob er jemals eine der Vorstellungen besuchte. »Mein Interesse für diese Arbeiten war gering, weder die Bühne noch die Balletteusen, für deren Gruppendarstellungen schmiedeeiserne Konstruktionen dienten, übten eine Anziehungskraft auf mich aus«[21], bemerkte er.

Dennoch sollte er sich viele Jahre danach noch einmal dem Theater zuwenden. Sein zweiter Flirt mit der Bühne bescherte ihm letztlich Weltruhm, obwohl er den Zauber, den Opern und Dramen auf viele ausübten, nicht nachempfinden konnte, weder später noch in den Tagen, als er ein Schiff baute, das nicht schwamm.

Mehr als die Scheinwelt der Kunst irritierte ihn, dass die Gesellschaft in Deutschland auch jenseits der Theater offenbar einer Selbsttäuschung aufsaß. Sie fühlte sich ungemein fortschrittlich dank ihrer wachsenden Industrie, folge aber ganz falschen Idealen, wie er fand. Was andere Fabrikbesitzer und deren Kunden als Erfolg feierten, war für ihn eine Ansammlung verschenkter Chancen. Er schätzte das Einheitliche, bis zur Perfektion Optimierte, sie bevorzugten Einzelstücke.

An den Dampfmaschinen, deren Konstruktionspläne von den Werkmeistern gehütet wurden wie Staatsgeheimnisse, ließ sich das veranschaulichen. Jeder Kunde äußere neue Wünsche, klagte Rathenau: »Lag die fertige Maschine rechts, wünschte man das Spiegelbild, war das Schwungrad als Riemenscheibe ausgebildet, forderte man besondere Scheiben«[22], mitunter musste bei der Konstruktion sogar auf die künftige Ummauerung in den jeweiligen Fabriken Rücksicht genommen werden.

Die Ansprüche an die Leistung der Geräte waren hingegen überschaubar. »Wenn sich die Maschinen drehten, einigermaßen die verlangte Arbeit leisteten, nicht allzuviel Störungen verursachten, dann galten sie als hervorragend«[23], urteilte der in Graz geborene Ingenieur Alois Riedler, der von 1888 an als Maschinenbau-Professor in Berlin lehrte. Unmengen an Energie wurden für eine bescheidene Kraftausbeute verschleudert, weil der Wirkungsgrad so miserabel war. Aber Hauptsache, die Schlote rauchten wie Vulkane, Hauptsache, die neuen Dampfmaschinen fügten sich formschön in die Produktionshallen. Die deutsche Rückständigkeit in technischen Belangen, zumal in seiner Heimatstadt Berlin, empfand Rathenau als besonders schmerzlich.[24]

Selbst die Liebermanns, seine wohlhabende Verwandtschaft, waren ungemein stolz auf ihre Produktionsstätten, die diesen Prinzipien folgten. Nach dem Gymnasium hatte Rathenau in einer von deren Fabriken gearbeitet, war später in England in die Lehre gegangen und anschließend heimgekehrt, um sein eigenes Unternehmen zu gründen.

Nach dem Schiff für das Hoftheater hatte Rathenau genug von Sonderanfertigungen. Er erfand eine neue Dampfmaschine auf Rädern, die sich bequem dorthin rollen ließ, wo sie gebraucht wurde. Seine Kundschaft schätzte das mobile Gerät, obwohl es ohne Extras ausgeliefert wurde. Nicht einmal ein kleines linksdrehendes Rädchen, das eigentlich rechtsherum laufen sollte, durften sich Käufer wünschen.

Selbst das Unternehmen Siemens & Halske orderte einige Exemplare. Rathenaus Firma fertigte außerdem drehbare Panzertürme für das Militär, Wellblechprodukte und dampfbetriebene Sitzheizungen für Züge, alles schön und gut, doch nichts, womit sich die deutsche Industrie reformieren ließ.

Dann geriet Rathenaus Gewerbe in den Sog der Wirtschaftskrise. Die Umsätze sanken, nicht so tief wie bei anderen Firmen, aber tief genug, um das eigene Tun zu hinterfragen. Rathenau hielt sich mit unerheblichen Aufträgen im Plus. Das zermürbte ihn auf Dauer, also verkaufte er seine Fabrik. Befragt nach den Gründen, erwiderte er:

> »Ich finde darin keine Zukunft für mich, ich komme mir auch manchmal unseren Kunden gegenüber wie ein Betrüger vor. Unsere heutigen Maschinen verbrauchen viel mehr Kohlen, als sie dürften. [...] Gewiß sind unsere Fabrikate nicht schlechter als die anderer Firmen. Das ganze Niveau ist zu niedrig.«[25]

Daraus sprach die Enttäuschung eines Mannes, der zwar die Verhältnisse als beengend empfand, aber keinen Weg wusste, dies aus eigener Kraft zu ändern. Rathenau war noch keine vierzig Jahre alt und schon so konsterniert, als hätte er sein ganzes Leben mit halben Sachen verschwendet. Daher beschloss er, sich ausgerechnet dort nach Neuerungen umzusehen, wo kein europäischer Fabrikant jemals danach gesucht hatte: in Amerika.

Zwar konnten sich die Erzeugnisse dort noch nicht messen mit den bahnbrechenden Erfindungen, die Europa in den vergangenen hundert Jahren in die Moderne gehoben hatten. Doch von einem verstanden die Amerikaner mehr: von der industriellen Serienfertigung, die nicht durch besondere Kundenwünsche ausgebremst wurde. Den Ehrgeiz, mit geringem Energieeinsatz das Maximum zu erzielen, das Gespür für Produkte, die sich auf dem Massenmarkt durchsetzten, bewunderte Rathenau. Deshalb verließ er Deutschland und tat im besten Alter »nichts Bestimmtes«, wie seine Eltern etwas verlegen auf Nachfrage erwiderten.

Die Industriellenfamilie Liebermann, spezialisiert auf Textilherstellung und Maschinenfabrikation, wunderte sich sehr. Für sie war Rathenau »der kleine Verwandte, der Fiasko erlitten hatte, der sich mit einer Menge von nicht ernstzunehmenden Projekten herumtrug und herumschlug, dem man darum auch keine rechte Zukunft zutraute«[26].

Der Argwohn mochte auch mit einer weiteren Enttäuschung zu tun haben, an der Rathenau in den Augen der Liebermanns zumindest mitschuldig war. Er hatte seinen acht Jahre jüngeren Cousin Max, mit dem er sich gut verstand, darin bestärkt, seiner Leidenschaft für die Malerei zu folgen, anstatt Maschinen zu bauen.[27] Damit bewies er den richtigen Instinkt: Max Liebermann sollte es zu einem der einflussreichsten deutschen Maler der Moderne bringen.

WIEN, 1875

Niemand wusste, wie es Jauner gelungen war, die Behörden umzustimmen, aber zwei Tage nach dem polizeilichen Bühnenverbot stand Mister Kennedy wieder auf den Brettern und probte. Manche mutmaßten, die ganze Angelegenheit sei Teil der Reklame gewesen. Andere sahen die Ursache für die Rehabilitierung des Elefanten in Jauners Beziehungen. Seine Kontakte reichten in die höchsten Kreise, was er allerdings nur zum Teil seinen Bühnenerfolgen verdankte.

Vielmehr war er 1831 in die Sphäre der Einflussreichen hineingeboren worden. Sein Vater galt als einer der bedeutendsten Kunsthandwerker der Monarchie. Den »Wiener Cellini« nannten ihn Kenner in Anlehnung an den berühmten Künstler der Renaissance. Entsprechend erlesen war seine Kundschaft. In sein Atelier an der Augustinergasse gleich hinter der Hofoper kamen Fürsten und Gräfinnen, um Schmuckstücke zu ordern. Und wenn der Kaiser zufällig in der Gegend war, dann schaute selbst er beim alten Jauner vorbei, ernannte Wiens Cellini schließlich zum k. u. k. Hofgraveur.[28]

Nachmittags tröpfelten Klaviersonaten vom ersten Stock ins Atelier. Dort oben saß Franz, der künftige Theaterdirektor, und übte. Um ihn in die bessere Gesellschaft einzuführen, musste ihn sein Vater nur dann und wann rufen: »Franzl bring du den Wein herunter. Aber anständig serviert!«[29] Und so sprach sich herum, was für ein ansehnlicher Bub beim alten Jauner Vöslauer Rotwein ausschenkte. Etwas unsicher war er noch, etwas wortkarg. Das änderte sich bald.

Baronin Pasqualati, die beim Hofgraveur Schmuck für ihren Gatten kaufte, »nicht gar zu teuer«, entdeckte Franz Jauners Talent für die Bühne: »Er hätt' a Figur fürs Theater«[30], befand sie. Als ehemalige Volksschauspielerin wusste sie Bescheid.

Bei ihr nahm Franz Jauner fortan Unterricht, schaffte es dank seiner Fortschritte in kürzester Zeit ans Hofburgtheater. Er spielte Pagen und andere Figuren, die nicht viel zu sagen hatten. Zu wenig für den ambitionierten Künstler, der sich inzwischen einiges einbildete auf seine Fähigkeiten. Also her mit den großen Rollen! Die, so sagte ihm der Direktor, müsse er erst einmal anderswo erproben, bevor er sie eventuell auf den ehrwürdigen Brettern des Hofburgtheaters spielen durfte. Man hatte einen Ruf zu verlieren.

Daher ging Jauner zunächst ans Karlsruher Theater, dann nach Hamburg und schließlich ans Dresdner Hoftheater. Dort spielte er sich durch das klassische Repertoire und fand Gefallen an Aplomb und großen Gesten, auch jenseits der Bühne. Was immer er sagte, was immer er plante, es wirkte zwei, drei Nummern zu groß für die Position, die er innehatte, als übte er schon für seine Zukunft als Direktor.

NIZZA, 1881

Gegen halb acht Uhr abends trafen die ersten Zuschauer vor dem Stadttheater ein. Das Gebäude erhob sich unmittelbar an der Küste, in der ersten Reihe der Stadt, kehrte dem Meer jedoch demonstrativ den Rücken zu, als könnte es den famosen Fernblick mit seinem Bühnenprogramm locker wettmachen.

Kein Chronist schrieb über die wachsende Menge, die schon eine halbe Stunde vor Beginn der *Lucia di Lammermoor* auf Einlass wartete, dafür war sie zu unwichtig, das Publikum der billigen Plätze, das kleinlich darauf achtete, keine Minute der Oper zu versäumen. Schließlich hatte es dafür bezahlt.

Die Herrschaften mit den teuren Karten für Parkett und Parterrelogen kamen naturgemäß mit Verspätung, oft erst zum zweiten Akt, als wäre Pünktlichkeit eine Tugend für das Fußvolk. Sie gelangten außerdem viel bequemer zu ihren Plätzen, schlenderten vom Portal auf direktem Weg in den Saal, während die Unterprivilegierten schmale Korridore entlangdrängten, schließlich über verwinkelte Treppen immer höher stiegen und endlich, außer Atem, zur Galerie unter dem Dach gelangten, wo gut hundert Leute durch eine schmale Tür mussten, bevor sie endlich Platz nehmen konnten.[31]

Weil sie auf Höhe des Kronleuchters saßen, wallte ihnen die Hitze der Flammen entgegen, aber daran waren sie gewöhnt. Und auch an die feierliche Stimmung, halb Vorfreude, halb Staunen, in die sie das Ambiente versetzte. Sie machte die Strapazen eines Theaterbesuchs in den benachteiligten Regionen des Hauses vergessen. Beugten sich die Zuschauer auf der Galerie über die Brüstung, sahen sie jetzt die ersten Festfrisuren auf den teuren Parkettplätzen, erst wenige, das Stück hatte ja noch nicht begonnen.

Vermutlich waren sie gerade damit beschäftigt, alle Gedanken an den beschwerlichen Alltag zu verdrängen, als eine Explosion die Mauern erschütterte und ein Loch in die feierliche Atmosphäre riss. Der Kronleuchter erlosch. Dann hob sich der Vorhang über einem Inferno, obwohl die Oper im ersten Akt gar keine Katastrophe vorsah.

Flammen loderten auf der Bühne, erfassten die Dekoration und zwei Sängerinnen des Chors. Nun stürzte der Tenor ins Rampenlicht, der Feuersturm warf ihn zu Boden. Brüllend vor Schmerz wälzte er sich über die Bretter. Binnen zwei, drei Minuten hatten die Flammen sämtliche Kulissen zerstört, den Tenor und die Sängerinnen getötet. Nun sprangen sie in den Zuschauerraum, dort gab es noch genug Brennstoff.

Herr Cottoni, der teuer eingekaufte Bassist, stand in diesem Augenblick hinter der Bühne, schaute unter Schock der Zerstörung zu, spürte den beißenden Qualm in den Lungen, machte kehrt. Er hastete einen der schmalen Korridore entlang, erkannte hinter Rauchschwaden endlich eine Tür, nur noch wenige Meter entfernt, fast schon in Reichweite. Er stolperte, stürzte, blieb liegen.

Im Zuschauerraum hatten es selbst die wenigen Zuschauer im Parkett geschafft, einen Tumult zu verursachen. Auf dem Weg zum Ausgang rissen sie einander zu Boden, verhedderten sich in Roben, traten auf fremde Körper. Endlich gelangten sie ins Freie, während oben auf der Galerie die Qualen erst begannen. So viele waren gleichzeitig zum einzigen Ausgang gestürzt, dass der Türrahmen bis obenhin mit Leibern verstopft war.

In Todesangst zerrten die Nachdrängenden an den Gliedmaßen der Eingequetschten. Noch hatten sie Kraft, bald nicht mehr, der Qualm brachte Ohnmacht und Tod. Endlich rutschten ein paar Leichen aus dem Türrahmen, gaben eine Luke ins Treppenhaus frei. Ein alter Mann, ein Kind im

Arm, ergriff die Chance, duckte sich durch den Türsturz. Dann überfielen ihn die Flammen von hinten.[32]

Und die Sopranistin Bianca Donadio, die in diesem Gebäude niemals die Wahnsinnsarie der Lucia singen würde, weil ein anderer Irrsinn über die Stadt gekommen war und alles zunichtemachte? Sie saß in der Garderobe, schon im Kostüm, als das Feuer ausbrach. Die Künstlerin eilte auf die Bühne, entdeckte dort Herrn Cottoni, der in die Flammen starrte. Sie ließ ihn stehen und rettete sich selbst, fand ins Freie und rannte weiter.

Als sie sich ein letztes Mal umwandte, sah sie kein Theater mehr, sie sah eine monströse Fackel, deren Flamme hoch über den Dächern der benachbarten Häuser loderte und Flackerlicht über das Meer goss. Zurück in ihrem Hotel, schloss sich die Donadio in ihr Zimmer ein und kroch ins Bett, ob der Ohnmacht näher oder der Hysterie, darüber waren sich die Zeitungen hinterher uneins.

Binnen zwei Stunden verbrannte das Stadttheater bis auf die Grundmauern. Die Löschmannschaften konnten rein gar nichts bewirken. Der Wasserstrahl war Dampf, bevor er auch nur in die Nähe der Flammen kam. Ursache für das Unglück, so wurde später festgestellt, sei das undichte Rohr gewesen. Durch das notdürftig geflickte Leck war den ganzen Tag über Gas ausgeströmt, hatte sich auf der Bühne gesammelt, und als die beiden Arbeiter Feuer an die Lampen legten, entlud sich die gestaute Energie in einer Detonation. Sofort rasten Flammen in alle Richtungen. Glück hatten jene, die es mit der Pünktlichkeit nicht so genau genommen hatten. Die meisten Logen waren noch leer, als sich die Katastrophe ereignete.

Nizzas Bürgermeister untersagte bis auf Weiteres alle Vergnügungen, das gebot der Anstand und wohl auch das schlechte Gewissen, schließlich hatte die Stadtverwaltung der brüchigen Gasleitung im Theater vertraut.

Über Nacht wurden siebzig Leichen aus den Trümmern geborgen und in die Kirche Saint-François-de-Paule schräg gegenüber gebracht. Zu spät, um Gnade für die Theaterbesucher zu erbitten, hofften die Helfer wenigstens auf Gottes Segen. Unter den Toten befand sich neben dem Tenor und mehreren Sängerinnen auch Herr Cottoni, der Bassist, noch im Kostüm und mit Schminke im Gesicht, als wäre er ins falsche Stück geraten. Ihn hatten die Flammen verschont, er war erstickt, bevor das Haus über ihm zusammenstürzte.[33]

Bald war das Kirchenschiff mit Leichen bedeckt, geschrumpfte Köpfe, verkohlte Arme, verschmortes Fleisch. Noch entsetzlicher als den Anblick empfanden Helfer den Gestank. Aus Rücksicht auf die Angehörigen, die nun kamen, um ihre Liebsten zu suchen, schleifte man die Verunglückten wieder hinaus an die frische Luft, ordnete sie unter freiem Nachthimmel in zwei Reihen an, ein Spalier des Grauens, Männer, Frauen, viele Kinder, eines mit einer schwarzen Orange in der verkohlten Hand.[34] Wahnsinn.

WIEN, 1875

Der Ostersonntag des Jahres 1875 war so grau wie Mister Kennedys Rüssel, bloß ohne dessen exotischen Charme. Kälte, Nässe und Nebel verhöhnten Wiens Sehnsucht nach dem Frühling. »Am Ostersonntag bannte Regen und Schnee den ganzen Tag über jeden in seine vier Wände«[35], meldete *Die Presse* resigniert. Nur Franz Jauner freute sich über das trostlose Wetter. Niemand würde diesen Abend auf der Ringstraße oder im Prater vertrödeln. Die Menschen saßen dann wahlweise pünktlich um halb sieben Uhr vor seiner Bühne, oder sie ärgerten sich, weil sie keine Karten mehr ergattert hatten.

Die Stunden verstrichen, das Carltheater wartete auf den Andrang. Gegen sechs Uhr abends klapperten Hufe, die erste Kutsche tauchte aus dem Nebel auf und hielt vor dem Gebäude, bevor die zweite und dritte folgten. Vom Prater und von der Komödienstraße kamen Leute zu Fuß, sammelten sich auf dem Vorplatz, noch kein Riesentrubel, aber schon eine respektable Menschenmenge. Und sie schwoll weiter an, bald warteten dort Hunderte auf Einlass, während sich der Direktor hinter der Bühne befand und die Statisten auf ihre Plätze befehligte. Die Gaslampen entlang der Rampe brannten schon, warfen ihr flackerndes, durch gekrümmte Spiegel reflektiertes Licht auf die Szene.

Als eine der ersten Wiener Bühnen war das Carltheater schon bei seiner Eröffnung in den vierziger Jahren mit Gasbeleuchtung ausgestattet worden, während die Stadt ihrerseits zu den letzten Europas zählte, die im großen Stil darauf setzten. Wie üblich war London im frühen 19. Jahrhundert vorgeprescht, hatte zunächst einen Straßenzug illuminiert, bald alle Viertel, die man für würdig hielt, auch nachts zu erstrahlen.

Zwar wurde die Technik auch anderswo etabliert, allerdings zunächst nicht flächendeckend. Noch war sie mehr

Attraktion als neue Normalität. Mal erstrahlte hier ein Palais, dort eine Apotheke, bis die britische Imperial Continental Gas Association in den dreißiger Jahren das rückständige Ausland mit dem Versprechen einer verlässlichen Leuchtgasversorgung in die Abhängigkeit lockte.

Den ersten Vertrag schloss Hannover, dann folgten Rotterdam, Aachen, Frankfurt am Main. Die künstliche Helligkeit versprach nicht nur mehr Sicherheit auf den Straßen, sondern auch enormes Prestige. In Berlin verhandelte deshalb das Königliche Ministerium des Inneren direkt mit der Beleuchtungsfirma und ließ die städtischen Behörden außen vor.[36] Später bezog auch Wien seine Energie von den Engländern. Der Kontinent wurde zur britischen Lichtkolonie.

Im Jahr 1875 murrte die Bevölkerung schon vernehmlich über zu hohe Preise für zu wenig Licht, das obendrein oftmals rußte. Denn die Gasherstellung war eine dreckige Sache. Gewonnen wurde es durch Erhitzung von Steinkohle, die dabei nicht nur Wasserstoff und Methan für die spätere Verbrennung freisetzte, sondern auch eine Menge Schadstoffe. Durch schlecht gewartete Filter gelangten sie in die Leitungen. Sehr verdächtig sah die changierende Flamme dann aus, verbreitete mitunter mehr Gift als Licht.

Anders als Kohle, Kerzen, Holz oder Petroleum war Gas der erste unsichtbare Energieträger. Das führte zu Missverständnissen und in der Folge zu Verletzten und Toten. Das Leuchtgas staute sich im Leitungsnetz unterhalb der Städte. Es entwich aus undichten Rohren, drang geräuschlos in Wohnräume, entfaltete aber beim kleinsten Funken eine Zerstörungskraft, die ganze Häuser sprengte.

Leuchtgas kostete Menschenleben selbst dort, wo es nicht explodierte, sondern versehentlich eingeatmet wurde. Dass Hotelgäste in Ohnmacht fielen, gehörte zur traurigen Folklore des frühen Fremdenverkehrs. Weil sie mit den Gasbrennern an ihren Reisezielen oft nicht vertraut waren, konnten ihnen nach falscher Handhabung oft nur noch Ärzte helfen, wenn überhaupt.

Ihre Beleuchtungstechnik sei hervorragend, beschwichtigten hingegen die englischen Gas-Imperialisten. Sie festigten ihre Macht, nicht zuletzt dank Großkonsumenten wie Franz Jauners Carltheater.

Mehr als tausenddreihundert Menschen fasste das Gebäude, verteilt auf Parterre und vier Ränge; ein gewaltiger Saal, überwölbt von einer mit Arabesken verzierten Decke.[37]

Bald war das Haus voll bis unter die Kuppel, mindestens zwei Erzherzöge hatte man gesichtet, dazu die üblichen Vertreter des Adels, Menschen, die Unglaubliches sehen, und solche, die vor allem gesehen werden wollten. In den Parterrelogen saßen Herrschaften, die sich im Alltag bedienen ließen, auf den billigen Plätzen der vierten Galerie jene, die dienten. Nur im Theater waren sie obenauf. Vermutlich wurde auch darum nach unterhaltsamen Vorstellungen auf den Plätzen mit der schlechtesten Sicht am lautesten gejubelt.

Endlich hob sich der Vorhang. Ah, Sensation! Nein, noch nicht ganz. Wo blieb denn Mister Kennedy? Zu sehen war ein Londoner Club, prachtvoll wie ein Ringstraßenpalais. Die Szenerie wirkte so englisch wie das Wienerische, das die Schauspieler britisch anhauchten – also aus österreichischer Perspektive sehr authentisch.

Phileas Fogg, der Held des Abends, schloss seine Wette ab, und schon ging es los, so schnell, dass Passepartout, Foggs Diener, ganz vergaß, das Gaslicht in dessen Wohnung zu löschen. Offenes Feuer in verlassenen Räumen! Der erste Nervenkitzel des Abends.

Der Londoner Club wich nun dem Suezkanal, die erste Station der Weltreise. Wie imposant! Alles so echt wie in den kühnsten Träumen. Kaum einer der Zuschauer war jemals in Ägypten gewesen. Von den Rängen donnerte Applaus, im Orchester donnerten die Pauken, die Trompeten der Militärmusikkapelle schmetterten Fanfaren, auf der Bühne zog Phileas Fogg seine Pistole und schoss sich den Weg frei bis nach Indien. Es sei kaum zu glauben, »wie viel da den Abend über zusammengeknallt wird«[38], staunte ein Zuschauer.

Plötzlich erhob sich hinter den Kulissen ein Brüllen, die Bühne bebte, und heraus trat die Attraktion des Abends: Mister Kennedy, ausstaffiert wie der Maharadscha von Jaipur, sonnte sich im Rampenlicht. Üppiger Kopfschmuck, Quasten, Glitzerkostümierung. Auf seinem Rücken hatte er die Witwe eines verstorbenen indischen Herrschers zum Scheiterhaufen zu tragen, wo sie dem Gatten in den Tod folgen sollte. Die Flammen züngelten schon bedrohlich.

Und die pedantischen Wiener Kritiker, die ansonsten die besten Tenöre des Kontinents herunterputzten, wenn sie einen Ton verfehlten, waren ergriffen: Der Elefant, »der vollständig theatersicher ist und seine Stichworte so genau kennt, daß er hinter den Coulissen brüllt, wenn der Moment seines Auftretens naht«[39], sei die schönste Überraschung des Abends, schwärmte die *Wiener Zeitung*. »Hurrah! Es lebe der Elephant!«, stimmte *Die Presse* ein, Mister Kennedy habe »entschiedene künstlerische Befähigung gezeigt«[40]. Das *Fremden-Blatt* urteilte, mit »lauthin vernehmbarer Stimme« habe das Tier so angenehm geklungen wie ein »junges Nebelhorn«[41].

Auch die Szene danach begeisterte die Redakteure, obwohl Jauner in Borneos Schlangengrotte sowohl auf offenes Feuer als auch auf Mister Kennedy verzichtet hatte.

Dank der bezaubernden Schlangenbeschwörerin »mit ihren schönen, üppigen Gespielinnen« erhalte das Publikum sogar noch »vergnüglichere Anregungen« als in den anderen Szenen. Exotik, Exzess und Erotik, das war Jauners bewährter Dreiklang, und an diesem Abend steigerte er ihn zur Perfektion.

Schon wurde wieder geschossen, Funken flogen, als Phileas Fogg in einer täuschend echten Eisenbahn auf richtigen Schienen durch die Prärie ostwärts dampfte, verfolgt von amerikanischen Ureinwohnern, die wiederum von der Streitmacht des Landes versprengt wurden. Mehr Pistoleros hatten sich nie zuvor auf einer Bühne versammelt. Rauchschwaden zogen in den Zuschauerraum, es roch nach Verbranntem.

Auf dem Dampfer, der Fogg über den Atlantik zurück ins Empire bringen sollte, entfesselte Jauner dann den finalen Feuersturm. Ein Journalist notierte: »Das Schiff nimmt einen rasenden Lauf. Plötzlich aber explodirt der Kessel unter furchtbarer Detonation [...], Feuerflammen schlagen hervor.«[42]

Natürlich konnte sich Fogg retten, natürlich traf er pünktlich in London ein und gewann damit die Wette, natürlich hieß der wahre Held des Abends Franz Jauner. Nach jedem Bühnenkrawall war er vom Publikum herausgerufen worden, um stürmischen Beifall zu empfangen. Am Ende verbeugte er sich gemeinsam mit den Schauspielern wieder und wieder.

Allein Mister Kennedy fehlte. Er hatte schon sein Quartier im Wirtshaus nebenan aufgesucht, um sich für die nächsten Vorstellungen zu schonen.

Der Direktor hatte sein Theater an diesem Abend endgültig in das prachtvollste Trash-Imperium der Monarchie verwandelt. Manche Bildungsbürger sahen das anders. Mit diesem Werk habe Jauner vielmehr die Vermittlung von Wissenschaft auf der Bühne revolutioniert. Binnen zweieinhalb Stunden bekomme man die geologischen und kulturellen Eigenarten aller Erdteile zu Gesicht. Was das Thema Forschung im Drama betreffe, müssten sich alle anderen Bühnenwerke an diesem großen Wurf messen lassen. »Goethe's Faust wird bearbeitet werden müssen, ergänzt und bereichert«[43], hieß es in der *Wiener Zeitung*, halb im Scherz, halb sehr ernst gemeint. Jauner sei ein wahrer Bühnenzauberer.

Dass ein verirrter Funke genügt hätte, um eine Katastrophe herbeizuführen, blendeten die Zuschauer aus. Jedenfalls äußerte keiner, ein Abend im Carltheater sei möglicherweise lebensgefährlich.

Dabei hatte ausgerechnet Franz Jauner, der Meisterzündler, einst als Dresdner Hofschauspieler selbst ein verheerendes Feuer erlebt. Als er damals, in den späten sechziger Jahren, eines Morgens zur Arbeit ging, war das Theater nicht mehr da. Über Nacht hatte es ein Brand zerstört.

Gottfried Semper, der Architekt des Bauwerks, das als eines der schönsten Theater Europas gegolten hatte, erklärte sich bereit, ein neues zu errichten, noch prachtvoller als das alte. In der Zwischenzeit wich das Ensemble in ein provisorisches Quartier aus, die sogenannte »Bretterbude«. In einem Holzverschlag auftreten? Das war nichts für Jauner.

In jenen Tagen besuchte ihn Anton Ascher, der damalige Impresario des Wiener Carltheaters: Herr Jauner, wie wäre es mit einer Rückkehr nach Wien? Nicht nur als Schauspieler sei er dort gefragt, er könne das Theater demnächst als Direktor übernehmen, weil Ascher selbst aus gesundheitlichen Gründen ausscheiden werde. Der Vorschlag gefiel Jauner, denn diese Position versprach Wohlstand, vielleicht sogar Reichtum.

Kaum hatte er den Vertrag unterzeichnet, erinnerte er sich aber an die qualmende Ruine des Dresdner Theaters. »Was geschieht«, fragte er beklommen, »wenn das Carl-Theater heute Nacht abbrennt?« Dieses Risiko gehöre zum Berufsprofil eines anständigen Direktors, erwiderte Ascher.

In den Wochen danach kursierte in Wien eine interessante Anekdote über Jauners erste Tage als Theaterleiter: Er habe das Haus kaum aus den Augen gelassen und jede Zigarre ausgetreten, die jemand auf dem Gehweg davor achtlos entsorgt habe. Riss jemand ein Zündholz an der Mauer an, eilte er mit einem Tuch herbei, um die Funken abzuwischen.[44]

Doch Furcht vor Feuer schadete den Geschäften. An zu vielen anderen Schauspielhäusern, die an Beleuchtung und Ausstattung sparten, machte sich das Publikum rar, worauf die nächsten Premieren aus Geldmangel noch ärmlicher ausfielen. So wirtschafteten sich Bühnen in den Ruin. Jauner musste das Glück jeden Abend aufs Neue herausfordern, damit es ihm an der Theaterkasse treu blieb. Und das tat er.

Überwältigt, auch mit einem Anflug von Wehmut, verließen die Zuschauer nach der Premiere das Carltheater. Wie Vertriebene aus dem Paradies, die sich nun wieder mit dem tristen Wiener Wetter und der Dunkelheit arrangieren mussten, sammelten sie sich auf dem Vorplatz. Verglichen mit der Bühnenherrlichkeit wirkte die Straßenbeleuchtung besonders jämmerlich.

Die britische Gasgesellschaft knauserte wieder, gönnte den österreichischen Lichtvasallen nur das Nötigste. Die Wiener mussten sich durch das Halbdunkel tasten. »Und die Herren Engländer thun, was sie wollen«[45], klagte der Schriftsteller Anton Langer über die Willkür der »Gas-Tyrannen«.

Nach dem Triumph des Jules-Verne-Krachers brachen für andere Wiener Bühnen schwere Zeiten an. Die Häuser blieben fast leer, die Zuschauer saßen im Carltheater. Jauner im Glück, die Hofoper in Not, das war die Lage, in der Obersthofmeister Konstantin zu Hohenlohe-Schillingsfürst, dem die Bühne unterstand, die verrückteste Idee seines Lebens hatte: Um das horrende Defizit zu senken, könnte man doch Jauner von seiner Spaßbühne abwerben und als Direktor an der Oper installieren. Diese Überlegung offenbarte vor allem, wie kritisch die Situation dort gewesen sein musste. Eine der renommiertesten Gesangsbühnen der Welt sollte unter der Leitung eines Mannes aufblühen, der noch nie mit Opernmusik zu tun gehabt hatte.

Noch erstaunlicher als dieser Plan erschien vielen allerdings Jauners Reaktion auf die ehrenvolle Anfrage: Er danke herzlich, werde aber das Carltheater trotzdem nicht aufgeben. Zu lukrativ war das Geschäft mit der leichten Unterhaltung. Worauf sich der Obersthofmeister zu einer weiteren

Verrücktheit hinreißen ließ: Der Herr Direktor könne das Carltheater behalten und die Oper quasi in Teilzeit führen. Das fanden selbst jene, die Jauner schätzten, ziemlich riskant.

»Das Erstaunen über diese Berufung war allgemein«, schrieb etwa der Sohn des vorherigen Operndirektors Johann Herbeck. Über Jauners musikalische Kenntnisse sei bisher nichts weiter an die Öffentlichkeit gedrungen, »als daß er ein passabler Clavierspieler sei«[46]. Dem neuen Direktor wurden obendrein mehr Freiheiten zugestanden als seinen Vorgängern. Ohne Rücksprache durfte er seine Stücke auswählen und sogar Geld zum Fenster hinauswerfen, weil bei ihm ohnehin jeder Gulden hundertfach wieder hereinkam.

Jauner mochte sich bestätigt und geschmeichelt fühlen, doch Demut vor der großen Aufgabe empfand er nicht. Er werde das Haus zum »Mittelpunkt der deutschen Kunst machen«, kündigte er großspurig an. »Muster-Aufführungen mit allem Glanz stell ich auf die Bühne, mit allem Pomp, daß die Leute am Boden liegen!«[47]

Die Leute am Boden und er ganz oben, im Bühnenhimmel, wo die Gaslichter wie Kometen zwischen verdorrten Holzleisten und Pappe flackerten. Mehr als ein Bühnenmagier würde er sein, fast schon ein Theatergott, der das Publikum aus dem Dämmer der kraftlosen Straßenillumination ins Licht führte.

2

ZAUBER DER STIMME (1878)

WASHINGTON

Er hatte sich einen neuen Anzug gekauft, dezentes Karo auf dunklem Grund, und sogar seine Frisur war beim Fototermin unauffällig. Nachdem Journalisten geschrieben hatten, bei ihren Besuchen in seinem Labor hätte er sich wie ein Landstreicher präsentiert, dreckiges Hemd, dreckige Hose, die Haare wie mit einer Heugabel gekämmt, war man auf einiges gefasst gewesen.

Erstaunlicherweise wirkte Thomas Alva Edison aber am 17. April 1878 für seine Verhältnisse geradezu festlich, akkurat gescheitelt, das Hemd bis zum Kragenknopf geschlossen. So konnte man sich blicken lassen in der amerikanischen Hauptstadt. Er war wohl dem Ratschlag seiner Frau Mary oder dem seines Mitarbeiters Charles Batchelor gefolgt, an diesem großen Tag nicht auszusehen, als wäre er gerade aus einer Grube gekrochen. Das erlesene Publikum, die vielen Journalisten – er wolle doch ernst genommen werden. Klar, das wollte er.

Kurz vor vier Uhr nachmittags traf Edison, seit zwei Monaten einunddreißig Jahre alt, am ehrwürdigen Smithsonian

Institut ein. In dessen Räumen ballte sich das Wissen der noch jungen Vereinigten Staaten von Nordamerika. Mit der Forschungseinrichtung setzte die neue Welt ein intellektuelles Statement. Aus rostrotem Sandstein erbaut, sah das Bauwerk mit seinen Türmen und der Fensterrosette über dem Portal so aus, als hätte dessen Architekt James Renwick die Gene eines Schlosses mit denen einer Kathedrale gekreuzt. Monumental und sakral; wenn es um ein Symbol für nationale Geisteskraft ging, konnte Übertreibung nicht schaden.

War Edison beeindruckt? Nicht sonderlich, denn nun folgte für ihn der unangenehmste Teil des Tagesprogramms. Schon vor dem Portal geriet er in furchtbares Gedränge. Alle schienen darauf zu lauern, mit ihm zu sprechen, während Charles Batchelor ihn in den Vortragsraum lotste.

Selbst Kinder bedrängten ihn mit Fragen, die er so wenig verstand wie die der Erwachsenen. Stille umschloss ihn im größten Trubel. Das verunsicherte Edison.

Die Geräusche der Welt waren ihm schon in seiner Kindheit abhandengekommen. Erst verstummte das Vogelgezwitscher, dann das Lachen seiner Geschwister. Nur noch gedämpft drangen Tischgespräche zu ihm durch. Sein Gehör schwand. Wer etwas von ihm wollte, musste ganz nah an ihn herantreten und seine Frage laut und deutlich artikulieren. Dann verstand er, wenn er wollte.

Geschafft, er saß, umwogt von Damen und Herren, die ihm zu Ehren ihre Sonntagsgarderobe aus den Schränken geholt hatten. Reich geschmückt war auch der Saal, sogar vor die Fenster hatte man Kunstwerke gehängt, die nur einen hellen Spalt am oberen Rand freiließen.

Auf Einladung der Nationalen Akademie der Wissenschaften war Edison zu deren Frühjahrstagung nach Washington gekommen, um seine neue Erfindung zu präsentieren.[1] Nachdem er sie in den vergangenen Tagen einigen Reportern vorgeführt hatte, waren im ganzen Land Artikel darüber erschienen. Viele bezeichneten ihn nun ehrfürchtig als Professor, der er nicht war. Er war noch nicht einmal ein richtiger Ingenieur.

Er hatte nur die Schule besucht, war anschließend, nachdem ihn die Lehrer als zu verträumt und unkonzentriert aufgegeben hatten, daheim in Ohio von seiner Mutter unterrichtet worden. Danach begann er zu arbeiten – und zu forschen. Der Ehrgeiz, die Geheimnisse der Natur zu lüften, begleitete ihn, seit er im Alter von drei Jahren versucht hatte, Gänseeier auszubrüten, indem er sich draufsetzte.[2] Später verkaufte er Zeitungen in den Zügen der Detroit-Linie. Damit ihm dabei nicht langweilig wurde, experimentierte er im Gepäckabteil heimlich mit Chemikalien.

Einmal geriet dort eine Kleinigkeit in Brand, beinahe wäre der ganze Waggon in Flammen aufgegangen. Der Schaffner tobte, und Edison musste sein Labor in den Keller seines Elternhauses verlegen.

Der Zufall half mit, seiner Leidenschaft für die Rätsel der Welt ein Ziel zu geben. Als er eines morgens am Gleis stand und auf den Zug wartete, gelangte ein Kleinkind auf die Schienen, von allen unbemerkt, außer von ihm. Er rettete es vor dem einfahrenden Zug, worauf ihm dessen überglücklicher Vater, der Telegrafist der Bahnstation, in die Geheimnisse seines Berufs einzuweihen versprach.

Die Drähte verliefen entlang der Gleise bis in die entlegensten Regionen des Kontinents. Dank dieser Erfindung wurden Nachrichten zwischen Sender und Empfänger erstmals unsichtbar, und sie waren schneller unterwegs als der schnellste Bote. Vielen erschien diese Technik daher mysteriös.

Neuigkeiten, die per Draht transportiert werden sollten, mussten erst in einen Code übersetzt werden, eine Ansammlung von Punkten und Strichen. Ein experimentierfreudiger New Yorker Kunstprofessor hatte sich das System, das seinen Namen trug, in den dreißiger Jahren ausgedacht: Samuel Morse. Einer der ersten Telegrafen hingegen ging auf den Göttinger Gelehrten Carl Friedrich Gauß zurück, der den Draht 1833 vom Physikalischen Kabinett der Stadt über einen Kilometer zur Sternwarte gespannt hatte.

Edison beherrschte die Technik bald besser als sein Mentor. Im Mittleren Westen zog er von Stadt zu Stadt, brachte es schließlich zum Ersten Telegrafisten, schickte politische Meldungen für Zeitungen auf die Reise, erfuhr umgekehrt als Erster, was an weit entfernten Orten vorging.

Inzwischen arbeitete er für die Western Union Telegraph Company, eines der bedeutendsten Unternehmen der Branche, und fühlte sich kompetent genug, den Fortschritt seinerseits zu beschleunigen. Denn er hatte einen eklatanten Mangel der frühen Telegrafie erkannt, der dringend behoben werden musste.

Mit dem Leitungsdraht verhielt es sich wie mit dem Bahngleis, dem er folgte. Nur ein Zug konnte jeweils in eine Richtung fahren, sonst stießen sie zusammen, was oft genug geschah. Auch Telegrafisten mussten abwarten, bis die Leitung für ihre Meldung frei war. Die Prozedur kostete Zeit, die

Amerika bei seiner Aufholjagd gegenüber dem tonangebenden Europa nicht hatte. Das wollte Edison ändern.

Bei Western Union erkannte man bald, dass er als Erfinder wertvoller war als am Telegrafenticker. Er sollte für die Firma ein Forschungszentrum in Newark aufbauen, um vermarktungsfähige Antworten auf Fragen zu finden, die niemand vor ihm gestellt hatte. Neben etlichen Hilfskräften rekrutierte er dort auch die ersten beiden Fachmänner aus Europa, die ihn später auf seinem Weg zum Ruhm begleiten sollten: den britischen Ingenieur Charles Batchelor und den aus Appenzell stammenden Schweizer Mechaniker Johann Heinrich Krüsi. Damit die Amerikaner nicht ständig über seinen Namen stolperten wie über eine Teppichfalte, zog er ihn glatt, nannte sich fortan John Kruesi.

Batchelor und er verwirklichten, was ihnen Edison auftrug. Hingeworfene Skizzen im Laborbuch verwandelten sie in bizarre Maschinen.

Macht dies, macht das, macht jenes, so schubste der Erfinder seine Mitarbeiter vorwärts, bis sich alles perfekt fügte, etwa beim Quadruplextelegrafen. Mit ihm ließen sich jeweils zwei verschiedene Nachrichten ohne Karambolagen in entgegengesetzter Richtung durch den Draht jagen.

So revolutionär das Gerät war, nach Washington hatte man Edison im April 1878 aus einem anderen Grund eingeladen. Er sollte dort eine Neuerung vorführen, die mit Telegrafie nichts zu tun hatte, noch nicht einmal mit Strom: den sagenhaften Phonographen. Ihm verdankte er die Bewunderung der Bevölkerung, seinetwegen sprach man ihn als Professor an, wahlweise auch als »Kolumbus von New Jersey«, wo er seine Werkstatt in dem Bauerndorf Menlo Park südlich von New York unterhielt. Seit zwei Jahren forschte er dort in eigener Sache, nachdem er sich von Western Union gelöst hatte.

Die tatsächlichen Professoren der Nationalen Akademie für Wissenschaften waren überrascht über den Andrang bei Edisons Präsentation. Nie zuvor hatte sich mehr Publikum in der Smithsonian Institution eingefunden. Wenn sie weitschweifig über Sonnenflecken referierten, über die Ermittlung der Lichtgeschwindigkeit oder über die Bewegung von Molekülen, hörten normalerweise nur Experten zu. Man blieb unter sich.

An diesem Tag war es anders. Der neue Kolumbus hatte mit seinem von Hand betriebenen Gerät halb Washington angelockt. »Robert Fulton, Sir Isaac Newton oder Galileo hätten nicht mehr Aufmerksamkeit erregt«[3], schwärmte der Korrespondent der New Yorker *Sun*. Unterdessen hatten Saaldiener sogar sämtliche Türen ausgehängt, um noch mehr Platz zu schaffen.

Dann ging es los, Begrüßungsrede des Akademie-Präsidenten, erster Vortrag, zweiter Vortrag, Edison sah zu und verstand nichts, hörte nur Rauschen. Dem Laienpublikum dürfte es ähnlich ergangen sein, manche gähnten, andere unterdrückten den Reflex, schauten hinüber zum großen Erfinder. Schlief Edison etwa? Nein, aber fast.

Endlich war der Vortrag über die Molekular-Aktivität zu Ende und schon vergessen, bevor der karge Applaus verebbte. Nun erhob sich Batchelor, schlanke Statur, schwarzer Vollbart, die Frisur gewissenhaft mit Pomade fixiert, damit kein Haar aus der Reihe tanzte, während Edisons Scheitel längst wieder in Auflösung begriffen war. Fransen hingen ihm in die Stirn.

Tosender Beifall begleitete die beiden auf dem Weg zum Podium.

Schlagartig wurde es still, als der Phonograph von Mitarbeitern der Akademie hereingetragen und dort auf einem Tisch zurechtgerückt wurde. Edison setzte sich mit hängenden Schultern daneben. Seine linke Hand spielte mit einem Gummiband, ließ es zwischen den Fingern schnalzen. Der große Erfinder war nervös. Er überließ Batchelor das Rednerpult.

Reporter, die ihn in den vergangenen Wochen besucht hatten, erkannten ihn kaum wieder. In seinem Labor hatte er sich in Szene gesetzt wie der König von Menlo Park, hatte ihnen enthusiastisch erzählt, wie er die Menschheit in die Zukunft führen wollte. Sonderbar, ihn nun unscheinbar wie einen Statisten neben seiner großen Errungenschaft zu sehen.

Für mitreißende Auftritte benötigte Edison ideale Bedingungen. Wenn auf den Tischen seine Werke und in den wandhohen Regalen die Glasbehälter mit seinen Chemikalien standen, wenn außerdem Gäste nah genug an ihn herantraten, damit er jedes ihrer Worte verstand, dann drehte er auf. In solchen Augenblicken schwärmte er mitunter auch von Erfindungen, die es noch gar nicht gab. Beim Phonographen war das der Fall gewesen, worauf Batchelor und Kruesi einige Nachtschichten einlegen mussten, damit die Realität mit Edisons Fantasie Schritt hielt.[4]

Anders als in Menlo Park hatte der Ehrengast im Smithsonian nichts unter Kontrolle. Viel zu viele Gesichter waren auf ihn gerichtet. Unmöglich, sich auf irgendjemanden einzulassen. Sein schwaches Gehör, das Stimmen und Beifall einebnete, machte die Sache nicht besser. Deshalb überließ er Batchelor die Präsentation, der konnte das, wenn auch nicht so umwerfend wie er selbst im Labor. Es musste reichen.

Im Unterschied zum Quadruplextelegrafen wirkte der Phonograph ziemlich simpel. Eine horizontal gelagerte Achse war an einem Ende mit einer Kurbel versehen. Das Ding sah aus wie ein Grillspieß, in dessen Mitte ein Metallzylinder darauf zu warten schien, von allen Seiten geröstet zu werden. Allerdings fehlte das Feuer. Stattdessen war davor ein Schalltrichter montiert.

Dann trat Batchelor an den Apparat – und kurbelte ein Wunder hervor: »Der sprechende Phonograph hat die Ehre, sich der Akademie der Wissenschaften zu präsentieren.«[5] Eine Stimme, losgelöst von einem sprechenden Menschen, hatte das Publikum noch nie vernommen. Es war unfassbar, einerseits unheimlich, andererseits überwältigend.

»Ich habe kein Wort verstanden«, sollte Edison hinterher zu Protokoll geben. Er war der Einzige. Der Rest des Publikums verfolgte nun gebannt, wie Charles Batchelor ein Kinderlied in den Schalltrichter sang, um kurz darauf dieselbe Melodie vom Phonographen vortragen zu lassen, im gleichen Tempo und mit der gleichen Intonation, ein wenig metallisch, was die Glaubwürdigkeit erhöhte und schließlich selbst jene überzeugte, die Batchelor zunächst für einen Bauchredner gehalten hatten. Er brüllte, er flüsterte, er hustete, und die Maschine revanchierte sich entsprechend, ein blechernes Echo, das die Zuschauer fesselte.

»Es hört sich mehr und mehr wie der Teufel an«[6], flüsterte ein Augenzeuge ängstlich. Technisch betrachtet war der Teufel eine Nadel, die an dem Schalltrichter befestigt war. Sie glitt durch die Rillen des Metallzylinders in der Mitte des Phonographen und bewegte sich über winzige Unebenheiten, die Klanggravur, die entstanden war, als Batchelor in die Sprechmuschel gesungen hatte. Die Vibration des Schalls versetzte die Nadel in Bewegung, während sich bei der Wiedergabe die Bewegung wieder in Schall verwandelte.

Wer das Ereignis an diesem Tag nicht selbst erleben konnte, der erfuhr durch Mundpropaganda davon. Noch am selben Abend meldete sich sogar Rutherford B. Hayes, der 19. Präsident der Vereinigten Staaten, bei Edison. Ob der Erfinder trotz der späten Stunde noch schnell zu ihm ins Weiße Haus kommen könne. Er wolle den Phonographen unbedingt kennenlernen. Kurz vor Mitternacht traf Edison ein. Die First Lady hatte sich schon zurückgezogen, doch sobald sie erfuhr, dass die Sprechmaschine zu Gast war, gesellte sie sich zu ihrem Ehemann.[7] Bis halb vier Uhr morgens legte sich der Phonograph ins Zeug, diesmal selbstverständlich vom Meister persönlich bedient.

Trotz aller Begeisterung für die körperlose Stimme hatte das Publikum die vielen Möglichkeiten der Maschine noch gar nicht erkannt, stellte Edison fest. Denn es ging um viel mehr als um die Reproduktion von Gequatsche:

> »Ein Geschäftsmann kann der Maschine künftig Briefe diktieren und sein Sekretär kann sie jederzeit aufschreiben, in jedem beliebigen Tempo, ohne Kurzschrift beherrschen zu müssen. Außerdem können die Menschen damit gute Musik genießen. Nehmen wir an, Adelina Patti singt den ›Donau-

walzer‹ in den Phonographen. Wir werden die Aufzeichnung vervielfältigen. Der Gesang kann dann in jedem Salon wiedergegeben werden.«[8]

Besonders charmant fand der Erfinder die Idee, die künftige Freiheitsstatue mit einem Phonographen auszustatten, damit sie Schiffsreisenden ein Liedchen vorpfeifen könne.[9] Teile der kolossalen Skulptur waren der Öffentlichkeit schon präsentiert worden, doch die Fertigstellung verzögerte sich um Jahre. Eingeweiht wurde die Statue erst im Oktober 1886, allerdings sollte sie stumm bleiben.

Darüber hinaus erwog Edison, den sperrigen Zylinder mit den Schallrillen beim nächsten Modell durch eine Scheibe zu ersetzen. Schon war er unterwegs zur Erfindung der Schallplatte, brach dann aber in eine andere Richtung auf, was er an seinem großen Tag in der Hauptstadt selbst noch nicht ahnte.

Die Journalisten waren sich jedenfalls einig, der Ehrentitel »Kolumbus von New Jersey« sei zu klein geworden für den Erfinder. Denn der italienische Seefahrer hatte ja nur etwas entdeckt, was schon vorhanden war, und Amerika obendrein mit Indien verwechselt. Edisons Leistung erschien ihnen spektakulärer. Er hatte ein Wunder vollbracht, wo vorher nichts war. Darum bezeichneten sie ihn nun als Zauberer. Dessen Experimente würden sie fortan so gewissenhaft begleiten wie die Arbeit des amerikanischen Präsidenten und unverzüglich von weiteren Sensationen berichten.

PARIS

Im Sommer 1878 reiste der Ingenieur Emil Rathenau nach Frankreich, um das neue Licht zu sehen. Viel hatte er schon davon gelesen. Seit Tagen waren Mitarbeiter des russischen Erfinders Pawel Nikolajewitsch Jablochkoff in der Avenue de l'Opéra im Einsatz. Sie spannten Drähte, postierten Stromgeneratoren, machten sich wichtig, weil sie der Stadt etwas Bedeutendes schenken sollten und deshalb auch ihrerseits Anerkennung verdienten, wie sie fanden.

Nachdem Rathenau seine Bildungsreise durch amerikanische Fabriken beendet hatte, war er nach Berlin zurückgekehrt und dort enttäuscht worden. Voller Enthusiasmus hatte er sich wieder als Unternehmer behaupten wollen, doch die deutsche Bürokratie hatte alles zunichtegemacht. Nun also war er in Paris unterwegs, um zu prüfen, was die neue Art der Straßenbeleuchtung vermochte. Ob die Technik in Deutschland erfolgreich wäre, wenn er sie dort in Lizenz herstellte und vertrieb?

Zeit und Ort der Pariser Demonstration hatte man perfekt gewählt. Die Avenue de l'Opéra war nicht nur eine der prachtvollsten Straßen der Metropole, die französische Hauptstadt richtete 1878 außerdem ihre dritte Weltausstellung aus. Eine bessere Gelegenheit gab es nicht, um die Erfindung auf allen Kontinenten ins Gespräch zu bringen. Jablochkoff verstand etwas von Reklame.

Im Abendrot versammelte sich das Publikum, die Blicke auf die Glaskugeln gerichtet, die auf Masten montiert waren.

Die Gaslaternen mussten an diesem Abend pausieren, damit die Innovation besser zur Geltung kam. Unfair sei das, klagten die Leuchtgasversorger. Erstmals in der vierzigjährigen Geschichte der Branche wagte sich ein Konkurrent auf ihr Terrain, wenn auch ein kleiner und unbedeutender, wie sie meinten. Dennoch fühlten sie sich belästigt.

Dabei war das elektrische Licht etwa so alt wie die Gasbeleuchtung. Nur hatten die Forscher länger gebraucht, die Technologie von einem Laborobjekt in eine alternative Lichtquelle im Straßenbild zu verwandeln.

Der britische Chemiker Humphrey Davy hatte schon Anfang des 19. Jahrhunderts damit experimentiert. Er setzte zwei Kohlestäbe unter Strom, und als er sie langsam voneinander entfernte, entstand in der Lücke ein Lichtbogen. Das Phänomen war eine Attraktion, als öffentliche Beleuchtung allerdings noch ungeeignet. Davy bezog den Strom aus gigantischen Batterien, die binnen Minuten erschöpft waren, sobald er damit Licht erzeugte.

Erst mit der Verbreitung leistungsfähiger Stromgeneratoren in den siebziger Jahren war an eine praktische Anwendung zu denken. Schwierigkeiten gab es trotzdem noch genug. Der gleißende Bogen verbrannte die Kohlestäbe, sie schrumpften, bis die Lücke so groß war, dass der Strom nicht mehr übersprang. Das Licht erlosch. Immer kompliziertere Apparate wurden entwickelt, damit die Distanz zwischen den elektrischen Polen konstant blieb. Die Spitzen der Kohlestifte bewegten sich dann langsam aufeinander zu, um die verlorenen Zentimeter wettzumachen.

Auch die Lampen, mit denen Jablochkoff die Avenue de l'Opéra ausgestattet hatte, beruhten auf diesem Prinzip – mit einem Unterschied. Der Erfinder hatte die umständliche Mechanik zur Annäherung der Kohlestäbe umgangen, indem er sie nicht mit den Spitzen voran anordnete, sondern senkrecht nebeneinander. Gleich, wie weit sie herunterbrannten, ihr Abstand veränderte sich dadurch nicht. Mehr als sechzig Lampen, versorgt von vier Stromgeneratoren, sollten den Parisern und den Gästen aus aller Welt demonstrieren, dass der sogenannten Jablochkoff-Kerze die Zukunft gehörte.

Als endlich die Generatoren ansprangen und das Licht über den Köpfen des Publikums erstrahlte, sah es tatsächlich so aus. Wie herrlich wirkte die Straße im elektrischen Schein! Die prachtvolle Fassade des Opernhauses, die mondänen Schauseiten der Geschäfte und Lokale, ansonsten nach Sonnenuntergang von der Finsternis verschluckt, kamen plötzlich zur Geltung. Kein anderes Licht auf Erden war so hell.

Es fiel durch die raumhohen Scheiben ins Restaurant Chez Bignon, Avenue de l'Opéra 32, und ließ die Edelsteine im Schaufenster des Juweliers Tiffany glitzern, als wären sie ihrerseits elektrische Miniaturlampen. Und in der Boutique der auf Tee und Schokolade spezialisierten Compagnie Coloniale, Hausnummer 19, begann die Kompassrose des polierten Bodenmosaiks zu gleißen wie ein Stern.

Was für ein Kontrast zum schwächlichen Flackern der Gasbeleuchtung, eine Sensation, wie sie nur die französische Hauptstadt zustande brachte! Selbstverständlich berichteten Europas und Amerikas Zeitungen in den Tagen danach ausführlich über die Lichtpremiere. Bis nach China verbreitete sich die Botschaft.

Auch Emil Rathenau gefiel das Licht, unter Vorbehalt. Vor drei Jahren hatte er seine Fabrik aufgegeben und war in die Welt aufgebrochen, um Innovationen aufzuspüren, die sich daheim gewinnbringend vermarkten ließen. Allerdings hatte er beim Technologietransfer nach Berlin schon einen Rückschlag erlitten.

Bei der Centennial International Exhibition 1876 in Philadelphia zum hundertsten Jubiläum der amerikanischen Unabhängigkeitserklärung war er erstmals fündig geworden. »Ich stopfte mir Augen, Ohren und Taschen voll, so daß ich mit Dem, was ich nach Europa herüberbrachte, eine ganze Reihe neuer Industrien hätte schaffen können«[10], berichtete er. Mit dem sicheren Instinkt, Alexander Graham Bells Telefon werde das nächste Jahrhundert prägen, wollte er in Berlin so schnell wie möglich eine Telefonzentrale einrichten, damit ihm niemand zuvorkam. Leider hatte er die Eigenarten deutscher Behörden falsch eingeschätzt.

»Nee, mein Sohn, Det jeht nicht«[11], sagte der Polizeipräsident, den er nach seiner Rückkehr kontaktiert hatte. Rathenaus Plan sei ein Eingriff in staatliche Privilegien. Also sprach der Ingenieur beim Reichspostminister vor, der, wie man hörte, Neuheiten gegenüber prinzipiell aufgeschlossen war.

»Lassen Sie die Hände davon«, habe er geantwortet. »In ganz Berlin giebts dreiundzwanzig Leute, die Telephonanschluß haben wollen.«[12] Damit ließe sich doch kein Geschäft machen. Rathenau resignierte, gezwungenermaßen. Und ging wieder auf Reisen.

Seine Begeisterung für Innovationen war nach der Enttäuschung in Berlin einer abgeklärten Betrachtung gewichen.

Die Jablochkoff-Kerze strahlte zwar fast so hell wie die Sonne. Verglichen mit anderen Lichtquellen, ob Gasbrenner, Öllampen oder Kerzen, war sie allerdings launisch. In den Nächten nach der Pariser Premiere verweigerten oftmals gleich mehrere ihren Dienst, funktionierten erst wieder, nachdem sich Techniker eine Dreiviertelstunde lang um sie bemüht hatten.[13]

Durch die parallel angeordneten Kohlestifte war es Jablochkoff zwar gelungen, den Lichtbogen ohne mechanische Manipulation zu bewahren. Dennoch waren auch sie nach etwa neunzig Minuten heruntergebrannt und mussten ausgetauscht werden. Wegen der enormen Hitze des Lichtbogens und der blanken Stromkabel konnte das kein Amateur erledigen, ohne sich in Gefahr zu bringen. Dafür benötigte man Fachleute. Kurz: Die Lampe war zu betreuungsintensiv, sonderte außerdem Schadstoffe wie die Gasbeleuchtung ab. Also insgesamt kein allzu großer Fortschritt, trotz Elektrizität, ungeeignet für Wohnungen, allenfalls auf Straßen und Plätzen ein Gewinn, sofern genug Personal zum Wechseln der Kohlestifte parat stand.

Rathenau, der einst schon bei der Produktion der Dampfmaschinen das Praktische dem Komplizierten vorgezogen hatte, entschied sich daher gegen die Verbreitung der Technologie in Deutschland. Und suchte weiter nach jener großen Idee, die seinem Leben eine neue Richtung geben sollte.

WIEN

Vom Zauberer des Theaters hatte man sich in Wien mehr versprochen. Diverse Inszenierungen fielen bei Kritik und Publikum durch. Die Doppelfunktion als Direktor der Hofoper und des Carltheaters überforderte Franz Jauner.

Selbst musikalische Meisterwerke donnerte er hart, direkt und plakativ auf die Bretter der kaiserlichen Bühne. Hau-ruck! Während man dort die Naivität beklagte, mit der er die Szenen in Angriff nahm, die grobschlächtigen Effekte, die allenfalls einer Provinzbühne würdig seien, wartete das Publikum des Carltheaters vergeblich darauf, dass sich Jauners Arbeit endlich wieder in so spektakuläre Höhen emporschwang wie bei dem Stück *In 80 Tagen um die Welt*. Doch dies zu übertreffen, war unmöglich. Bei ihm stand doch schon regelmäßig die Bühne in Flammen.

Die ganze Frühjahrssaison der Hofoper sei 1878 ein einziges Debakel gewesen. »Es gab Abende, wo selbst die Gratissitze leer blieben«[14], schrieb der Kritiker der *Wiener Sonn- und Montags-Zeitung*. Allein in den ersten Monaten des Jahres hatte der Direktor ein Defizit von hunderttausend Gulden produziert. Seine Vorgänger, die wegen der finanziellen Einbußen der Oper entlassen worden waren, hatten immerhin ein Jahr benötigt, um so tief ins Minus zu rutschen. Etwas musste geschehen – und es geschah tatsächlich.

Unter dem Druck des Publikums, der Kritiker und des kaiserlichen Generalbevollmächtigten Hohenlohe-Schillingsfürst gab Jauner die Direktion des Carltheaters auf. Die Privatbühne war ohnehin längst nicht mehr so profitabel wie in ihren besten Zeiten, als Mister Kennedy dort triumphiert hatte.

Für die Hofoper benötigte er zunächst eine Sängerin, die etwas taugte, erstens optisch, zweitens künstlerisch. Sie sollte das Publikum besänftigen, bis er bereit war für den nächsten Geniestreich. Doch kaum hatte er die berühmte Sopranistin Pauline Lucca zu einem Auftritt in Mozarts Oper *Don Giovanni* im Herbst überredet, protestierte sie. Das Kostüm missfiel ihr. Der Streit um die Garderobe eskalierte. Die Lucca warf hin.

Wenn es mit der berühmten Sängerin nicht klappte, dann musste eben eine noch berühmtere her: Adelina Patti, die Primadonna assoluta ihrer Zeit, hofiert von Königen und Kaisern, überhäuft mit Komplimenten und kostbarem Schmuck, sollte es sein. Reiste sie von Stadt zu Stadt, dann im größtmöglichen Luxus auf Schienen. »Ja sogar über die mehr oder minder große Fahrgeschwindigkeit des Zuges darf sich Frau Patti gestatten, ihre Wünsche zu äußern«, hieß es. Und vor ihren Auftritten verlangte sie nach einem »französischen Haarkünstler«[15], sofern sie sich denn überhaupt herabließ, in diesem oder jenem Opernhaus zu gastieren.

Diese Sängerin also musste schleunigst nach Wien. Zwar befand sich das Haus künstlerisch nicht mehr auf der Höhe von einst, aber noch zehrte es vom Prestige der vergangenen Jahrzehnte. Wenn es der Direktor richtig anstellte, dann konnte er die Patti damit ködern.

Zehntausend Francs forderte sie und eine Rolle für ihren kaum halb so begabten Liebhaber, den Sänger Nicolini, mit dem sie durch Europa reiste. Doch den wollten die Wiener weder sehen noch hören, und eine solche Gage war inakzeptabel in Zeiten, in denen Jauner das Budget ohnehin überstrapazierte. Es half alles nichts, er musste persönlich zu ihr nach Berlin, wo sie gerade gastierte, um sie zur Vernunft zu bringen.[16] Über die Verhandlungen drang nichts an die Öffentlichkeit, aber den besten Eindruck dürfte der Direktor nicht hinterlassen haben. Die Sängerin sagte ihm ab und stattdessen der Hamburger Oper zu.

Jauner beschloss, den Wienern ersatzweise Richard Wagners *Ring des Nibelungen* zu bieten, jenen kolossalen Zyklus, der erst 1876 in Bayreuth seine Uraufführung erlebt hatte und allein seiner Dimensionen wegen als eines der anspruchsvollsten und auch gewagtesten Werke der Oper galt. Der Direktor würde den Vierteiler in rustikaler Carltheater-Manier anpacken, schließlich erschien ihm die germanische Götterwelt geradezu prädestiniert für brachiale Effekte. Wien stand das Bühnenereignis des Jahrzehnts bevor, mindestens.

3

GROSSE VERSPRECHEN (1878)

MENLO PARK

Im November, kaum sieben Monate nach Edisons Triumph in der amerikanischen Hauptstadt, stieg in Menlo Park ein junger Mann namens Francis Jehl aus dem Zug, gerade mal achtzehn Jahre alt, aber schon ziemlich bedeutend. Er fühlte sich berufen, die Welt zu verändern. Schließlich hatte er einige elektrische Kleingeräte erfunden, war außerdem bis zu diesem Tag als Hilfskraft bei der Western Union Telegraphic Company tätig gewesen, in jener Branche also, der Edison so großes Ansehen verliehen hatte. Nun war es höchste Zeit, sich mit dem Zauberer von Menlo Park zu verbünden.

Sein Äußeres widersprach allen Klischees eines Helden, oftmals die beste Voraussetzung, tatsächlich einer zu werden, weil niemand damit rechnete. Jehls Haar befand sich schon in jungen Jahren auf dem Rückzug. Unter der höher werdenden Stirn kauerten seine Augen tief in den Höhlen. Seine Nase war verhältnismäßig klein, sein Mund verhältnismäßig schmal, als wäre in seinem runden Gesicht nur die Komparserie aufgeboten worden, aber kein Hauptdarsteller, der ihm einen unverwechselbaren Charakter verliehen hätte.

In seinen Zügen lag ein permanenter Ausdruck des Erstaunens, selbst noch im hohen Alter, als es nichts mehr gab, was Francis Jehl noch überraschen konnte.

Nein, er sollte kein Held seiner Epoche werden, jedenfalls kein berühmter, und doch kam er dem Ruhm so nahe wie die wenigsten seiner Zeitgenossen. Er war nicht nur Zeuge, sondern einer der Geburtshelfer der Moderne, verausgabte sich für einen Traum, von dem zunächst niemand wusste, ob er sich jemals erfüllen würde. Und dann, als alles geglückt war und er endlich von der Woge des Erfolgs herausgehoben wurde aus den Verhältnissen, beging er einen Fehler, den er nicht als solchen erkannte, was die Folgen umso schmerzhafter machte. Er stürzte zurück in die Normalität, und obwohl er ein normaler Mann war, konnte er dort keine Erfüllung mehr finden.

Noch verbarg sich die Zukunft hinter dem Horizont, und Francis Jehl ergriff die Chance seines Lebens. Er war aus Manhattan gekommen, rund dreißig Meilen nördlich von Menlo Park, und fühlte sich in eine andere Welt versetzt. Dort Hochhäuser, Hektik, Hybris, hier ein paar in die Landschaft gestreute Scheunen, Wald, Weiden und ein Fischteich. An diesem unscheinbaren Ort hatte Edison vor zwei Jahren ein Grundstück für sein Labor erworben. Was daran so besonders war, beschrieb Jehl Jahrzehnte später in seiner Autobiografie:

> »Niemand hatte damals je von einem professionellen Labor gehört, in dem Experimentelles bis zur Marktreife entwickelt wurde. Wissenschaftler führten Experimente durch, um das

Wissen der Menschheit zu mehren. Über die praktische Anwendbarkeit machten sie sich keine Gedanken. Das überließen sie anderen.«[1]

Als Jehl erstmals die ausgefahrene Schotterpiste neben den Gleisen überquerte und den Hügel auf der anderen Seite hinaufstieg, hatte er davon noch keine Ahnung, wusste nur, dass hier eine neue Epoche angebrochen war, während sich der Rest Amerikas weiterhin an die Gegenwart klammerte.

Zu sehen war allerdings nichts von der neuen Zeit. Rechts ragte eine Holzvilla hinter einem weißen Lattenzaun auf. Dort wohnte Edison mit seiner Frau Mary und den beiden Kindern Marion und Thomas junior, die der Erfinder der Einfachheit halber Dot und Dash rief, als Hommage an die Bausteine des Morsecodes Punkt und Strich.

Seitdem er den Phonographen erfunden hatte, hörte man einiges über Edison in New York. Nicht nur dort, sondern im ganzen Land war von ihm die Rede. Sogar Europas Hauptstädte beteiligten sich inzwischen am Personenkult. Leider war die Mundpropaganda fehleranfällig. In Paris schwärmten Zeitungen etwa von Edisons Luft-Telefon, das die menschliche Stimme per Dampf meilenweit trage.[2]

Francis Jehl war in New York als Sohn deutschstämmiger Eltern aufgewachsen und dort zur Schule gegangen. Er kannte nur seine Heimatstadt, genug für ihn.

Nun entdeckte er ein zweigeschossiges Holzgebäude, grauweiß gestrichen, als wollte es eins werden mit der verschneiten Landschaft. »Ich war aufgeregt und ganz durcheinander, eine Art innerer Tumult«[3], schrieb Jehl später. Interessanter als das Gebäude fand er den Nussbaum vor der Veranda, denn daran war ein Hund gekettet. Tierlieb wie er war, ging er hin, um ihn zu streicheln, sprang aber im letzten Moment zurück und rannte panisch hinüber zum Labor. Der Hund war in Wahrheit ein Bär. Manchmal brauchte der junge Mann etwas länger, bis er das Offensichtliche erkannte.

Im Labor stapelten sich Bücher neben technischen Geräten, alle Mitarbeiter schienen in Bewegung. Niemand nahm Notiz von Jehl, was ihn nicht überraschte. Er hatte Erfahrung damit, übersehen zu werden.

Er wolle zu Edison. Der sei im ersten Stock, einfach die Treppe hoch und warten, bis er bemerkt werde. Oben angekommen, überwältigte ihn das Ambiente. Die Regale mit Aberhundert Chemikalien an allen vier Wänden, die Tische, auf denen Edisons Werke ruhten, die Orgel am anderen Ende des Raums, die Hilborne Roosevelt, ein Cousin des späteren Präsidenten Theodore Roosevelt, für den Erfinder als Zeichen seiner Bewunderung gefertigt hatte, die ganze Atmosphäre flößte Jehl mehr Respekt ein als alles, was er bisher gesehen hatte. Ganz klein wurde für ihn das mondäne Manhattan neben Edisons Reich, das jeder andere New Yorker allenfalls als bessere Baracke bezeichnet hätte.

Dann entdeckte er ihn. Der Erfinder saß an seinem Arbeitstisch am Fenster neben Charles Batchelor. »Auf der anderen Seite des Tisches sah ich den wunderbaren Phonographen«, schwärmte Jehl: »Da stand er und gleich daneben saß der Mann, der ihn erfunden hat. Für den Achtzehnjährigen, der, den Hut in der Hand, auf sein Vorstellungsgespräch wartete, war er der bedeutendste Mensch auf Erden.«[4] Dass sich der bedeutendste Erdenmensch keinen Hund, sondern einen Bären hielt, erschien Jehl plötzlich durchaus angemessen.

Edison klemmte gerade ein Stück Draht in eine Vorrichtung aus Holz. Von dort verliefen zwei Drähte in Behälter mit flüssigen Elektrolyten. Eine Batterie, wie Jehl erkannte. Auf einmal färbte sich der Draht zwischen den Polen, glühte erst rot, dann gelb, um Sekunden später in einem Rauchwölkchen zu verglimmen. Jehl wartete. Und staunte. Und wartete. Wieder wurde er übersehen, diesmal aber von Edison, und das war nicht lästig, sondern ein Privileg.

»Was willst du hier?«

Jehl geriet ins Stottern.[5] Verlegen händigte er dem Erfinder einen Briefumschlag aus. Darin befand sich ein Empfehlungsschreiben: »Mein lieber Edison, haben Sie Verwendung für einen kräftigen achtzehnjährigen Jungen?«, schrieb Grosvenor Lowrey, der Anwalt von Western Union, der Edison beriet und förderte. »Dieser junge Kollege ist Deutscher, er heißt Francis Jehl, und obwohl er sich recht unbeholfen anstellt und auch so aussieht, obwohl ihn manche wegen seiner Langsamkeit für dumm halten, ist er recht intelligent, außerdem fleißig, pflichtbewusst und aufrichtig.«

Lowrey erwähnte auch Jehls kleine Erfindungen, schließlich bewiesen sie in den Augen des jungen Technikers, dass er nach Menlo Park gehörte: »Sie waren natürlich nur Imitationen von schon Vorhandenem, zeigten aber technisches Verständnis und eine große Leidenschaft für Elektrizität.«[6]

Ob Jehl die Batterien reinigen und erneuern könne? Edison benötigte mehr Strom für sein jüngstes Produkt. Der junge Mann konnte nicht nur, er wollte auch unbedingt, wunderte sich anfangs zwar über die skeptischen Blicke des Erfinders, war umso glücklicher, als Edison sagte, Jehl erledige die Aufgabe vortrefflich.

Fortan gehörte er dazu, wenngleich er erst drei Monate später fest angestellt wurde. Nie waren die Batterien besser in Schuss gewesen.

»Francis!«, rief Edison, und schon flogen die Funken. Aber noch sperrte sich das Ding auf dem Labortisch gegen den Durchbruch. Die bisherige Arbeit daran stellte sich vielmehr als Chronik des Scheiterns dar. Sobald Edison Platindraht unter Strom setzte, bis er glühte, zerstörte ihn die Hitze. Das durfte nicht sein. Immerhin hatte er schon den ungleich komplexeren Quadruplextelegrafen konstruiert. Und nun schmolzen ihm schlichte Drahtstücke unter den Händen weg, wieder und wieder.

Edison hatte die Aufgabe unterschätzt, von der er bis vor drei Monaten selbst noch nichts wusste. Sie war ihm durch Zufall während einer Reise in den Westen des amerikanischen Kontinents begegnet. Er hatte sie nach der Präsentation des Phonographen unternommen, um dem Trubel und dem eskalierenden Konflikt zwischen ihm und einigen britischen Gelehrten zu entkommen. Kaum zu glauben, was sich die Engländer herausnahmen!

Edison hatte vor zwei Jahren begonnen, Alexander Graham Bells halb fertiges Telefon, mehr war es nicht in seinen Augen, gründlich zu überarbeiten. Er beschäftigte sich erstmals mit der Übertragung von Schall, fand bald, er verstehe sich viel besser darauf als Bell, hatte schließlich mit dem Phonographen gezeigt, dass sich Stimmen sogar wie in Bernstein einschließen ließen – und dann das: Ein Mann namens David Edward Hughes aus London behauptete, er hätte das Mikrofon erfunden.

»Piraterie!«, empörte sich Edison, das habe er selbst entwickelt, zumindest sei es in seinen Erkenntnissen über die Verbreitung des Schalls theoretisch enthalten. In England waren sie schockiert über die Anmaßung des Amerikaners. Dank des Phonographen hatte er dort selbst in elitären wissenschaftlichen Kreisen Bewunderer gefunden. Doch nun waren die britischen Forscher ratlos. Edison verweigerte sich jeder gesitteten Diskussion, pflegte vielmehr eine Debattenkultur wie in einem Saloon in Kentucky, kurz bevor die Fäuste flogen. Die Korrespondenz des Erfinders und seiner Mitarbeiter legte das offen, wenn neben diversen Kraftausdrücken der Wunsch geäußert wurde, unliebsamen Zeitgenossen die Zähne einzuschlagen.

Edisons Cowboy-Attitüde nährte Ressentiments. Mancher gekränkte Wissenschaftler aus London lauerte nun darauf, den Rüpel aus Übersee stolpern und stürzen zu sehen.

Doch Edison war im Sommer 1878 vor allen Unannehmlichkeiten in die Rocky Mountains geflohen, vor den empörten Briefen der Engländer, seiner kränkelnden Ehefrau, der Rechnung seines New Yorker Schneiders, der noch immer auf die Bezahlung des Anzugs wartete, den er in Washington getragen hatte. In der Natur atmete er auf und wurde kreativ.

Beim Besuch eines Bergwerks überlegte er, wie sich die Kraft des Flusses, der in der Nähe ins Tal rauschte, per Strom übertragen ließe, um in der Mine Bohrmaschinen anzutreiben. Für den Rest der Reise war er in Gedanken. Einmal fiel er vom Pferd, zweimal telegrafierte ihm ein Mitarbeiter aus Menlo Park, seiner Frau gehe es schlechter, er möge heimkommen.[7] Sie litt an chronischen Angstzuständen, die Ärzte mit Morphium zu lindern versuchten.

Als Edison während seines Aufenthalts in den Rocky Mountains von ihrem Schwächeanfall erfuhr, bekümmerte ihn die Nachricht offenbar nicht sonderlich. Er setzte seine Reise fort.

Und dann sah er es, erstmals in seinem Leben: elektrisches Licht! Ein Ingenieur hatte ihn eingeladen, um ihm sein neues Werk zu präsentieren, einen selbst entwickelten Generator, der, angetrieben durch Wasserkraft, genug Strom für acht Leuchten produzierte. Es handelte sich um Bogenlampen wie die von Jablochkoff in Paris. Edison betrachtete das Gleißen zwischen den Kohlestiften, inspizierte den Generator, prüfte die Verkabelung. »Ich glaube nicht, dass Sie auf der richtigen Spur sind«, teilte er seinem Gastgeber abschätzig mit, der ihn danach trotzdem zu einem opulenten Abendessen einlud.[8]

Zurück in seinem Labor fertigte er mehrere Skizzen an. Sie stellten eine Art Schraubzwinge dar, in der ein Stück Platin zwischen Kohlestücken klemmte. Anders als bei den schwerfälligen Bogenlampen sollte in seiner Vision nicht die Luft leuchten, sondern der Stromleiter selbst. Das erschien ihm praktischer. Nachdem ihm seine Mitarbeiter John Kruesi und Charles Batchelor das Ding gebaut hatten, begann der Draht unter Strom tatsächlich zu glimmen, allerdings nur für Sekunden, bevor er verglühte. Gleichviel, Hauptsache Licht, der Rest würde sich fügen, binnen Wochen, vielleicht sogar Tagen. Es war Zeit, der Welt eine neue Ära zu verkünden, bevor ihm ein anderer zuvorkam.

Seit der Präsentation des Phonographen lauerten die Journalisten auf Edisons nächste Großtat, und endlich gab er ihnen, wonach sie sich sehnten. Am 18. September 1878 erfuhr die Menschheit von der Revolution, die ihr bevorstand. Unter dem Titel »Edisons neuestes Wunder« legte die New Yorker *Sun* ausführlich Zeugnis davon ab, nachdem sie den Erfinder interviewt hatte.[9]

Der Artikel begann mit einem Frontalangriff auf die Leuchtgasindustrie. Mit seinem elektrischen Licht werde Edison sie verdrängen. Viele Wissenschaftler hätten in den vergangenen Jahren versucht, billige elektrische Beleuchtung zu entwickeln. »Es blieb Edison vorbehalten, das schwierige Problem zu lösen. Das, sagt er, habe er in wenigen Tagen geschafft.« Bislang sei es Forschern allenfalls gelungen, mit einem Generator zehn Bogenlampen zu betreiben. Er hingegen werde damit tausend, zehntausend, ja, unendlich viele seiner speziellen Lampen speisen. Im ersten Schritt solle New York erstrahlen, danach alle anderen Städte.

Ermutigt durch den Reporter, der ihn freundlicherweise mit keiner einzigen kritischen Frage behelligte, driftete Edison in Wunschträume ab: Die vorhandenen Gasbrenner in den Häusern ließen sich ohne Umstände in elektrische Lampen umfunktionieren. »Wann immer man Licht wünscht, muss einfach nur ein kleiner Schalter betätigt werden. Streichhölzer sind nicht mehr erforderlich.«

Ferner führte er aus, man könne mit Strom auch heizen, Fahrstühle und Nähmaschinen betreiben. Dass seine Zuversicht einzig auf einem bescheidenen Provisorium auf der Werkbank in seinem Labor beruhte, das nur Sekundenlicht spendete, verschwieg er dem Reporter. Die Wahrheit hätte Zweifel an seinen Versprechungen geweckt und ihm den großen Auftritt vermasselt.

Die Krisenjahre nach dem Börsenkrach 1873 hatten Europas Wirtschaft zurückgeworfen. Daraus folgte vielfach eine skeptische Haltung allem Neuen gegenüber. In den Vereinigten Staaten hingegen, so sahen es viele, fegte die Depression die Bühne leer für neue Helden. Große Verheißungen wurden zum Treibstoff des amerikanischen Traums.

Während sich Europas Forschung in exklusiven Zirkeln abspielte, fanden sich die Berichte über Edison auf den vorderen Seiten der Tagespresse. Schließlich war er kein Spezialist im konventionellen Sinn, der sich nach Jahren an diversen Universitäten in die Öffentlichkeit wagte. Er war ein Mann des Volkes und beschäftigte sich intuitiv mit Dingen, die er für wichtig hielt.

Als Praktiker mied er komplizierte Fachbegriffe, wenn er sie denn überhaupt kannte, beschrieb lieber anschaulich die Vorteile seiner Schöpfungen für den Alltag. Auch deshalb hofierten ihn die Zeitungen, ließen ihn von seinen praktischen Lichtern für den Hausgebrauch schwärmen, die allein den Makel besaßen, dass es sie noch nicht gab.

Die Nachricht von Edisons Wunder ging binnen Tagen um die Welt und verzückte die Menschen, nur nicht jene bedauerlichen Spezialisten, die sich ihrerseits mit Elektrizität beschäftigten. Sie fühlten sich übervorteilt, verhöhnt oder beides. Edisons Gerede über Nähmaschinen und andere Geräte, die mit Strom betrieben werden sollten, sei »nichts als Nonsens«, verkündete der englische Physiker Silvanus Phillips Thompson, Professor an der Universität von Bristol. Für absurd hielt er den Gedanken, tausend oder gar hunderttausend Lampen aus einer einzigen zentralen Stromquelle zu speisen.[10] Zu den Kritikern zählte auch William Henry

Preece, der leitende Ingenieur der Britischen Post und in dieser Funktion über die Grenzen des Empires hinaus als Kapazität in technischen Dingen anerkannt.

Nach der Präsentation des Phonographen hatte er Edison noch sympathisch gefunden. Die beiden schrieben einander Briefe, in denen der Amerikaner den gebürtigen Waliser als »Freund Preece« anredete. Das war, bevor er dessen britischen Kollegen David Edward Hughes in Sachen Mikrofon der Produktpiraterie bezichtigt und Preece selbst Vertrauensmissbrauch vorgeworfen hatte.

Im Gegenzug teilte der Post-Ingenieur nun der Öffentlichkeit mit, Edison habe sich komplett verrannt. Erstens sei Gaslicht dem elektrischen in jeder Hinsicht überlegen[11], zweitens sei es unzulässig, davon auszugehen, Strom ließe sich in so viele kleine Einheiten teilen, dass damit alle Räume aller Häuser einer Stadt erstrahlten.[12]

Die Versprechungen des Amerikaners verärgerten auch Werner Siemens. Der renommierte Ingenieur hatte gemeinsam mit dem Mechaniker Johann Georg Halske einen der größten Elektrokonzerne der Welt aufgebaut, hatte Telegrafenleitungen quer durch Europa und bis nach Indien gespannt und den ersten leistungsfähigen Stromgenerator mit Elektromagneten entwickelt. Und nun verkündete ein vorlauter Einunddreißigjähriger, der noch Zeitungsverkäufer in Ohio gewesen war, als er seinerseits schon Technikgeschichte geschrieben hatte, eine Weltrevolution, dank einer Neuerung, die noch niemand kannte außer ihm selbst.

Sehr schädlich sei das: »Der deutschen Industrie und vielen gewichtigen Interessen wird durch die kritiklose Verbreitung der von Zeit zu Zeit von Amerika herübertrompetirten

Reclamen-Mittheilungen über neue Erfindungen nicht geringer Nachtheil gebracht.«[13] Werbung, so sahen es die meisten Forscher, war etwas für die Hersteller von Kinderspielzeug, Korsagen oder fragwürdigen Haarwuchsmitteln. Wissenschaftliche Entdeckungen hingegen verloren dadurch den Nimbus der Seriosität, zumal Siemens seinerseits erste Schritte unternommen hatte, um sich auch als Produzent elektrischer Beleuchtung zu etablieren. Allerdings setzte er auf Bogenlicht, weshalb er von der Glühlampentechnik grundsätzlich wenig hielt. »Wenn Edisons Sache weiter nichts ist, so ist es nicht viel«[14], urteilte er.

Während die frühen Elektrospezialisten jammerten, protestierte die Gaslobby. Über Jahrzehnte hatte sie ihre Macht ohne Störgeräusche genossen. Zwar häuften sich in den siebziger Jahren die Beschwerden, mal über zu wenig Leuchtgas, mal über ziemlich verdrecktes, das bei der Verbrennung beißende Gerüche absondere. Doch davon ließ sich die Branche nicht beirren. Schließlich gehörten ihr nicht nur die Gasfabriken und Speicher, sondern auch das Netzwerk der Rohre unterhalb der Straßen.

Zu spät hatten die Städte erkannt, dass sie die von Haus zu Haus gespannte Lebensader zugleich an die jeweiligen Versorger fesselte und der freie Wettbewerb dadurch unterbunden wurde. Die Konzerne hockten auf dem Gas und auf der kompletten Infrastruktur, und sie hockten dort sehr bequem – bis zu jenem 16. September 1878, als Edison in der New Yorker *Sun* darlegte, wie er sie vom Markt fegen wollte.

Mehr noch als dieser Affront verstörte sie die Reaktion der Märkte. Binnen weniger Tage schickte die Neuigkeit die bislang von Gipfel zu Gipfel eilenden Börsenkurse der Gasindustrie ins Tal. Experten bezeichneten den Absturz als historisch, schließlich handle es sich um eine »Classe von Actien, die noch nie den Fluctuationen des Geldmarktes ausgesetzt gewesen sind, die in guten wie schlechten Zeiten gleichmässig als vortreffliche Capitalsanlage sich bewährt haben, auf die ein schlechter Geschäftsgang niemals auch nur den geringsten Eindruck gemacht hat«[15].

Elektrisches Licht in jedem Haus sei ein Ding der Unmöglichkeit, das wisse doch jeder, empörte sich Charles Roome, der Präsident der Manhattan Gaslight Company. In einem Interview für den *New York Herald* ließ er keinen Zweifel daran, was er von solchen »Upstart-Plänemachern« wie Edison hielt, nämlich nichts.[16] Leuchtgas werde bleiben, für immer, trotz der bedenklichen Kursentwicklung.

Andere Gasdirektoren hingegen sahen ihre Geschäftsgrundlage akut bedroht. Das englische Wirtschaftsmagazin *The Economist* zeichnete eine düstere Zukunft: »Es braucht kaum erwähnt zu werden, dass Edison das Beleuchtungssystem revolutionieren wird, wenn er alle seine Pläne umsetzt. Gasaktionäre werden um ihr Vermögen fürchten müssen.«[17]

Doch selbst jene, die demonstrativ nichts auf Edisons Ankündigung gaben, versuchten eilig, mehr Informationen einzuholen. Wie ein Stromschlag riss die Botschaft vom neuen Licht sogar das britische Parlament aus seiner trägen Routine. Eilig berief es eine Kommission mit den fähigsten Experten ein.[18] Sie sollte ergründen, ob sich das Empire fürchten musste, in technischen Dingen den Anschluss zu verlieren. Die britische Gasindustrie war nicht nur im Königreich eine der wichtigsten Säulen der Wirtschaft. Sie belieferte halb Europa mit ihren zahlreichen Niederlassungen, zwang Städten ihre Preise und ihre Bedingungen auf. Was also war dran an den elektrischen Verheißungen?

Niemand wusste Genaues, nicht einmal Grosvenor Lowrey, Edisons Förderer in Manhattan. Die Bitte des Erfinders um mehr Kapital zur Entwicklung seiner Technologie beantwortete er mit der frohen Kunde, Geldgeber würden dank der wohlwollenden Berichterstattung Schlange stehen. Die Gründung einer Aktiengesellschaft wurde erwogen.

Unter den finanzkräftigen Interessenten befand sich auch Samuel Rothschild aus Wien. Er hatte in der englischen Presse von den visionären Glühlampen gelesen. »Es würde mich sehr interessieren, ob die neuen Ideen des Herrn Edison wirklich seriös und von praktischem Nutzen sind. Dessen bisherige Erfindungen [...], so interessant sie sein mochten, haben sich ja letztlich als Banalitäten erwiesen.«[19]

Rothschilds Anfrage war anmaßend, aber nicht unberechtigt. Selbst mit dem gefeierten Phonographen hatte Edison bislang nur geringe Profite erzielt, weil ihm die Kapazitäten fehlten, nennenswerte Stückzahlen zu produzieren. Anders als angekündigt, hatte er das Gerät auch noch nicht verbessert. Seine ganze Aufmerksamkeit galt nun dem Licht.

Trotz der enormen gesellschaftlichen, gesundheitlichen und wirtschaftlichen Bedeutung, die später der Einführung der elektrischen Beleuchtung zukam, dominierte zunächst ein anderer Aspekt die aufgeregte Debatte: jener der Kosten. Darauf stürzten sich Zeitungen und Wissenschaftler, gleich, ob sie Edison schätzten oder nicht. Gewiss, der Erfinder erwähnte auch andere Vorzüge. Seine Lampe würde weder Ruß noch Giftstoffe absondern, die Luft bliebe rein.

Dennoch galt es als ausgemacht, dass seine Schöpfung keine Chance hätte, wäre sie nur einen Cent teurer als Gaslicht.

Während die Gesellschaft also auf Edisons Versprechungen wahlweise begeistert, verwundert oder gereizt reagierte, stolperte er seinerseits in Menlo Park den hohen Erwartungen hinterher. Im Oktober 1878 schien er endgültig den Anschluss zu verlieren. Um das Schmelzen des Glühdrahts in seinem Provisorium zu verhindern, hatte er einen Stromregulator erdacht, der bei zu viel Hitze den Kontakt unterbrach.

Kurz vor dem Schmelzpunkt sollte das Platin einen Augenblick lang abkühlen und danach wieder automatisch unter Spannung gesetzt werden. Dadurch verwandelte sich das Sekundenlicht in ein Minutenlicht, bevor es erlosch. Nicht schlecht, trotzdem unbrauchbar für den Einsatz im Alltag. Wer würde sich ernsthaft für Lampen entscheiden, die im Verlauf eines Abends hundertmal kaputtgingen?

Die Erfindung drohte als genau jene Art von Banalität zu enden, die Rothschild befürchtet hatte. Sosehr sich Charles Batchelor und John Kruesi auch anstrengten, den Traum vom verlässlichen Glühlicht in die Wirklichkeit zu zerren – anders als beim Phonographen scheiterten sie daran.

Das Laborbuch gab Auskunft über die enormen Anstrengungen, die in Menlo Park unternommen wurden, um das zu ändern. Mal schuftete die Belegschaft vierundzwanzig Stunden am Stück, mal sogar achtundvierzig. Da Zeit für Edison eine untergeordnete Rolle spielte, bemerkte er kaum, wie sie verstrich, der Tag zu Ende ging und die Nacht hereinbrach.

Immer gab es noch eine Kleinigkeit zu erledigen und noch eine, bis es wieder hell wurde und die Spätschicht in die nächste Frühschicht überging. Auch von seinen Mitarbeitern erwartete Edison maximale Überstundentoleranz.

Schlaf werde überschätzt, sei eigentlich entbehrlich, fand er. Man ruhte zwischendurch für Minuten, auf den Werkbänken oder darunter. Der Hausherr selbst bevorzugte den Platz unterhalb der Treppe. Um die Laune seiner ausgelaugten Angestellten in den Pausen zu heben, klimperte Edison im Labor manchmal mit zwei Fingern Kinderlieder auf der Orgel. Es half.

Nur an manchen Samstagabenden war der Chef gnädig und schickte seine Mitarbeiter heim zu ihren Familien. Auch er selbst nahm sich dann Zeit für seine Ehefrau. Zu wenig für sie, mehr als genug für ihn. Er buchte Karten für das Union Square Theater in Manhattan und ließ die Kinder von Verwandten betreuen. Nach der Vorstellung kehrte er im Delmonico's an der Fifth Avenue ein.

Das Restaurant galt als das beste Amerikas, ein Imperium der gehobenen Lebensart mit angeschlossenem Ballsaal. Daraus machte sich Edison zwar nicht sonderlich viel, aber in dem Lokal verkehrten die wichtigsten Familien, die Astors, die Morgans, die Vanderbilts. Wer durch die schwere Bronzetür des Delmonico's trete, der habe es geschafft, hieß es, der zähle zu den wirklich bedeutenden Amerikanern.[20] Allein deswegen wollte er dort unbedingt rein.

Sonntags stand er wieder im Labor, gemeinsam mit seiner Mannschaft, die selbst für amerikanische Verhältnisse weit über dem Soll schuftete, ohne zu wissen, ob nach allen Strapazen mehr herauskam als Nonsens. Ihre Welt verengte sich, bis nur noch dieser verdammte Glühdraht übrig blieb, der für sie umgekehrt die Welt bedeutete. Denn davon hing alles ab, er entschied, ob die Angestellten ihre Lebenszeit sinnvoll genutzt oder sich umsonst verausgabt hatten.

Erstaunlich, wie enthusiastisch sie in Briefen an ihre Familien trotz allem von ihrer Tätigkeit berichteten, wie selbstverständlich sie die dringende Empfehlung ihrer Angehörigen ignorierten, schleunigst den Arbeitgeber zu wechseln. Was also hielt Edisons Leute, warum ergriffen sie nicht die Flucht, um anderswo in einen geordneten Alltag zurückzukehren?

Die Aussicht auf Ruhm konnte es nicht sein. Dass davon nichts für sie abfiel, hatten sie schon nach Vollendung des Phonographen bemerkt. Am Ende war es allein Edisons Werk und Edisons Triumph gewesen. Die Mühsal wurde fair geteilt, den Erfolg beanspruchte der Erfinder allein für sich. Dennoch funktionierte die Zusammenarbeit. Der typische Menlo-Park-Techniker fühlte sich im Schatten wohler als im Licht oder redete sich zumindest ein, bei Edison in der zweiten Reihe mehr zu bewirken als bei anderen Firmen in der ersten.

Der Brite Charles Batchelor und der Schweizer John Kruesi hatten ihr Handwerk in ihren Heimatländern erlernt und es darin zur Meisterschaft gebracht, waren danach aber auf der Suche nach einer Aufgabe, die sie erfüllte, in Europa nicht fündig geworden. Edison gab ihnen, wonach sie sich sehnten, und erhielt im Gegenzug bestens geschulte Fachkräfte, die wiederum in den Vereinigten Staaten schwer zu finden waren. So entstand eine internationale Kooperation, die nur Gewinner kannte.

Angelockt durch die Zeitungsberichte kamen etliche junge Männer nach Menlo Park, um sich einzubringen. Und bald zeigte sich, ob sie der eingeschworenen Gemeinschaft, der Bruderschaft der Edisonians, würdig waren. Edison profilierte sich zwar als Meister der Motivation, der seinen Leuten den festen Glauben an das Gelingen einpflanzte. Doch nicht alle waren nach der ersten Hundert-Stunden-Woche dafür noch empfänglich. Manche hatten erwartet, einen Platz an der Seite des großen Zauberers einzunehmen, mit ihm gemeinsam an der Beleuchtung zu basteln, aber das blieb den Angehörigen des inneren Kreises vorbehalten, Batchelor und Kruesi.

Darüber hinaus gab es die qualifizierten Zuarbeiter und die angelernten Hilfskräfte, die theoretisch alle noch vor den Neuen dran gewesen wären, dem Erfinder den nächsten Platindraht zu reichen. Schon fanden sie den Ort Menlo Park, den sie in ihrer Fantasie zu einer Märchendestination verklärt hatten, nicht mehr sonderlich verlockend. Und begannen an dem neuen Licht zu zweifeln, an Edison, an der eigenen Leidenschaft für die Materie.

Je mehr von ihnen auf dem steilen Weg zur Beleuchtungsrevolution versagten und zurückgelassen wurden, desto besser verstanden sich die Stammkräfte. Zu den Erwählten zu zählen, stärkte den Zusammenhalt. Sie hatten eine Stufe erklommen, auf der sie keine Macht der Welt mehr zurückzwingen konnte in das sogenannte normale Leben mit geregelter Arbeit und drei pünktlich eingenommenen Mahlzeiten am Tag.

Sosehr die echten Edisonians einander wertschätzten und unterstützten, das Verhältnis zu Edison war komplizierter. Der Erfinder wirkte einerseits wie einer von ihnen, kollegial, inspirierend, mitunter witzig und nach einer weiteren Nachtschicht ebenso mitgenommen und dreckig. Andererseits überschritt er nie die Grenze, die seine Autorität wahrte. George Batchelor nannte er Batch, während Batch bei Mister Edison blieb.

Aus dem Blickwinkel des Erfinders waren die Hierarchien flach wie ein Brett. Seine Mitarbeiter hingegen schauten zu ihm auf, selbst wenn er an der Orgel saß und sie zu seinen schlichten Melodien sangen, während die Gescheiterten und Aussortierten mit ihrem kümmerlichen Gepäck zur Bahnstation aufbrachen und desillusioniert aus Menlo Park verschwanden.

Berauscht von Edisons Verheißungen hatte Grosvenor Lowrey in Manhattan mittlerweile genug Investoren für die Gründung der Edison Electric Light Company beisammen, darunter Repräsentanten des Bankhauses J. P. Morgan und Mitglieder der ehrwürdigen Vanderbilt-Familie, die besonderen Wert auf Diskretion legten, weil sich die Dynastie auch in der Gasindustrie engagierte.[21] Den Vorwurf des Verrats wollte man sich unbedingt ersparen.

Offenbar hatte Lowrey keine Ahnung, was in Menlo Park los war. Erst als er den Besuch der Investoren ankündigte und einen würdigen Empfang erwartete, am besten mit Festbeleuchtung, wurde Edison kleinlaut. Er brauche mehr Zeit. Unmöglich, erwiderte Lowrey, schließlich wollten die Herrschaften mit eigenen Augen sehen, wofür sie ihr Geld ausgeben sollten.

Positiv betrachtet, konnte der Erfinder etwas herzeigen, das leuchtete, wenn auch nur kurz und unstet. Aber mit seinem Enthusiasmus lenkte er die Herren der Hochfinanz während ihres Besuchs so erfolgreich vom Wesentlichen ab, dass sie gar nicht richtig begriffen, was sie da eben auf dem Arbeitstisch gesehen hatten. Wenige Tage nach deren Besuch, am 15. Oktober 1878, wurde die Edison Electric Light Company gegründet.

Als Mitte November der junge Francis Jehl erstmals das Labor in Menlo Park betrat, war auf dem Gelände bereits das erste Ziegelhaus fast fertig, dessen Bau Edison mit dem frischen Kapital zügig in Angriff genommen hatte, bevor er Geld in sein elektrisches Licht investieren wollte. Es gab hochwertiges Mobiliar, mit dem ein repräsentativer Salon und eine Bibliothek in dem neuen Gebäude eingerichtet werden sollten. Und es gab eine Lampe, die noch immer nicht funktionierte. Der Unterschied zwischen dem, was in den Zeitungen gestanden hatte, und dem, was Jehl im Labor vorfand, war eklatant. Ihn störte das nicht. Er konnte helfen.

In der Zwischenzeit hatten die Anteilseigner der Edison Electric Light Company noch einmal darüber nachgedacht, womit sie der Erfinder bei ihrem Besuch denn letztlich überzeugt hatte. Das glühende Drahtgestell auf der Werkbank konnte es nicht gewesen sein. Umgehend nahmen die Geldgeber den nächsten Zug nach Menlo Park, unangekündigt, damit Edison keine Chance bekam, die Wahrheit abermals schönzureden.

So groß war die Enttäuschung nach diesem zweiten Besuch, dass sich das Komitee hinterher bei Lowrey beschwerte. Erstens sei Edison abwesend gewesen, obwohl doch noch so viel zu tun sei, zweitens habe die einsame Lampe neben dem ganzen Chaos im Labor sehr klein und unscheinbar ausgesehen. Man habe den Eindruck gewonnen, der Hausherr bereite eine Auktion von allerhand Gerümpel vor, nicht die überfällige Lichtrevolution.[22]

Grosvenor Lowrey schilderte Edison die Episode unverzüglich in einem Brief, um ihm einzuschärfen, er sei den Investoren verpflichtet. Er vermisse deren Vertrauen in seine Fähigkeiten, konterte der Erfinder. Auf der Suche nach einem Material, das stabiler als Platin war, hatten er und seine Mitarbeiter alle verfügbaren Metalle durchprobiert. Weil keines auch nur annähernd so hell glühte, beschichteten sie den Draht mit verschiedenen Materialien, um ihn zu härten.

Weitere Wochen verstrichen, Fortschritte blieben aus, wenngleich die Lampe nun ein wenig anders aussah als die ersten Modelle. Edison hatte einen Glaszylinder über den Metallfaden gestülpt. Die Kreation wirkte wie eine strahlende Suppendose auf einem Lampenfuß. Die sich darin ausdehnende Luft unterbrach nun den Strom, bevor das Platin schmolz. Doch auch dieser Mechanismus erwies sich als untauglich. John Kruesi fertigte Glühdrähte in Serie, Batchelor entsorgte die zerstörten, und Francis Jehl kümmerte sich um die Batterie. Unterdessen hatte er sich mit Edisons Bären angefreundet, das Geschenk eines kanadischen Bewunderers, wie er erfahren hatte.

Die Investoren erhöhten den Druck, man wolle endlich Substanzielles sehen, etwas, womit sich der Weltmarkt erobern ließe. Diesmal zierte sich Edison nicht, forderte auch keinen Aufschub, beschloss vielmehr, die lästigen Herren mit der Wahrheit zu konfrontieren, damit sie endlich Ruhe gaben. Das war riskant, aber besser als die Aussicht auf einen Haufen nörgelnder Dilettanten, die fortan wöchentlich nach Menlo Park pilgerten und ihn bei der Arbeit störten.

Edison empfing die Gäste in seiner neuen Bibliothek. Das luxuriöse Dekor war das Einzige, womit er an diesem Tag Eindruck machen würde. Nach wenig erbaulichen Gesprächen führte er die Besucher in sein Labor.

»Wir haben mehrere Lampen vorbereitet«, erzählte Jehl später. »Auf Edisons Zeichen verdunkelten wir den Raum.«[23] Diesmal war der Platinfaden mit Zirkonoxid beschichtet worden.

»Francis!«, rief Edison. Jehl zapfte die Stromquelle an. »In diesem Moment erwachten die Lampen zum Leben, sie zeigten zunächst ein dunkelrotes, kaum sichtbares Licht.« Dann verringerte Jehl den Widerstand in der Leitung, das Rot leuchtete nun heller, eine Ahnung von Morgenröte erfüllte das Labor. Schließlich verlor sich die Farbe, wich zunächst einem sanften Weiß, schließlich einem gleißenden.

Womöglich blickten sie doch einer leuchtenden Zukunft entgegen, mochten die Investoren in diesem Augenblick gedacht haben, bevor sie den Gedanken wieder verwarfen.

»Plötzlich verglomm die erste Lampe wie eine Sternschnuppe«, erinnerte sich Jehl. Und mit ihr fielen alle anderen aus. Weil sie hintereinander angeordnet waren wie Perlen an einer Schnur, floss von dem Moment an, in dem die erste versagte, auch zu den restlichen kein Strom mehr. Batchelor tauschte den kaputten Glühdraht aus. Das Schauspiel begann von Neuem. Insgesamt wurde die Prozedur viermal wiederholt. Dann hatten die Gäste aus Manhattan genug.

»Alles klar«, sagte Edison. »Sie haben gesehen, dass dieses System unbrauchbar ist. Wenn eine Lampe durchbrennt, verlöschen auch alle anderen. Und die Lampen selbst sind auch unbrauchbar.«[24] Er benötige also noch mehr Zeit und mehr Geld, wie seine Demonstration veranschaulicht habe. Manche der entsetzten Besucher wollten Grosvenor Lowrey nach ihrer Rückkehr dringend fragen, ob er jemanden kannte, der naiv genug sei, ihnen ihre Firmenanteile zu einem halbwegs akzeptablen Preis abzukaufen. Zwei von ihnen fanden kurz darauf tatsächlich Abnehmer und stiegen erleichtert aus.

Edison hingegen bekümmerten weder die schwächlichen Lampen noch die feigen Investoren. Schließlich waren seine Pläne viel zu gewaltig, um sich davon entmutigen zu lassen.

4

HIGHTECH IN DER KAISERZEIT (1879)

Wochenlang hatten sie gehofft, jemand würde an ihre Haustüren klopfen und ihnen elektrische Lampen verkaufen. Niemand war gekommen. Dabei besaßen die vormaligen Gasaktionäre nun genug Geld für Investitionen, weil sie ihre Anteile nach der von Edison ausgelösten Börsenpanik auf den Markt geworfen hatten. Wer wollte sein Vermögen schon einer vermeintlich überholten Industrie anvertrauen?

Nun aber, kaum vier Monate nach der Offenbarung des Herrn Edison, dämmerte auch den Letzten, dass sie sich verspekuliert hatten. Der Erfinder, so schien es, hatte die Welt genarrt – mit einer Lampe, die nicht funktionierte, und einer Überzeugung, der etliche Wissenschaftler widersprachen. Die Kurse der Gaskonzerne standen wieder so hoch wie vor dem plötzlichen Wertverfall.

Reumütig eilten die ehemaligen Aktionäre im Frühling 1879 zu den Jahresversammlungen zurück. In Londons City Terminus Hotel, einem prachtvollen Bauwerk im Stil der Neorenaissance, hielt die Imperial Continental Gas Association

Hof, die sich in etlichen Städten Europas festgesetzt hatte.[1] Das Flair der Architektur harmonierte mit dem Auftreten der Manager, die wie die Medicis des Industriezeitalters unter lautem Beifall den Festsaal betraten. In diesem Jahr genossen sie die Aufmerksamkeit der Anleger noch mehr als sonst, denn neben den üblichen Erfolgen hatten sie ohne eigenes Zutun einen Triumph über einen neuen Gegner errungen, der sich erst vollmundig angekündigt, dann aber doch nichts zustande gebracht hatte.

Sir Julian Goldsmid, der Vorsitzende, ging in seiner Eröffnungsrede nur beiläufig auf die glücklich überstandenen Marktturbulenzen ein. Nichts werde sich ändern an der Vorherrschaft der Gasindustrie, »es ist auszuschließen, dass elektrisches Licht jemals in den Häusern zum Einsatz kommt«[2]. Seine ambitionierten Prognosen über die geschäftliche Entwicklung der Imperial Continental Gas Association, die Zweifler während der Edison-Irritation im Herbst noch als utopisch bezeichnet hatten, seien allesamt wahr geworden.

Goldsmid blickte in größtenteils zufriedene Gesichter. Manche Gäste wirkten verlegen, weil sie den Lockrufen aus Menlo Park gefolgt waren. Diese Leichtgläubigen! Der Manager genoss die Begeisterung der treuen Anteilseigner und die Scham der Abtrünnigen, aber inzwischen gottlob Bekehrten.

Dann kam er zum angenehmsten Teil seiner Rede, den eigenen Erfolgen. Mehr als vierzigtausend neue Gaslampen habe die Firma im vergangenen Jahr montiert, in Berlin und Hannover seien neue Gasspeicher errichtet, in Wien, Brüssel, Amsterdam und Frankfurt die Leitungsnetze erheblich erweitert worden. Die Imperial Continental habe nun außerdem Frankreich erobert. »Wir haben jeden Vorteil, den uns der Markt bot, ausgenützt«, verkündete Goldsmid.

Weil er ein umsichtiger Mann war, mahnte er trotzdem zur Vorsicht, um Angriffe hypothetischer Wettbewerber beim nächsten Mal ohne unschöne Kursdelle zu parieren. Vielleicht könne man ja die eigene Gewohnheit überdenken, Kunden als Bittsteller und Nörgler zu betrachten, womöglich sogar eine Art Servicementalität entwickeln, so bizarr und überflüssig das bislang erschienen war. Jedenfalls müsse die eigene Technik fortan regelmäßig erneuert werden.

Andere Gasexperten riefen dazu auf, bei den Behörden gegen jeden zu intrigieren, der ihr Versorgungsmonopol hinterfragte:

> »Es ist inakzeptabel, dass irgendein zweifelhafter Wettbewerber das Recht der Gasgesellschaften verletzt, Straßen und Häuser zu beleuchten. Denn das ist allein ihr Vorrecht, aus Tradition und aus Prinzip.«[3]

Und was hielt Edison vom neuen Selbstvertrauen seiner Gegner, die ihn als Scharlatan und sein Licht als Phantom verhöhnten? »Was die Gasleute sagen, ob sie nun für oder gegen mich sind, macht für mich keinen Unterschied«[4], ließ er ausrichten. Die Angesprochenen fühlten sich neuerlich düpiert. Kritik konnte man zurückweisen, aber wie reagierte man angemessen auf Ignoranz?

Doch selbst in der Elektrobranche sank die Zahl von Edisons Unterstützern. Zu den Skeptikern, die ihn für einen Rowdy hielten, gesellten sich nun auch Forscher, denen sein Angriff auf die Gasindustrie missfiel. Man müsse dem Gegner mit mehr Respekt begegnen, fanden viele. Außerdem sei das elektrische Licht viel zu unausgereift, um damit die Konkurrenz zu ärgern. Zunächst müsse es weitere Jahre im Kreis der Wissenschaftler gedeihen, und erst danach dürfe man sich Hoffnungen machen, die Neuerung möge eine Nische neben der Gasbeleuchtung finden.

Mit Nachdruck vertrat diese Auffassung der französische Unternehmer Hippolyte Fontaine, einer der bedeutendsten Elektro-Fachmänner seiner Zeit. Bevor er in seinem in mehrere Sprachen übersetzten Standardwerk *Die Electrische Beleuchtung* auf die Chancen der neuen Technologie einging, verbeugte er sich erst einmal tief vor der Gasindustrie, zumal Strom noch vergleichsweise kostspielig war:

> »Für die Beleuchtung von Privatwohnungen ist das Leuchtgas das angenehmste, bequemste und billigste Beleuchtungsmaterial. Das electrische Licht wird sich vielleicht hier oder da in einzelne grosse Zimmer, oder in besonders luxuriös eingerichtete Wohnungen, Eingang verschaffen, aber dies wird eine so seltene Ausnahme bilden, dass es unnöthig erscheint, sie zu berücksichtigen.«[5]

Etwas mehr traute Werner Siemens der neuen Technik mittlerweile zu. Ein Nebeneinander von Gaslicht und elektrischer Beleuchtung sei vorstellbar, irgendwann, in ferner Zukunft. Grundsätzlich hatten es die Stromspezialisten nicht eilig. Denn Langsamkeit bot auch Vorteile. Da nur wenige Menschen auf Erden die komplexe Materie durchschauten, bildeten sie einen exklusiven Zirkel.

Sie wurden auch deshalb als Hightech-Pioniere geschätzt, weil kaum einer mitreden konnte. Die Beschäftigung mit elektrischem Licht galt noch als eine Art Geheimwissenschaft. Doch das Prestige der Eingeweihten war akut gefährdet, seitdem Edison das Thema proletarisiert und sogar in Substandardwohnungen und Kutscherkneipen geschleift hatte, wo nun Unberufene davon schwärmten wie von einer Kirmesattraktion.

Dabei kamen selbst die Fachleute, die das britische Parlament beauftragt hatte, die Chancen der neuen Beleuchtung zu prüfen, nach Monaten intensiver Debatten zu dem Schluss, die Gasversorger hätten nichts zu befürchten. Nur keine Panik.

MENLO PARK

Eine Pumpe musste her, schnell, denn Edison war etwas Neues eingefallen, um seine kränkelnde Lampe zu kurieren. Möglicherweise setze die Luft dem glühenden Platin zu, also müsse sie entfernt werden.

»Francis!«

Schon war sein Assistent mit dem gewünschten Utensil zur Stelle. Er stülpte eine Glasglocke über den Leuchtdraht, griff nach dem Hebel und pumpte.

Ganz schön anstrengend sei das, stellte er fest, und bemerkte Schweißperlen auf seiner Stirn.[6] Dennoch war niemand in Menlo Park glücklicher als er, schließlich hatte ihn Edison in diesem Augenblick befördert. Neben der Batterie war er nun auch für die Pumpe zuständig. Er habe die Ehre gehabt, sie zu bedienen, so sah er das, schwitzend und ungemein stolz darauf.

Nach der missglückten Produktpräsentation vor den Investoren der Edison Electric Light Company hatte Grosvenor Lowrey den Erfinder eindringlich ermahnt, die Geldgeber nicht zu verärgern, verbunden mit einer Drohung:

> »Teile uns künftig unverzüglich mit, wenn du auf Schwierigkeiten stößt. Auch wenn du befürchtest, es sei für dich von Nachteil, uns zu schildern, wie groß deine Schwierigkeiten tatsächlich sind. Aber andernfalls könnten wir zur falschen Zeit den Mut verlieren.«[7]

Das Schreiben blieb unbeantwortet, der Erfinder hatte zu tun. Der hauchfeine Platindraht unter dem Glassturz war alles, was im Moment zählte. Bevor sich Jehl an die Batterie setzte, versammelten sich die Mitarbeiter am 9. Februar 1879 um die neue Kreation, bereit für ein Erfolgserlebnis. Dann färbte sich das Metall rot, wie üblich, wenn anfangs nur wenig Strom floss. Behutsam erhöhte Jehl die Dosis, verlieh der Lampe einen goldgelben Schimmer.

Endlich war das Licht fast weiß. Zwei, drei Minuten verstrichen, noch immer zeigte sich kein Rauchfaden, der auf bevorstehende Zerstörung hindeutete. Rekord!

Schließlich ein Zucken, schwankende Helligkeit, doch noch hielt das Licht durch, bis es nach zehn Minuten in einem Funkenregen erlosch. Ein heroisches Ableben, fanden die Augenzeugen, das Mut machte.

Doch die Lampen, die in den folgenden Tagen nach dem Vorbild des Erfolgsmodells gefertigt wurden, enttäuschten. Keine Ausdauer, keine neuen Höchstleistungen. Die Mitarbeiter kehrten resigniert an ihre Werkbänke zurück, nur Charles Batchelor blieb an Edisons Seite und Francis Jehl, der pumpte.

Rückschläge, keine Niederlagen waren das für den Erfinder. Letztlich beruhten die Konflikte zwischen ihm, Lowrey und den Investoren auf dieser Wahrnehmung. Wo er enorme Chancen erkannte, sahen die Anteilseigner der Edison Electric Light Company ein Geldgrab, das sie dummerweise selbst geschaufelt hatten.

Edison untersuchte jedes Detail der Lampe unter dem Mikroskop. Nichts erklärte die geringe Ausdauer, nachdem sich das erste Modell der Serie so gut geschlagen hatte. Woran konnte es sonst liegen?

»Francis!«

Die Pumpe sei schuld, er bediene sie nicht fachgerecht.

»Dabei habe ich sie mit der größten Sorgfalt vorbereitet und konnte daher den Grund für seine Kritik nicht verstehen«, erzählt Jehl in seinen Memoiren. Kaum hatte er sich an seine gewichtige Rolle als Herr der Pumpe gewöhnt, sah er seinen neuen Status gefährdet.

Er wiederholte jeden Handgriff, während ihn Edison genau beobachtete, der seinen Vorwurf letztlich zurücknehmen musste. Schuld war nicht der Herr der Pumpe, sondern das Gerät selbst, ein amerikanisches Standardfabrikat, über das sich noch keiner beschwert hatte. Bislang hatte aber auch niemand ein höheres Vakuum für eine Glühlampe gewünscht.

Es gab bessere Geräte. Edison wollte die besten, die allerdings nicht in den Vereinigten Staaten hergestellt wurden, sondern in Deutschland. Der Glasbläser Heinrich Geißler, einer der renommiertesten Konstrukteure wissenschaftlicher Präzisionsinstrumente, hatte ein solches entwickelt. Eine andere Variante stammte von dem bei Hannover geborenen

Chemiker Hermann Sprengel, der Ende der fünfziger Jahre nach England gegangen war.

Mit herkömmlichen Pumpen, in denen Kolben einen Unterdruck erzeugten, hatten diese Objekte nichts gemeinsam. Es waren gläserne Kunstwerke, die sich senkrecht in mehreren Schleifen über eine Fläche von der Größe einer Haustür erstreckten: Trichter und Gefäße, verbunden durch kurvige Röhren, empfindlich, zerbrechlich, aber nach allem, was Edison darüber gelesen hatte, gab es weltweit kein anderes Instrument, mit dem sich Luft ähnlich wirksam aus Hohlkörpern entfernen ließ.

Auf dem amerikanischen Kontinent waren nur etwa fünf Exemplare davon vorhanden, gehütet an Spitzenuniversitäten und wissenschaftlichen Instituten. Eines davon würde bald seines sein.

Mitte April kam Herr Henderson nach Menlo Park und hielt sich nicht mit Höflichkeiten auf. Wie es denn um die elektrischen Lampen bestellt sei? Sein Chef brauche mindestens hundert davon. Eine Beleuchtung im großen Stil werde gewünscht.

Was für eine angenehme Abwechslung war der Mann nach den Besuchen der Quälgeister aus Manhattan. Während die sich allein auf die Schwierigkeiten kaprizierten, interessierte sich dieser Gast ausschließlich für Edisons große Vision. Übrigens, sagte der Besucher, sei das neue Licht nicht für ein Gebäude bestimmt, sondern für ein Dampfschiff. Wie originell!

Edisons Interesse wuchs, als er erfuhr, wer Henderson geschickt hatte. Der leitende Ingenieur war im Auftrag des Transportunternehmers Henry Villard von der anderen Seite des Kontinents, aus Oregon, herübergekommen. Villard!

Seitdem sich der Mann in der spektakulären Übernahmeschlacht um eine Eisenbahnlinie in Kansas gegen den Magnaten Jay Gould durchgesetzt hatte, war er in Amerika ein Begriff.

Wenig hatte ihn für die Auseinandersetzung qualifiziert. Weder hatte er sich an einer Universität mit Wirtschaft und Finanzen beschäftigt noch entstammte er einer einflussreichen Ostküsten-Familie. Vielmehr war er als Heinrich Hilgard in Speyer zur Welt gekommen und im Gymnasium vor allem durch seine Defizite aufgefallen. »Weder die Lehrer noch meine Eltern hatten eine hohe Meinung von meiner geistigen Befähigung«[8], schrieb er in seinen Memoiren.

Mit achtzehn wanderte er in die Vereinigten Staaten aus, nannte sich fortan Henry Villard und fand nach abgebrochenem Jurastudium und abgebrochener Karriere als Reporter endlich seine Berufung als Unternehmer. Er gründete die Oregon Railway and Transportation Company, ließ moderne Züge und Schiffe bauen und weitete seinen Einfluss bis nach Kalifornien aus.

Was ihm noch fehlte, war eine Ikone, die all das ausdrückte, was seine Firma anstrebte: Komfort, Luxus und Fortschritt. Ein neues Schiff sollte diesen Dreiklang repräsentieren, die »Columbia«. Für die futuristische Beleuchtung wollte er Edison gewinnen, den das Projekt auf Anhieb faszinierte. Ein Geschäftsmann, der allen Ernstes erwog, seine Kreation auf einem Dampfer zu installieren, obwohl sie noch nicht einmal an Land funktionierte, besaß zweifellos jenen Funken Wahnsinn, der auch ihn antrieb.

»Edisons Beleuchtungssystem wird in etwa sechs Wochen komplett fertig sein«[9], berichtete Henderson seinem Chef nach seiner Rückkehr aus Menlo Park. Das habe ihm der Erfinder versprochen. Wie gut, dass man mit der Konstruktion des neuen Schiffes der Oregon-Flotte gerade erst begonnen hatte und die Montage der Lampen frühestens in einem Jahr erfolgen würde. Denn sechs Wochen nach Hendersons Besuch hätte Edison alles Mögliche liefern können, nur kein funktionierendes Licht.

Wenigstens war endlich die neue Pumpe da, aber leider niemand, der sie fachgerecht warten konnte. Die Universität von Princeton hatte sich überreden lassen, Edison ihr Exemplar zu leihen, kein neues Modell, vielmehr war dessen Erfinder Hermann Sprengel bei der Fertigung noch auf der Suche nach der optimalen Lösung gewesen. Kaum hatte Charles Batchelor die erste Glühlampe an dem Gerät befestigt, zerbrach eines der hauchfeinen Glasrohre.

»So kam es, dass eines Tages im August 1879 ein gepflegter junger Mann mit rosa Wangen und ausländischem Akzent das Labor betrat und verkündete, er sei Ludwig Böhm«[10], berichtet Francis Jehl. Ausgestattet mit Werkzeugkoffer und einer Zither, blickte der Gast durch sein Lorgnon. Edison hatte den nach Amerika ausgewanderten Böhm als Glasbläser engagiert.

Er stammte aus Thüringen, hatte dort das Handwerk erlernt und danach in Bonn für den Erfinder und Glasspezialisten Heinrich Geißler gearbeitet. Darauf konnte man sich einiges einbilden, und Böhm tat sich keinen Zwang an.

Zunächst weigerte er sich, ein Mehrbettzimmer im Arbeiterheim zu beziehen, das zwischen Labor und Edisons Wohnhaus lag. Böhm bevorzugte eine Hütte neben dem Labor, richtete dort ebenerdig seine Werkstatt ein und schlug sein Quartier im ersten Stock auf, das er über eine Leiter erreichte. Dann kehrte er zu den anderen zurück. Was also war hier zu tun?

Eine Vakuumpumpe war zu reparieren und eine weitere zu fertigen, diesmal mit anders dimensionierten Röhren. Edison erklärte Böhm seine Methode, jede Neuerung nur als Zwischenschritt auf der langen Reise zur Vollendung anzusehen, die aber niemals erreicht wurde, weil es immer noch etwas zu verbessern gab. Zwar stellte sich der Deutsche unverzüglich der Herausforderung, das gewünschte Vakuum zu erzielen. Anders als Edison, Batchelor oder Jehl verstand er sich aber nicht als Techniker, sondern als Künstler.

Als solcher benahm er sich sonderbar, machte beispielsweise pünktlich Feierabend, was den Rest der Belegschaft befremdete.[11] Kaum rötete sich abends der Himmel, verließ Ludwig Böhm die Werkstatt, setzte sich an seine Zither und stimmte Lieder aus der Heimat an.

Eines Abends erhob sich in seiner Hütte ein fürchterliches Geheule. Mit Herrn Böhm gehe es wohl zu Ende, fürchteten die anderen. Francis Jehl beruhigte seine Kollegen. Dank seiner deutschen Eltern war er neben dem Schweizer John Kruesi der Einzige, der wusste, was mit dem Glasbläser los war. Das sei kein Schmerzensschrei, das nenne man Jodeln.[12]

So eigenartig Böhm den Kollegen erschien, die von ihm optimierten Pumpen wirkten Wunder. Sie entzogen den Lampen die Luft bis auf den verschwindend geringen Anteil von einem Millionstel, stellte Charles Batchelor fest. Womöglich hatte es in Amerika nie zuvor einen Raum gegeben, so leer wie Edisons Leuchtkolben.

Der neue Mitarbeiter fertigte auch die Glasbehälter für den Glühdraht, Kugeln mit kleinen Unregelmäßigkeiten, weil er das geschmolzene Material nicht in genormte Formen goss, sondern frei über dem Feuer aufblies. So war jede Lampe ein Unikat und entsprechend zu würdigen.

Hatte er eines seiner Kunstwerke vollendet, brachte er es ins Labor. Behutsam fixierte es Charles Batchelor an der Vakuumpumpe, und behutsam goss Francis Jehl anschließend Quecksilber in die gewundene Röhre des Glasinstruments. Er hatte die nächste Sprosse der Karriereleiter erklommen und durfte sogar das empfindliche Gerät bedienen und überwachen, wohl auch, weil selbst Edison die Geduld fehlte, bei der langwierigen Prozedur zuzuschauen.

Jehl hingegen versenkte sich in den unspektakulären Anblick wie in eine Meditation. Unendlich langsam gelangte das Quecksilber von oben nach unten, Tropfen für Tropfen, schloss dabei Luft ein, die in einer Glasröhre komprimiert und abtransportiert wurde. Einen halben Tag lang hockte er so vor dem eintönigen Szenario. Einen halben Tag lang hatten Edison, Batchelor und Kruesi zuvor schon damit zugebracht, den Glühfaden anzufertigen und ihn zwischen den elektrischen Polen zu befestigen. Waren alle erfolgreich, entstand binnen zehn Stunden eine Lampe für den nächsten Beleuchtungstest. Andernfalls gab es Scherben und einen enttäuschten Böhm, der sein zerstörtes Werk betrauerte und sich nach Feierabend den Frust von der Seele jodelte.

So viele Lampen auch kaputtgingen, eines bewiesen die Experimente: Die Edisonians waren auf dem richtigen Weg. Dank des Vakuums hatten sie die Lebensdauer der Leuchte entscheidend verlängert. Wurden Erfolge vordem in Minuten gemessen, so glühte das Metall nun mehr als eine Stunde im luftleeren Raum, bald sogar mehr als zwei.

Am 26. September 1879, einem Freitag, versuchte es Edison mit einem Draht aus Platin und Iridium, beschichtet mit Magnesiumoxid. Jehl setzte ihn unter Strom, dann warteten sie. Und warteten. Und brachen in Jubel aus, als die Lampe selbst nach zehn Stunden noch keine Schwäche zeigte. Erst nach dreizehn Stunden und achtunddreißig Minuten schwanden ihre Kräfte.[13]

An diesem Tag lag ein besonderer Zauber über Menlo Park. Ein Brief aus New York verdarb ihn. Die Investoren teilten mit, sie seien höchst nervös. Nichts Neues, aber diesmal klagten sie weder über die unzureichende Ausdauer des Glühlichts noch über Edisons Benehmen. Vielmehr hatten sie errechnen lassen, seine Beleuchtung wäre wegen des kostspieligen Platins viermal so teuer wie Gaslicht. In dieser Form taugte die Glühlampe allenfalls als Spielzeug für exzentrische Millionäre.

Ein lösbares Problem, fand Edison. Platin war teuer, weil es als selten galt. Als selten galt es, so seine Überzeugung, weil noch niemand gewissenhaft danach gesucht hatte. Er würde das tun, und schon hätte er erstens genügend Platin für sein Licht, und zweitens fiele dank seiner bedeutenden Funde der Marktpreis. So überwand der Erfinder Hindernisse. Wenn sich sein Produkt unter den gegebenen Umständen als kommerziell untauglich erwies, sortierte er eben den Rohstoffmarkt um.

Pistolenschüsse? Der Assistent musste sich verhört haben, denn auf so eine abwegige Idee würde nicht einmal der Herr Direktor kommen. Allerdings konnte man bei Franz Jauner nie wissen, also fragte er sicherheitshalber nach, ob in der Inszenierung von Richard Wagners *Götterdämmerung* ernsthaft Faustfeuerwaffen gewünscht waren. Pulverdampf in der germanischen Mythologie, habe er das richtig verstanden? Jauner nickte ungeduldig, weil seinem Mitarbeiter offenbar jeder Sinn für Effekte fehlte.

»Sehr wohl«, erwiderte der Assistent, der nicht nur auf Anhieb begriffen hatte, dass der Direktor wieder schlecht gelaunt war, sondern auch den Grund dafür kannte: Zu viele Inszenierungen waren in den vergangenen Monaten beim Publikum durchgefallen, zu wenige halbwegs geglückt. Selbst Jauners Kutscher, der sein Fuhrwerk vor der Hofoper geparkt hatte, wusste Bescheid und warnte Besucher, die in die Direktionsetage wollten. »Gengen S' lieber net aufi«[14], riet er ihnen an Tagen, an denen ihm der Zorn des Direktors besonders leicht entflammbar erschien.

Jauners Mitarbeiter lud also die Pistole für die erste Bühnenprobe der *Götterdämmerung*, wartete in den Kulissen auf seinen Einsatz und ließ es pflichtgemäß knallen. Doch sonderbar, wenige Tage vor der Premiere trat der Direktor abermals an ihn heran und sagte zerknirscht, die Pistole sei hiermit gestrichen. Jemand, der mehr Macht besaß als er, musste interveniert haben.

So ging die erste Wiener Aufführung der *Götterdämmerung* ohne Schuss über die Bühne, nachdem sich längst herumgesprochen hatte, womit der Direktor die Wirkung von Wagners Werk steigern wollte – aber leider nicht durfte.

Ansonsten war Jauner wieder in seinem Element, wie schon bei den anderen Teilen des Rings, dem *Rheingold*, der *Walküre* und dem *Siegfried*, die er in den vergangenen Monaten inszeniert hatte. Der berühmte Chirurg Theodor Billroth, der bei einer der Vorstellungen im Publikum saß, äußerte danach sorgenvoll, »man wird bei diesem vielen offenen Feuer auf der Bühne den Gedanken doch nicht los, daß etwas anbrennen könnte«[15].

Allein in diesem Jahr hatten Flammen die beiden Theater Urania und Berolina in Berlin vernichtet, außerdem das im böhmischen Reichenberg, das Kulissenhaus in Frankfurt, das Schauspielhaus auf Sardinien und die Oper in Toronto. Weil allerdings nur bei dem Feuer in Kanada auch Menschen umkamen, und deren Zahl, wie man fand, überschaubar war, wurden die Verluste in der Öffentlichkeit weniger als Mahnung betrachtet, vielmehr als üblicher Schwund. Wahrscheinlich musste man über ein besonders feines Sensorium für die Verletzlichkeit des Menschen verfügen wie der Mediziner Billroth, um sich beim Anblick Hunderter Flammen auf der Bühne zu fürchten.

Selbst unter Ingenieuren, die mit dem Thema besser vertraut waren, gab es kaum einen, der sich damit systematisch beschäftigte, und wenn doch, fand er keine Resonanz. So erging es dem Hamburger Fachmann August Fölsch: Er war eigentlich auf städtische Wasserversorgung spezialisiert, aber die eklatante Brandgefahr im Gaszeitalter bewog ihn zur weltweit ersten umfassenden Studie am Beispiel der Feuerfallen schlechthin: der Theater.

Über Jahre stöberte er in Stadtarchiven, sprach mit Intendanten, prüfte die Zustände auf etlichen Bühnen Europas. Er erforschte die Ursachen von mehr als fünfhundert Bränden und kam zu dem Schluss, Mensch und Gaslicht passten grundsätzlich nicht zusammen.

Die Technik überfordere die Gesellschaft. Ein Viertel aller Theater brenne innerhalb der ersten fünf Jahre ab, hatte Fölsch errechnet. Das Durchschnittsalter der Schauspielhäuser betrage weniger als dreiundzwanzig Jahre.[16]

»Bisher glich die Bühne einer alten Rumpelkammer. Es ist hohe Zeit den verrotteten und stets gefahrdrohenden Zuständen ein Ende zu machen.«[17] Bis zur verbindlichen Abschaffung des Feuers wären sämtliche Schauspielhäuser auf der Stelle geschlossen worden, hätte Fölsch etwas zu melden gehabt, was nicht der Fall war. Man hörte ihm kaum zu. Bedauerlicherweise »blieben die Verhältnisse wie zuvor«[18], beklagte er nach etlichen Vorträgen. Erst Jahre später sollte der Hamburger Brandschutzpionier weltweit Anerkennung finden. Zu spät.

Franz Jauner fühlte sich allein deshalb nicht angesprochen, weil er in Wagners Opern ohnehin schon Abstriche gemacht hatte bei den Attraktionen, im Fall des Drachen notgedrungen. Leider gab es keinen echten, feuerspeienden, um dessen Kampf mit Siegfried authentischer zu gestalten. Das Ungetüm musste aus Pappe gefertigt werden. Ein Bühnenarbeiter, der sich in dessen Bauch verbarg, hatte es zu bewegen, exakt so, wie Jauner die Bestie in seiner Fantasie vor sich sah, wild und angsteinflößend.

Verglichen damit wirkte der Hofopern-Drache lachhaft. Der Direktor verlor die Geduld, schrieb die *Morgen-Post*, »steigt also bei der Probe auf das aus Pappe [...] verfertigte Ungeheuer los und will demselben die nöthige Schlagfertigkeit beibringen. Er reißt den Rachen des Ungethüms auf und klappt ihn wieder zu, trifft aber dabei den Kopf des Arbeiters«[19], der danach beim besten Willen nicht mehr fähig war, irgendjemanden zu erschrecken. Der Mann fürchtete sich ja selbst – vor Jauner.

Die Kritiker gaben dem kläglichen Geschöpf den Rest: Was für ein törichter Einfall, den heroischen Siegfried in eine solche Praterbudenrangelei zu verstricken!

Einhellig gelobt wurde an Wagners *Ring* in Wien allein das, woran der Direktor den geringsten Anteil hatte, nämlich die Leistung des Orchesters. Auch diverse Sänger fanden Gnade. Der Rest konnte weg. Denn Jauners Bühneninferno und sein ebenso uninspiriertes Geschepper seien weder der Musik noch der kaiserlichen Hofoper würdig. »Sind wir denn im Circus?«[20], fragte die *Wiener Sonn- und Montags-Zeitung* entrüstet.

Tags darauf war Jauners Kutscher schwer beschäftigt, jeden, der zum Direktor wollte, vor dem Portal auf bessere Zeiten zu vertrösten.

5

DAS LEUCHTENDE SCHIFF (1879/1880)

MENLO PARK

Der Abenteurer machte nicht sonderlich viel her. Francis Jehl hatte sich mehr erwartet. An einem Frühlingstag im Jahr 1879 stand Frank McLaughlin im Labor, ein Mann mit Kurzhaarschnitt, kräftigem Kinn und einem Schnurrbart, der ihm traurig über die Lippen hing. Er war in der Welt herumgekommen, hatte sich in Australien finanziell ruiniert und zurück in Amerika in Kohleminen geschuftet.[1] Das werde ihm nicht gerecht, fand er, und erzählte herum, er sei ein weitgereister Bergbauexperte. Davon erfuhr Edison, der dringend jemanden suchte, der sich mit der Materie auskannte.

So kam es, dass der verkrachte Frank McLaughlin in die berüchtigten Goldgräberstädte des Westens geschickt wurde, um Unmengen an Platin für die Glühlampe aufzutreiben, damit der Preis im besten Fall in den Keller rutschte und die Erfindung eine Chance auf dem Markt hatte. Wo immer Gold zu finden sei, gebe es auch Platin, schärfte ihm Edison ein. Dabei beließ er es nicht. In Annoncen bat er im Juli 1879 außerdem die Bevölkerung um Unterstützung:

»Wären Sie bitte so freundlich, mich zu informieren, ob es in ihrer Nachbarschaft Platin gibt? […] Sie würden mir damit einen großen Gefallen erweisen, denn für mein elektrisches Beleuchtungssystem brauche ich das Metall in großen Mengen.«[2]

Wenig später erhielt er Gesteinsproben in allen erdenklichen Farben und Körnungen. Ein Mitarbeiter wurde eigens für die Untersuchung des Materials abgestellt, das säckeweise eintraf. Doch in den wenigsten Lieferungen ließ sich tatsächlich Platin nachweisen. Selbst Edison fand die Ausbeute enttäuschend und gab schließlich den Traum von einer Lampe auf, in der Metall glühte.

Außerdem erschien ihm der Stromregulator, der es unterhalb des Schmelzpunkts hielt, inzwischen ohnehin zu umständlich für ein künftiges Massenprodukt, vor allem aber zu teuer. »Er gelangte zu der Überzeugung, dass es unmöglich war, mit den damals verfügbaren Metallen praktische Glühelemente herzustellen«[3], schrieb Jehl.

Allein für Frank McLaughlin war die Expedition auf Kosten des Erfinders ein Erfolg. Er kehrte als Krösus zurück. Nicht mit Platin, sondern mutmaßlich mit Gold, hatte er es im Westen zu Reichtum gebracht. »An seinem Hemdkragen und an den Fingern funkelten Glitzersteine. Er trug nun den Titel eines Majors, den er irgendwo westlich von Omaha erworben hatte«[4], staunte Jehl.

Um Menlo Park hingegen hatte das Glück einen Bogen gemacht. Edison verfügte über ein perfektes Vakuum in einer perfekten Glaskugel. Allerdings fehlte das Wesentliche: ein Material, das verlässlich leuchtete.

Die rettende Idee kam ihm, als er gerade mit anderem beschäftigt war. Es galt, einen Streit zu schlichten. Ludwig Böhm hatte sich bei ihm beschwert: Er fühle sich gestört! Die Kollegen hatten sein Privileg, nachts schlafen zu dürfen, hinterfragt, und waren zu dem Schluss gekommen, der Deutsche solle gefälligst zur Spätschicht antreten wie alle anderen. Darum schlichen sie bei Dunkelheit aus dem Labor, sammelten Steine und warfen sie Böhm aufs Dach.

»Als sie sich diesen Scherz zum ersten Mal erlaubten, kam Böhm herausgestürzt, als hätte ein Tornado seine Hütte erfasst«[5], berichtet Jehl. Unverzüglich eilte der Glasbläser ins Labor und beklagte die rüpelhaften Manieren der Belegschaft. Edison möge die Täter ermitteln. Einerseits war Böhm im Recht, andererseits hatten die Steinewerfer plausible Gründe für ihr Tun.

Der Erfinder wirkte überfordert. Gedankenverloren saß er am Arbeitstisch, rieb sich den Dreck von den rußgeschwärzten Händen und wälzte ihn zu einem Faden. Er betrachtete das Resultat, reicherte es mit ein wenig Teerkitt an, was die Sache nicht appetitlicher machte. Danach konzentrierte er sich wieder auf Böhm, rollte dabei weiter das schwarze Etwas zwischen den Fingern, das sich nun ziemlich geschmeidig anfühlte. »Als er wieder hinschaute, kam ihm der Gedanke, dass sich das Ding möglicherweise als Glühelement für seine Lampe eignete«[6], beschrieb der *New York Herald* diesen Schlüsselmoment nach einem Gespräch mit dem Erfinder. Vorsichtig spannte er es zwischen die elektrischen Leiter.

»Francis!«

Kaum floss Strom, verlor der Faden seine Schwärze, begann tatsächlich zu glühen, spendete Licht. Und widersetzte sich der Zerstörung so lange, bis Edison entschied, dies sei der einzige Weg, Städte mit Licht zu versorgen. Kohlenstoffe, wie sie Ruß und alle organischen Materialien enthielten, waren erstens ungleich billiger als rare Metalle. Es gab sie obendrein in unüberschaubarer Menge und Vielfalt.

Und plötzlich fiel ihm auch ein, wie in der leidigen Steinewerfer-Affäre zu verfahren sei: Ludwig Böhm durfte künftig ungestört schlafen, sofern er an den Wochenenden von früh bis spät schuftete und nicht mehr darauf beharrte, die Schuldigen zu bestrafen. Der Glasbläser war skeptisch, er hätte die unverfrorenen Kollegen schon gern gemaßregelt, andererseits war ihm die Nachtruhe heilig. Also willigte er ein.

Nach etlichen Versuchen mit Lampenruß testete Edison, ob Tierknochen oder getrocknetes Blut womöglich noch schöner glühten. Erst im Mörser gemahlen, wurden die Substanzen danach mit Teer oder Zuckersirup versetzt, damit sie sich formen ließen. Anschließend waren Baumwolle, Seide, Flachs und Holz an der Reihe. Francis Jehl zerkleinerte die Materialien, saß oft zwölf Stunden am Mörser, bis Edison das Pulver fein genug fand.

Nun versah es Batchelor mit Bindemittel. Manchmal benötigte er zwei Tage für die Herstellung eines einzigen Glühfadens, der am Ende fast so dünn wie ein Haar war und zerbrechlicher als ein Vogelei. »Buchstäblich Hunderte Experimente wurden mit allen erdenklichen Fasern durchgeführt. Denn unser Meister war entschlossen, jedes verfügbare Material bis zur Erschöpfung zu testen«, berichtet Jehl.

Nicht einmal die Bärte der Mitarbeiter waren vor dem Erfinder sicher. Wer einen trug, hatte ein Haar zu opfern. Wetten wurden abgeschlossen, welches wohl am längsten und schönsten glühte. John Kruesis Borsten erzielten die besten

Quoten, doch selbst das Schweizer Qualitätshaar blieb hinter den Erwartungen zurück.[7]

In einer Sache war Edison den New Yorker Investoren entgegengekommen: Er hielt sich seit dem Scheitern der Platinlampe mit großen Versprechungen zurück. Journalisten, ehedem noch vom Hausherrn mit den erstaunlichsten Geschichten versorgt, mussten sich gedulden. Wäre bekannt geworden, der Erfinder rupfe sogar die Barthaare seiner Mitarbeiter, hätte das alles andere als souverän gewirkt.

Zum Durchbruch verhalf ihm schließlich ein Baumwollfaden. Batchelor hatte ihn zuvor im Ofen karbonisiert und so auf seine Kohlenstoffstruktur reduziert. Weder zerbrach das poröse Objekt, als er es anschließend mit den Stromdrähten verband, noch, als es Ludwig Böhm in den Glasballon schob. Während der Stunden an der Vakuumpumpe blieb die Glühlampe ebenfalls heil.

Böhm versiegelte sie und reichte das Exemplar an Edison weiter. Der verkohlte Baumwollfaden bog sich in perfekter Symmetrie. Seine Form entsprach der einer Haarnadel, an deren Enden Drähte durch den Lampenstiel führten. Doch von der Schönheit der Technik ließ sich in Menlo Park niemand mehr blenden.

»Einzig der Stromtest entschied über Erfolg oder Misserfolg«[8], schrieb Jehl. Als Batterie-Bevollmächtigter lag an jenem 19. Oktober 1879, einem Sonntag, nun alles in seiner Hand.

Er versetzte der Lampe den ersten Stromschlag, nur einen sanften, um sie an die Prüfung zu gewöhnen, die ihr bevorstand. Der Glühfaden blinkte kurz. Dann erhöhte Jehl die

Spannung und würde sie nicht mehr senken, bis der Baumwollfaden in Rauch aufging. Die erste Stunde verstrich und die zweite. Nach und nach verließen die anderen Mitarbeiter das Labor. Jehl blieb neben Edison sitzen und starrte in die hauchfeine Glut, um jede »Zuckung zu beobachten, jedes Symptom, das möglicherweise die Zerstörung ankündigte«.

Als die Kollegen am nächsten Morgen das Labor betraten, hockten die beiden immer noch an Ort und Stelle, und die Lampe empfing sie mit dem hübschesten Goldgelb, das sie je wahrgenommen hatten. Ohne zu zucken, brach sie kurz darauf den Dreizehneinhalb-Stunden-Rekord, den Edison mit der Platinlampe erzielt hatte. Nun begann in Menlo Park eine neue Zeit, fortan war jede Minute historisch.

Mit Leichtigkeit schien die Lampe jede weitere Betriebsstunde zu überdauern. Es wurde Abend, und es wurde Morgen, der Baumwollfaden leuchtete, Edison und Jehl hielten die Stellung, daneben saß nun Charles Batchelor, der sich in der Nacht dazugesellt hatte. Am frühen Nachmittag des 21. Oktober 1879 knackte das Licht die Vierzig-Stunden-Marke. Die Mitarbeiter aller Abteilungen versammelten sich, staunten und drückten ihre Hochachtung aus.[9]

Menlo Park war kein Ort großer Gefühle, doch nun spürte Jehl, wie etwas Mächtiges sein Innerstes aufwühlte. Er wurde pathetisch, auf seine Art: »Die Lampe lebt! Alle Schreckgespenster verschwanden, und nur wir Sterblichen feierten den Anbruch einer neuen Zeit.« Plötzlich wurde das Licht nervös, flammte noch einmal auf und verglomm.

»Wenn die Lampe so lange durchhält, dann kann ich sie auch dazu bringen, hundert Stunden zu leuchten!«[10], verkündete Edison unbescheiden.

Der einzige Schönheitsfehler bestand darin, dass sich die Geschichte von der heroischen Fadenlampe nicht so zutrug, wie sie Edison und Jehl in Erinnerung behielten. Tatsächlich hatte sie keine einundvierzig Stunden durchgehalten, sondern bloß vierzehn.[11] Der Zahlendreher schuf eine Legende. Amerika verdankte ihr später den Edison-Tag immer am 21. Oktober, der die Geburt der Glühlampe ehrte.

Dennoch suchten sie in Menlo Park nach einem noch besseren Material, als es der Baumwollfaden war, auch das ein Indiz für den nicht ganz so exzellenten Verlauf des Experiments. Von hauchdünn geschnittenem Zedernholz über Palisander bis zu Fasern der Kokosnuss setzten sie alles unter Strom, was die Botanik hergab. Die Resultate waren ermutigend, aber noch hatte niemand die ideale Substanz für das elektrische Glühen entdeckt. Dabei befand sie sich die ganze Zeit direkt vor ihnen, sobald sie einen Notizzettel zur Hand nahmen.

BERLIN

Emil Rathenau war weit genug herumgekommen, um sich einen umfassenden Eindruck von den technischen Standards anderer Industrieländer zu verschaffen. In Frankreich und England hatte die Debatte über das Für und Wider des elektrischen Lichts die Gesellschaft aufgerüttelt. Kein anderer Aspekt der Stromtechnik löste im Jahr 1879 mehr Spekulationen und Emotionen aus.

Deutschland hingegen wirkte behäbig, nur keine vermeidbaren Risiken! Man fühlte sich prima aufgestellt für die Zukunft, hatte ja Krupp, hatte den Lokomotivenhersteller Borsig und den Textilmagnaten Liebermann, alles alte Industrie, verdienstvoll, gewiss, doch nichts, womit sich die fehlenden Ambitionen rechtfertigen ließen, wie Rathenau meinte.

Nur einen Großindustriellen gab es, der sich dem Neuen öffnete, Werner Siemens, wenngleich dessen große Verdienste, die interkontinentalen Telegrafenverbindungen und der Stromgenerator, schon in die Jahre gekommen waren. Zuletzt hatte der vierundsechzigjährige Unternehmer allerdings wieder etwas Originelles erdacht, eine elektrische Eisenbahn, die er auf der Berliner Gewerbeausstellung 1879 am Lehrter Bahnhof präsentierte.

Die enormen Folgen dieser Erfindung für den künftigen Schienenverkehr konnte damals noch niemand erahnen, denn der Zug sah aus wie Spielzeug. Der Lokführer hockte vorn auf seinem Wägelchen, das einen kleinen, zum Elektromotor umfunktionierten Stromgenerator barg, dahinter drei offene Miniaturwaggons mit jeweils sechs Passagieren.

Obwohl Siemens den Mann auf der Lok in eine Uniform gesteckt hatte, um dem Spektakel einen seriösen Charakter zu verleihen, waren die Anfänge der neuen Mobilität vor allem ein Riesenspaß. Und wohl deswegen fand Rathenau, das sei zu wenig für die ersehnte Stromwende. Vielmehr musste Elektrizität in jedes Haus. Nur so konnte sie zu einem Massenphänomen werden. Und allein das Bedürfnis nach einem praktischen Licht erschien ihm groß genug, um dieses Ziel zu erreichen.

Nachdem er sie im Ofen geschwärzt hatte, hob Charles Batchelor die Objekte auf seinen Arbeitstisch. Vorsichtig begutachtete er sie einzeln im Tageslicht. Sie waren so zart, dass sie sein Atem fortpustete, wenn er nicht aufpasste.[12] Sonderlich viel machten sie nicht her, doch auf diesem Hauch von einem Nichts ruhten nun alle Hoffnungen.

Papier! Das war die Lösung, in feine Streifen geschnitten, hufeisenförmig gebogen und danach kontrolliert verkohlt. Dadurch wurde es leitfähig und hitzebeständig, schlug sich als Glühfaser besser als alles andere, was selbst Edison überraschte. Ausgerechnet das Material, das so schnell Feuer fing, entfaltete im Vakuum enorme Kräfte.

Getestet wurden Schreibpapier, Seidenpapier und Zeichenpapier in allen Stärken, sogar Geldscheine bekamen eine Chance, nutzten sie allerdings nicht. Mit einer Variante, die fast Kartonstärke besaß, hielt das Licht mehr als einhundert Stunden durch.[13] Und erst jetzt, im November 1879 und nicht schon am 21. Oktober, wie Edison und Jehl später behaupteten, war die Lampe geboren, die groß herauskommen sollte.

Sie war schlicht und erlaubte dank der geringen Papierkosten außerdem eine preiswerte Serienfertigung. Allein Charles Batchelor besaß genug Geduld und Geschick, das Material stundenlang zu bearbeiten, damit es der Hitze standhielt und Licht spendete. Um die Herstellung zu beschleunigen, müsse er mehr üben, meinte Edison ungeduldig.

Nachdem er sämtlichen Journalisten über Monate den

Zutritt zu seinem Labor verwehrt und den Spott der Gasmanager hingenommen hatte, wollte er sein Werk endlich der Öffentlichkeit präsentieren. Alle Welt sollte nach Menlo Park kommen, um das Wunder zu bezeugen. Viel zu lange hatte die Bevölkerung auf neue Edison-Fanfaren in der Presse warten müssen. Nun konnten die Redakteure losschmettern. Zunächst informierte er allerdings die Investoren über seinen Plan.

Seit Wochen hatten die Herren nichts mehr von ihm gehört. Eines wussten sie aus leidvoller Erfahrung: Den Erfinder zu drängen, verursachte nur Frustration auf beiden Seiten. Erstaunlicherweise wirkten die Geldgeber nicht sonderlich glücklich über seine neue Idee. Im Gegenteil: Sie waren alarmiert. Nachdem sich die Edison Electric Light Company im Herbst 1878 blamiert hatte, weil den großen Versprechen keine Produkte gefolgt waren, befürchtete man nun einen Imageschaden, von dem sich die Firma nicht mehr erholen würde, sollte sich Edison abermals überschätzt haben.

Herr Fabbri, der die Interessen des einflussreichen Bankiers und Investors J. P. Morgan vertrat, teilte ihm seine Bedenken unmissverständlich mit:

> »Ich bin viel älter als du und ein Freund. Deshalb denke ich, dass du nicht scheitern wirst, wenn du meine Weisheit respektierst und den Rat beherzigst, das Beleuchtungssystem vor der Präsentation eine Woche lang Tag und Nacht zu testen. Falls bei Experimenten im kleinen Rahmen etwas schiefgeht, ist das nicht weiter schlimm, aber vor großem Publikum wäre jede Enttäuschung extrem schädlich, mehr, als du es dir vielleicht als Wissenschaftler vorstellen kannst.«[14]

Andere Investoren waren noch vorsichtiger, verlangten mehrwöchige Tests und wollten Edison frühestens im Februar des nächsten Jahres die Lichtershow gestatten. Er selbst sah sich schon Mitte Dezember 1879 gerüstet: »Die Ausstellung ist fertig, aber die Kapitalisten erlauben sie mir nicht, erst im neuen Jahr«[15], klagte er einem Bekannten und fasste einen Entschluss, der den Geldgebern missfallen hätte: Er bat einen Journalisten nach Menlo Park.

Am 21. Dezember musste die Weltpolitik einem anderen Ereignis den Vortritt lassen, zumindest im *New York Herald*. Mit Werbetrommelwirbel widmete das Blatt mehr als eine Seite dem neuen Licht und der bevorstehenden Präsentation, die pünktlich an Silvester stattfinden werde. Nun ließ sich an dem Termin nicht mehr rütteln, denn jeder Aufschub hätte die Bevölkerung enttäuscht. Außerdem lauerten Skeptiker, Neider und Gasmagnaten nur auf eine weitere Gelegenheit, Edisons Lampen in Zweifel zu ziehen.

Der fast tausend Zeilen umfassende Zeitungsartikel erzählte ein wahres Heldenepos. Jede noch so kurze Etappe auf dem Weg zum Glühlicht wurde ausführlich gewürdigt, die Versuche mit Platinlampen, die Experimente mit allen möglichen Fäden und schließlich die großartige Entdeckung:

> »Edisons elektrisches Licht, so unglaublich es erscheinen mag, wird durch einen kleinen Streifen Papier erzeugt. Dieser Papierstreifen wird unter Strom gesetzt und das Ergebnis ist strahlendes, wunderschönes Licht, wie der milde Sonnenuntergang im italienischen Herbst.«[16]

In einer Mischung aus Nachricht und Poesie rühmte der Reporter die Leistung, schließlich stand Weihnachten bevor, das noch aufregender erschien, wenn die Menschen neben Christi Geburt die Ankunft eines zweiten Lichts der Welt feiern konnten, eines strombetriebenen.

Der Zeitungsbericht war auch ein Triumph für Francis Jehl. Fortan war er berühmt, zumindest ein bisschen. Nachdem der Redakteur alles erschöpfend behandelt hatte, was es über die Papierlampe zu schreiben gab, war er im letzten Absatz noch auf Edisons Mitarbeiter eingegangen. Zunächst wurden Charles Batchelor und John Kruesi gewürdigt. Nun war noch eine Zeile übrig, und die gehörte allein ihm: Zu Edisons Mitarbeitern zähle auch ein gewisser Mr. Jehl.

Dem pompösen Auftakt im *New York Herald* folgten in den Tagen danach etliche Huldigungen in Zeitungen des ganzen Landes, bei denen das Weihnachtsfest und das Glühlicht wie selbstverständlich aufeinander bezogen wurden, als wäre die Errungenschaft genau das, was der Bibel noch gefehlt hatte, der letzte Schliff, das Edison-Evangelium.

Die Testbeleuchtung in Menlo Park sollte sich nicht auf das Labor beschränken, auch für Edisons und Batchelors Wohnhäuser waren Glühlampen vorgesehen, ferner für die Straße dazwischen und für die Bibliothek. Am Vorabend der Präsentation war die Installation vollendet. Menschliches und technisches Versagen meinte man mit dem üblichen Perfektionsdrang während etlicher Nachtschichten ausgeschlossen zu haben.

Bei früheren Versuchen auf der Werkbank hatte Edison die Glühbirnen entlang eines Kabels aufgereiht. Fiel eine aus, erloschen auch alle anderen. Das musste diesmal vermieden werden. Daher folgte die Anordnung der Lampen einem Prinzip, das sich künftig bei allen vergleichbaren Installationen empfehlen sollte. Das Design ähnelte einer Strickleiter, die auf jeder Sprosse ein Licht trug. Bei der sogenannten Parallelschaltung funktionierten sie unabhängig voneinander, weil der Strom in der Hauptleitung nicht unterbrochen wurde, wenn eine der Lampen versagte.

Edisons Batterie hätte für die neue Anlage nicht mehr genügt. Ein Generator musste entwickelt und eine Dampfmaschine geliefert werden, um ihn anzutreiben. Wie bei seinen ersten Experimenten setzte der Erfinder auf Gleichstrom, der in eine Richtung floss. Dass sich diese Übertragungsweise später als gravierender Wettbewerbsnachteil erweisen sollte, ahnte noch niemand.

Ein Reporter, der in Menlo Park schon am Abend vor dem Lichterfest recherchiert hatte, versäumte den letzten Zug nach Manhattan. Auf der Suche nach einem Unterschlupf für die Nacht hörte er plötzlich Orgelakkorde aus dem Labor. Jemand vermurkste einen Walzer von Johann Strauss. Als er das Gebäude betrat, hatte sich die Belegschaft um das Instrument versammelt.

»Wir musizieren ein bisschen. Setz dich zu uns«, sagte Batchelor. Angelockt durch die Musik, erschien kurz darauf ein weiterer Mitarbeiter. »Böhm, der Glasbläser, gesellte sich zu uns, in makelloser Garderobe«[17], notierte der Journalist, ohne zu ahnen, wie außergewöhnlich es war, den Deutschen nach Einbruch der Nacht im Labor anzutreffen. Und wenn Böhm schon mal wach war zu später Stunde, dann könne er sich auch nützlich machen, meinten seine Kollegen.

Er solle seine Zither holen. »Hierher?«, fragte der Glasbläser und errötete, »ich soll jetzt hier spielen?« Er fürchtete, die Belegschaft hätte neuerlich einen Scherz auf seine Kosten im Sinn, ließ es aber darauf ankommen.

Er rückte das Instrument auf einer der Werkbänke zurecht und stimmte eine deutsche Serenade an, melancholisch und exotisch, wie der Journalist fand, weit weg von allem Materialismus der Gegenwart. Er fühlte sich an »träumerisches Mondlicht über dem Rhein« erinnert.[18] Böhms Melodie bezauberte nicht nur ihn. Sämtliche Mitarbeiter hätten sich in rührender Verbundenheit um den musizierenden Glasbläser gedrängt.

Plötzlich tauchte noch jemand auf, zerknautschter Hut, nachlässig übergeworfener Mantel. Edison trat zur Nachtschicht an. Weitere Papier-Hufeisen waren zu fertigen, als Reserve, sollte doch eine der insgesamt sechzig in Menlo Park installierten Glühlampen vor Publikum versagen.

Doch nun hielt er inne, legte seine Hand hinter das Ohr und rückte ganz nah an die Zither heran.[19] Die Arbeit konnte warten, ausnahmsweise. »Das war schön«, sagte er nach dem Schlussakkord. Zum Glück hatte Böhm nicht gejodelt.

Die Bahn stellte Sonderzüge bereit, anders wäre der Andrang nicht zu bewältigen gewesen.[20] Nie zuvor war die Strecke zwischen Manhattan und Menlo Park besser ausgelastet gewesen. Neugierige kamen auch aus Philadelphia, Kansas und Ohio, darunter Banker, Politiker und Handwerker. Farmer aus den benachbarten Dörfern rumpelten mit Fuhrwerken zum Labor. Erstmals übertraf die Zahl der Menschen in Menlo Park die der Rinder, Schweine und Hühner.

Schwere Wolken trieben am Abend des 31. Dezember über

das Land. Aber Frost und Schneegestöber wurden nebensächlich, als die Besucher die vereiste Schotterpiste erblickten, die zum Labor führte. In diesem Moment erschien ihnen dieses jämmerliche, von Spurrillen durchzogene Exemplar einer Straße prachtvoller als Broadway und Fifth Avenue zusammen. Denn Edisons Glühlampen ließen die Eiskristalle darauf funkeln wie Strass.

Die Gäste beschleunigten ihre Schritte. Binnen einer Stunde waren Hunderte eingetroffen, Hunderte sollten noch folgen. Auch Henry Villard hatte sich angekündigt, der Direktor der Oregon Railway and Transportation Company, der Edisons Licht für seinen neuen Dampfer »Columbia« benötigte. Nachdem er seinen Chefingenieur schon im Frühjahr 1879 vorgeschickt hatte, um die Möglichkeit einer Kooperation zu prüfen, wollte er nun selbst sehen, was die vollendete Lampe taugte, wenn er sein Schiff schon zur Bühne für das erste kommerzielle elektrische Beleuchtungssystem der Welt machte.

Er hatte einiges riskiert, als er nach den begeisterten Erzählungen seines Ingenieurs in die Edison Electric Light Company investiert hatte. Ein Reinfall bei der Bordbeleuchtung würde auch allen anderen Geschäften seines Transportkonzerns schaden und wäre vor allem peinlich.

Edison und seine Mitarbeiter versammelten sich auf der Veranda des Labors. Nur Jehl fehlte. Er saß am Generator. Die Türen standen weit offen, dahinter badeten Werkbänke und Maschinen im Schein der Festbeleuchtung. Die vertrauten Kronleuchter und Armaturen für die Gasbrenner waren zweckentfremdet worden. Man hatte das offene Feuer entfernt und sie mit Glühlampen ausgestattet. Die feindliche

Übernahme wirkte wie eine Revanche für all die abfälligen Bemerkungen der etablierten Energieversorger über Elektrizität im Allgemeinen und Edisons Bestrebungen im Besonderen.

Mittlerweile standen die Menschen im Labor so dicht, dass sich keiner mehr bewegen konnte, ohne dem anderen auf die Füße zu treten. Die Balken knackten, man befürchtete, das Gebäude würde unter der Last zusammenbrechen[21], aber niemand empfand Platzangst, weil die Papierhufeisen so zauberhaft in den Glaskugeln glühten.

Nun tauchte Edison eine Glühlampe in ein Gefäß mit Wasser, schaltete sie ein, und sie erstrahlte. Noch erstaunlicher erschien dem Publikum das nächste Experiment. Der Erfinder häufte Holzspäne auf und rückte die Lampe ganz nah an das leicht entflammbare Material.

Schlagartig wurde es still, nur die überlasteten Dielen ächzten. Möglicherweise blickte sich mancher diskret nach einer Fluchtroute um. Aber nichts geschah, so gebannt das Publikum auch auf den ersten Rauchfaden lauerte. »Ich gebe demjenigen fünfhundert Dollar, der es schafft, mit dieser Lampe irgendetwas in Brand zu setzen«[22], sagte Edison. Viele ergriffen die Gelegenheit, keiner konnte sich den Gewinn sichern.

Unter den Gästen befand sich auch ein Korrespondent der Londoner Tageszeitung *The Times*. Nachdem sich europäische Blätter bislang vor allem damit begnügt hatten, Artikel über Edison von amerikanischen Medien zu übernehmen, hatte die Chefredaktion in England nun entschieden, es sei höchste Zeit für eine eigene Sonderberichterstattung aus Menlo Park. Der Reporter sicherte Edison zudem in einem persönlichen Brief zu, die *Times* werde ihn fortan unterstützen, komme, was wolle. Die »sogenannten Experten«, womit er die Gegner des Erfinders meinte, hätten keine Chance.[23] Das Bekenntnis zur Hofberichterstattung, wie sie auch der *New York Herald* zelebrierte, war zwar journalistisch fragwürdig, aber wegen der Bedeutung des Glühlichts für die Modernisierung der Städte dachte man wohl, es wäre fahrlässig, sich zur Neutralität zu verpflichten.

Über die Zusicherung bedingungsloser Unterstützung staunte man selbst in Menlo Park. »Die *Times* ist mehr als jemals zuvor Edisonian«[24], meinte ein Mitarbeiter. Mit dem Londoner Prestigeblatt habe man jetzt einen »Partisanenkämpfer« für Edisons Licht in Europa gewonnen, dessen Einfluss weit über Großbritannien hinausreichte.

Weil den meisten anderen Zeitungen die Ressourcen für eigene Edison-Korrespondenten fehlten, orientierten sie sich an den Zeilen der *Times*, und so erfuhren auch Leser in Frankreich, Italien, Deutschland und Österreich in den ersten Januartagen 1880, was der britische Reporter von den Exponaten in Menlo Park hielt: »Das erzielte Licht wird billiger und besser sein als Gas, da es stetiger ist und so wenig Hitze von sich gibt, daß keine Feuersgefahr entstehen kann.«[25] Die Zukunft sei elektrisch, kein Zweifel.

Etwa zur selben Zeit entstand auf der anderen Seite des amerikanischen Kontinents, bei San Francisco, ein Ort, der ebenfalls den Namen Menlo Park trug. Und es ist ein hübscher Zufall, dass er in ferner Zukunft ebenfalls über sich hinauswachsen und den Fortschrittsgeist im Silicon Valley repräsentieren sollte.

Zu Edisons Zeiten war der Zwilling vor allem für die älteste Bahnstation der amerikanischen Westküste bekannt, nichts, womit er auch nur annähernd mit Menlo Park in New Jersey hätte konkurrieren können.

Den Gasmanagern war im Jahr 1879 keine behagliche Weihnachtszeit vergönnt, wenngleich ihre Jahresbilanzen wieder einmal Anlass zur Selbstgefälligkeit gaben. Doch die Verheißung, Edison habe sein Beleuchtungssystem vollendet und werde es vor Publikum präsentieren, trübte die Freude.

Vielleicht sollte man sicherheitshalber in Menlo Park vorbeischauen, nur um sich der Überlegenheit der eigenen Technik zu vergewissern. Also verließen einige ihre mit Flackerlicht illuminierten Stadtpaläste und begaben sich in die amerikanische Provinz. Andere begnügten sich mit der Lektüre der Reportagen über das Ereignis, von denen es leider mehr gab, als jemals über die feierliche Eröffnung eines Gaswerks geschrieben worden waren.

Geeint in ihrer Ablehnung des neuen Systems, kamen sie zu ganz unterschiedlichen Schlüssen. Los ging es mit einem Stoßseufzer, zu dem sich ein Experte aus Pittsburgh veranlasst sah: »Kann bitte jemand diesen Edison zehn Jahre lang irgendwo festbinden, damit die Gasindustrie ihren Boom genießen kann.«[26] Andere kaschierten ihre Sorge mit Durchhalteparolen: »Aufrichtige Gasaktionäre lassen sich nicht einschüchtern!«[27] Der Wert der Edison Electric Light Company vervielfachte sich noch während des Lichterfests in Menlo Park.

Stagnierte die Aktie eben noch auf Dreißig-Dollar-Niveau, so erklomm sie nun spektakuläre Höhen, brachte es in gewaltigen Sprüngen bis auf dreitausendfünfhundert Dollar.[28] Die Gasbranche fühlte sich übervorteilt, wenngleich bei dem spektakulären Anstieg auch eine Menge Fantasie im Spiel war, wie sie wusste. Die großen Hoffnungen der Bevölkerung pumpten den Wert der Edison-Papiere auf wie einen Fesselballon.

Die Glühlampen funktionierten, das ließ sich nach der Demonstration in Menlo Park schwerlich widerlegen. Blieb nur noch das Licht selbst, das die Gaslobby nun zu diskreditieren versuchte. Viele Damen, hieß es, empfänden es als äußerst uncharmant, weil es zu grell sei und jeden Makel übermäßig betone. So viel Helligkeit sei in zivilisierten Städten unerwünscht.[29] Einige Manager konsultierten ihre Ärzte, nicht ihrer wachsenden inneren Unruhe wegen, vielmehr wollten sie medizinische Argumente gegen das Glühlicht sammeln.

Die Ausbeute konnte sich sehen lassen.

So habe einer der befragten Mediziner, der sicherheitshalber anonym bleiben wollte, erzählt, er sei drei Tage lang blind gewesen, nachdem er sich elektrischem Licht ausgesetzt hatte. Der Bericht erschien in einem amerikanischen Lobbyjournal und gipfelte in dem griffigen Slogan: »Edison bescherte uns den Augenzerstörer, jetzt soll er uns unverwundbare Augen geben.«[30] Alle Edisonians seien schon im »Semi-Delirium«, dabei gebe es nicht den geringsten Grund zur Ekstase.

Nur wenige Gasversorger nahmen den Erfolg in Menlo Park zum Anlass, das eigene Tun zu hinterfragen. Letztlich war es aber genau dieser Mut zur Selbstkritik, der die Branche stabilisierte. Seit zwanzig Jahren habe es in der eigenen Industrie keine Fortschritte mehr gegeben, bemerkte ein Experte, das müsse sich ändern, denn die Tage der hohen Gaspreise seien gezählt.[31] Um profitabel wirtschaften zu können, sollten fortan Ressourcen geschont werden.

Ein anderer beklagte die unzureichende Qualität des Gases. Der ganze Dreck werde in die Häuser geleitet, was zu schwächerem Licht und mehr Giftstoffen bei der Verbrennung führe: »Ich habe mich mit der Frage der Reinigung intensiv auseinandergesetzt und bin zu der Erkenntnis gelangt, dass es eine Menge zu verbessern gibt, selbst in vorbildlich geführten Gaswerken.«[32]

Damit widersprach er Kollegen, die offene Flammen in Wohnräumen sogar für bekömmlich hielten. Es dauerte noch eine Weile, bis selbst die Genießer der toxischen Dämpfe die Notwendigkeit erkannten, ihre Industrie zu reformieren. Ansonsten würde sie untergehen.

BERLIN

Im Jahr 1880 kam es zum Gipfeltreffen der deutschen Stromvisionäre. Werner Siemens und Emil Rathenau begegneten einander in der Schweiz. Der eine hatte schon alles erreicht, der andere war bereit, alles zu riskieren, sofern ihn eine neue Erfindung überwältigte. Nach erholsamen Tagen in Graubünden aß Rathenau in Alvaneu mit dem dort ebenfalls urlaubenden Siemens zu Mittag.

»Rathenau, der gerade über Zukunftsprobleme zündend zu sprechen wußte, beklagte die Rückständigkeit Berlins in der elektrischen Beleuchtung«[33], schrieb sein Biograf Felix Pinner über die Zusammenkunft. Werner Siemens erwiderte, sein Chefingenieur Friedrich von Hefner-Alteneck habe bereits eine verfeinerte Lichtbogenlampe entwickelt. Darüber wollte Rathenau mehr erfahren, wenngleich er die Technik seit seiner Besichtigung der Jablochkoff-Kerzen bei der Pariser Weltausstellung 1878 für zu kompliziert und daher nur für einen Zwischenschritt auf dem Weg zur Lichtrevolution hielt. Aber sie war besser als nichts.

Siemens traute elektrischer Beleuchtung zwar einiges zu, aber längst nicht so viel wie sein Gegenüber. Das hatte seine verhaltene Reaktion auf Edisons Verheißungen bewiesen. Mehrfach hatte er in Vorträgen die Hoffnungen auf das große Wunder gedämpft. Lieber bescheiden bleiben, lieber nicht die Gasindustrie düpieren, nur weil man Drähte per Strom zum Glühen bringen konnte.

Sein Engagement galt vor allem der Weiterentwicklung des Elektromotors, obwohl Hefner-Alteneck natürlich eine feine Lampe entwickelt habe, und sei es als Nischenprodukt. Rathenaus Interesse daran dürfte Siemens dennoch geschmeichelt haben, denn er lud ihn in die Berliner Firmenzentrale zu einem Gespräch mit seinem Chefingenieur ein.

Doch der wirkte zerknirscht, als ihn der ambitionierte Gast dort aufsuchte. Seine Erfindung in Berlin verbreiten? Ob ihm »der Alte«, womit er Siemens meinte, auch verraten habe, wie das zu bewerkstelligen sei, wollte Hefner-Alteneck wissen. Ihm sei es jedenfalls »schleierhaft«. Er hatte schon einmal versucht, den Pariser Platz elektrisch zu beleuchten, war aber auf Widerstand gestoßen, berichtet Felix Pinner:

> »Die probeweise hergestellte Anlage war damals nicht zur Ausführung gekommen, weil die Gasfachleute das neue elektrische Licht wirksam zu übertrumpfen in der Lage gewesen

waren. Mit etwas bitterer Selbstironie hatte Hefner-Alteneck damals bemerkt, daß es zu den guten Eigenschaften des elektrischen Lichtes gehörte, überall da, wo es sich auch nur von ferne blicken lasse, zu einer mächtigen Gasbeleuchtung die Veranlassung zu bieten.«[34]

Sollte sich Rathenau erhofft haben, er könnte bei seinem Besuch eine Zusammenarbeit mit Siemens bei Weiterentwicklung und Verbreitung des elektrischen Lichts erreichen, so hatte er sich getäuscht. Der Konzernchef betrachtete die Lampe als Nebensächlichkeit, und beim Chefingenieur weckte sie nur negative Erinnerungen.

NEW YORK

Mit Körben transportierten sie die kostbare Fracht über die Wall Street zum East River. Charles Batchelor hatte die Glühlampen in Tücher gehüllt, damit keine unterwegs zu Bruch ging. Weitere Mitarbeiter folgten ihm, eine Prozession von Korbträgern, als wollten sie an diesem nasskalten Apriltag des Jahres 1880 um jeden Preis die Picknicksaison eröffnen. Insgesamt wurden hundertzwanzig Lampen vom Bahnhof zum Hafen befördert, während Francis Jehl die Passanten aus dem Weg scheuchte.

Viel stand auf dem Spiel, für die Edison Electric Light Company, für Batchelor, der in den Monaten seit Silvester damit beschäftigt gewesen war, Papierhufeisen zu basteln, und auch für Jehl. Es war sein erster Einsatz im Außendienst, und er wollte Edison beweisen, dass er ihn nicht in Menlo

Park zu verstecken brauchte. Auch in Manhattan war er ein würdiger Repräsentant der Firma, bereit, jeden Flaneur wegzuschubsen, der den Körben zu nahe kam.

Endlich erreichten sie die »Columbia«, die neue Zierde des Ozeans. Neben reichlich Frachtraum bot das hundert Meter lange Schiff auch einigen Luxus. Salons und Restaurants waren mit französischer Walnuss, ungarischer Esche und Mahagoni ausgestattet worden[35], es gab darüber hinaus einen dampfbetriebenen Fahrstuhl und Stewards, die mit verwöhnten Gästen umzugehen wussten.

Allein die Lampen fehlten noch. Die vier Generatoren waren schon in den vergangenen Tagen im Maschinenraum montiert, die Stromdrähte verlegt worden. Man hatte Baumwolle in Paraffin getränkt und sie damit isoliert, damit niemand zu Schaden kam. Die Lichtschalter an Bord befanden sich in verschließbaren Gehäusen an der Außenseite der Salons. Nur der eigens geschulte Chefsteward durfte sie bedienen. Wurde Helligkeit gewünscht, hatten sich die Passagiere an ihn zu richten.[36] Wegen der Aura des Exklusiven, die Edisons Werk umgab, erschien es undenkbar, Laien an die Schalter zu lassen.

Kaum vier Monate nach dem Lichterfest in Menlo Park stand eine weitere Premiere bevor: die Markteinführung des elektrischen Beleuchtungssystems.

Nur der Schiffskonstrukteur John Roach aus Pennsylvania war dagegen. Schließlich hatte er die »Columbia« gebaut und daher einen Ruf zu verlieren. »Sollen sie das System doch erst einmal an Land gewissenhaft ausprobieren, nicht auf einem Schiff«[37], sagte er und schüttelte den Kopf über den neumodischen Kram, den Henry Villard dem Dampfer aufzwang. Davon ließ sich der Unternehmer nicht beirren. »Nachdem sein Interesse für das Glühlicht geweckt worden war, das Edison perfektioniert hatte, bestand er darauf, die Columbia damit auszustatten«[38], heißt es im zweiten Teil seiner Autobiografie, in dem er über sich in der dritten Person schrieb. So gewann der aus Deutschland eingewanderte Aufsteiger genug Abstand, um sich in seiner ganzen amerikanischen Machtfülle zu würdigen.

Bevor der Dampfer auslief, richtete Villard eine Gala an Bord aus. Der Frachtraum wurde zum Tanzsalon umdekoriert, aber das Interesse an dem leuchtenden Schiff überstieg die Kapazität der »Columbia« bei Weitem. Zweitausend Gäste kamen, viel mehr, als an den langen Tafeln Platz fanden. »Massen besuchten den Dampfer bei dieser ersten Präsentation des Edison-Lichts außerhalb von Menlo Park«[39], erinnerte sich Francis Jehl später.

Nachdem er das gesamte Zubehör unbeschadet quer durch Manhattan an den Pier gelotst hatte, durfte auch er an dem Fest teilnehmen. Und diesmal wurde er sogar beachtet. Unter den Besuchern befand sich ein Pfarrer, der ihn ansprach. Glücklich über die ungeteilte Aufmerksamkeit schleppte ihn Jehl in den Maschinenraum und erklärte ihm jede Komponente der elektrischen Anlage.

Am nächsten Tag nahm das Schiff Kurs auf sein Zielgebiet vor Kalifornien und Oregon. Ein Glück für die Bewohner der Küstenstädte Südamerikas, dass der Panamakanal, der den Weg an die Westküste abgekürzt hätte, noch ein Wunschtraum war. So musste das Schiff einmal um den Kontinent herum, und sie würden mit eigenen Augen prüfen können, wie sich die Glühlampen auf dem Wasser behaupteten, wenn der Dampfer vorüberglitt. Selbst der brasilianische Kaiser

Dom Pedro war neugierig und hatte angekündigt, er werde die »Columbia« persönlich bei ihrem Zwischenstopp in Rio de Janeiro empfangen.[40]

Charles Batchelor und Francis Jehl standen am Pier in Manhattan und blickten dem Schiff nach, bis dessen Lichter in der Ferne verglommen. An Bord befanden sich zweihundertfünfzig Passagiere, mehrere Lokomotiven neben anderer Fracht und die Last der Erwartungen.

6

BAMBUSTAGE (1880)

BERLIN

Der Generalpostmeister Heinrich Stephan hatte sich getäuscht, obwohl er bislang als einer der wenigen Visionäre im verwinkelten Reich der deutschen Bürokratie galt. Er engagierte sich etwa für die Gründung eines Weltpostvereins, der den Briefverkehr zwischen den Ländern vereinfachen sollte. Sonst wäre das System unter dem wachsenden Mitteilungsdrang der Menschen kollabiert. Auch Telegramm und Postkarte gingen auf Stephans Initiative zurück. Er mochte es kurz und bündig, verachtete ungelenke Formulierungen und Fremdwörter, empfand den dekorativen Briefstil als unschöne Wucherung der Sprache. Wohl auch deshalb beging er den Fehler, die Bedeutung des Telefons für private Zwecke zu unterschätzen.

Als Emil Rathenau deswegen vor zwei Jahren zu ihm gekommen war, hatte er ihn wieder fortgeschickt. Was sollte es schon fernmündlich zu bereden geben? Doch die Gesellschaft sehnte sich nach der neuen Erfindung, hatte für das Objekt der Begierde sogar schon mehrere Bezeichnungen erfunden, etwa »Meilenlunge« oder »Quasselstrippe«.

Doch ohne Strippe konnte niemand neumodisch quasseln, also musste der Generalpostmeister reagieren.

Heinrich Stephan erinnerte sich an seine Begegnung mit Rathenau und ließ ihn wissen, »er sei anderer Ansicht geworden«, die Technik habe sich als bedeutender erwiesen als zunächst angenommen. Der Ingenieur werde nun dringend in der Hauptstadt gebraucht.

»Ich solle nach Berlin zurückkommen und dort, auf Kosten des Reiches, eine Telephoncentrale einrichten«[1], berichtete Rathenau. Er ging auf das Angebot des Generalpostmeisters ein. Zwar war er in Berlin nicht als Unternehmer gefordert, aber im Staatsdienst eine Neuerung zu etablieren, war allemal besser als weiterhin von der großen Lichtreform zu träumen, ansonsten aber nichts zu tun.

Während sich der Ingenieur um die Infrastruktur kümmerte, suchte der Generalpostmeister nach einem hübschen deutschen Begriff für die Neuheit. Die Bezeichnung Telefon fand er zu exotisch, Meilenlunge und Quasselstrippe indiskutabel. Schließlich wurde er fündig: Fernsprecher hatte das Gerät fortan zu heißen. Dieser Bezeichnung blieben die Behörden treu.

An der Französischen Straße 33 sollten vier elektrische Sprechsysteme mit jeweils fünfzig Klappen entstehen, eine für jeden Telefonanschluss. Drei bis vier Beamte würden hier nach Fertigstellung jeweils von acht Uhr morgens bis neun Uhr abends den Vermittlungsdienst für die ganze Hauptstadt verrichten.[2] Das sei mehr als großzügig kalkuliert, wie man meinte.

Nachts würden die Fernsprecher schweigen. Einerseits erschien es Stephan unvorstellbar, bei Dunkelheit etwas bereden zu müssen. Andererseits konnte man den Vermittlungsbeamten solche Strapazen kaum zumuten. Die Nachtruhe war ein hohes Gut, allein das Wort klang so angenehm, dass selbst der sprachsensible Generalpostmeister nichts daran auszusetzen hatte.

MENLO PARK

Auf der »Columbia« gingen die Lichter aus, obwohl der Chefsteward die Schalter nicht einmal berührt hatte. Das glühende Papier erlosch ohne sein Zutun, erst in dieser, dann in jener Lampe. Womöglich drang Luft in die versiegelten Glaskugeln und beschleunigte die Zerstörung. Im Laufe der Reise nahm der Schwund bedenkliche Ausmaße an.

Die Ingenieure an Bord gaben alles, um die Helligkeit zu bewahren, sie lösten die Glühbirnen von ihren Sockeln, ließen sie frei an den Kabeln pendeln, damit ihnen die Vibration des Schiffsmotors und der Wellengang weniger zusetzten. Und sie kaschierten die wachsende Zahl der finsteren Lücken so gut es ging, damit der Kaiser von Brasilien beim großen Empfang in Rio de Janeiro seine Freude am Anblick des Schiffs haben konnte.

Nachdem ihn die Nachricht von der Verfinsterung der »Columbia« erreicht hatte, setzte sich Edison ins Labor und grübelte neuerlich über seine Lampe nach. Mehr als fünftausend Materialien hatte er getestet, bevor er der Welt zum Jahreswechsel eine vollendete Lampe präsentiert hatte, die, wie sich nun herausstellte, leider doch nicht vollendet war.

Edison besann sich auf den Grundsatz seines Tuns, an den er seine Mitarbeiter so oft erinnerte, dass er ihn im Laborbuch der Einfachheit halber mit zwei Buchstaben abkürzte: »T. A.«, was nicht für Thomas Alva stand, sondern für try again, probiert es noch einmal: die Initialen der Beharrlichkeit.

»Doch dann geschah etwas, es war einer dieser besonderen Momente, die oftmals den Anbruch einer neuen Zeit markieren«[3], notierte Francis Jehl.

Im vergangenen Jahr hatte Edison mehr als hunderttausend Dollar in Suche und Beschaffung von Materialien investiert, um sie als Lichtquelle zu testen.[4] Nun nahm er sie sich noch einmal vor, untersuchte sie unter dem Mikroskop. Dabei fiel sein Blick auf einen der Fächer, mit dem Chemikalien im Labor nach Experimenten getrocknet wurden. Edison griff danach, das Exemplar sah schäbig aus. Das Bambusband, das es zusammenhielt, hatte sich gelöst. Umgehend wurde Charles Batchelor beauftragt, die Fasern zu karbonisieren.

Unter Strom begannen sie zu glühen und übertrafen alles bisher Dagewesene. Sie waren obendrein robuster als Papier und ungleich billiger als Platin. Ein Rohstoff, der keiner verarbeitenden Industrie bedurfte, den die Natur großzügig zur Verfügung stellte – wie praktisch. Nun musste es schnell gehen.

Der leuchtende Bambus rüttelte Menlo Park aus der Lethargie. Die Mitarbeiter, die sich während Edisons Meditation über das ideale Licht gerade an das für sie bislang fremde Phänomen der Freizeit gewöhnt hatten, kehrten an die Werkbänke zurück. Von einem New Yorker Händler ließ sich Edison amerikanischen Bambus liefern. Anders als bei der Papierlampe erwies sich bei dieser Pflanzenfaser nicht das Hufeisendesign, sondern die Haarnadelform als ideal.

Ludwig Böhm wurde beauftragt, einen Kolben zu fertigen, der dem länglichen Glühelement entsprach. Über dem Feuer dehnte er das Glas, bis es die Vorgaben erfüllte. Jemanden, der elektrische Lampen bisher allein in Kugelform kannte, mochte das Ergebnis befremden: Es ähnelte einer Birne. Nicht erst die Architekten der Moderne beherzigten das fünfzehn Jahre später geprägte Prinzip, die Form habe der Funktion zu folgen. Weil im Inneren der Neuheit ein unverfälschtes Naturprodukt glomm, erschien es außerdem stimmig, wenn die Silhouette der Glashülle an eine Obstsorte erinnerte.

Edison zog sich in seine Bibliothek zurück, um alles über die Pflanze zu lesen, was er darüber finden konnte. Doch je tiefer er in die Materie eintauchte, desto unzufriedener machte ihn die Lektüre. Mehr als zweihundert Bambusarten waren bekannt, wovon nur ein kleiner Teil in den Vereinigten Staaten gedieh. Die Wahrscheinlichkeit also, dass sich in seiner Lampe die ideale Faser befand, tendierte gegen null.

Auf mehr als fünfhundert Leuchtstunden brachte es sein Bambus, aber womöglich ließ sich dies noch erheblich steigern, hätte er nur den allerbesten zur Verfügung.

Was nun folgte, war eine der spektakulärsten Missionen zur Materialbeschaffung in der frühen Industriegeschichte. Mit der finanziellen Unterstützung des Vorstands der Edison Electric Light Company, der die exotische Idee einer Bambuslampe begrüßte, sofern auf das Licht endlich Verlass war, organisierte Edison zeitgleich mehrere Expeditionen. Nach dem besten Gewächs sollte in Florida und in der Karibik gefahndet werden, in Indien und Burma, am Amazonas, in Peru und Ecuador, außerdem noch in Japan und China.[5]

Die geeigneten Bambus-Botschafter fand Edison unter seinen Mitarbeitern. Obwohl Francis Jehl seinen Außendienst in Manhattan tadellos gemeistert hatte, zählte er nicht dazu. Einer der Erwählten hieß John Segredor, bekannt für seine extravagante Art, Streitigkeiten zu beenden. Beschwerten sich andere über sein aufbrausendes Naturell, holte er sein Gewehr und zielte auf jeden, der etwas an ihm auszusetzen hatte. Diesen Mann schickte Edison in Floridas Sümpfe. Dort traf Segredor auf einen Feind, gegen den selbst sein Gewehr wenig ausrichten konnte. In seinen Briefen an Edison war jedenfalls nie von Bambus die Rede, nur von Moskitos, die ihn bei lebendigem Leib vertilgten. Verflucht!

Der Mann, der Ecuador und Peru bereisen sollte, verschwand und ließ erst Monate später wieder von sich hören. Edisons Abgesandter am Amazonas blieb zwar in Kontakt mit Menlo Park, trieb aber keinen geeigneten Bambus auf.

Allein William H. Moore, der sich in Japan und China umsehen sollte, entdeckte dort eine solche Artenvielfalt, dass er systematisch nach der perfekten Glühlichtfaser suchen konnte. Er fand sie nahe der vormaligen japanischen Kaiserstadt Kyoto. Einen Bambus, als wäre er für die Glühlampe erschaffen und in seiner Heimat einzig aus dem Grund seit Generationen für die Möbelherstellung verwendet worden, weil bisher niemand seine wahre Bestimmung erkannt hatte.

Nachdem Edison die ersten Proben unter dem Mikroskop begutachtet hatte, war er überwältigt. Keine andere Bambusart zeichnete sich durch eine ähnlich homogene Struktur aus.

Lampen mit diesen Fasern leuchteten siebenhundert bis neunhundert Stunden lang, manche brachten es sogar auf mehr als tausend. Die Pflanze aus Kyoto qualifizierte Edisons Erfindung endlich zum marktreifen Produkt.

Ein Vertrag mit dem japanischen Bauern wurde geschlossen, der den Wunderbambus für das Wunderlicht kultivierte. Edison spannte die Lieferkette von der Plantage direkt nach Menlo Park, denn jeder Zwischenhändler wäre ein weiterer Preistreiber gewesen.

In der Überzeugung, die Stromwende stehe unmittelbar bevor, verfasste er ein Manifest, in dem er ausführlich auf sein »perfektioniertes Glühlicht« und dessen Folgen einging.[6] Anders als die großen Versprechungen, die er einst jedem Journalisten, der nach Sensationen gierte, zu Protokoll gegeben hatte, wirkte dieser Text geradezu abgeklärt.

Ja, alles habe viel länger gedauert als angekündigt, räumte er ein, und, ja, er habe die Meinung vieler Wissenschaftler akzeptiert, die sein Beleuchtungssystem für einen Fehler hielten. Nun aber habe er es nicht mehr nötig, sie wortreich zu widerlegen. Die neue Lampe sei überzeugend genug. »Natürlich produziert das Glühlicht keine giftigen entflammbaren Gase, die Brandgefahr wird dadurch praktisch auf Null gesenkt«[7], schrieb Edison. Außerdem entziehe seine Beleuchtung der Umgebung keinen Sauerstoff, sei also in jeder Hinsicht gesünder.

Mehrere Gasexplosionen hatten New Yorks Bevölkerung in den vergangenen Monaten für das Thema sensibilisiert. Rohre waren gebrochen, Gas hatte sich unbemerkt in den Kellern gesammelt und bei der Detonation mehrere Häuser zerstört.[8] Etliche Menschen lagen im Krankenhaus, wahlweise mit Verbrennungen oder Vergiftungserscheinungen. Und die konkurrierenden Gasfirmen hatten nichts Besseres zu tun, als einander die Schuld zuzuschieben, die Aufklärung des Unglücks aber zu verschleppen, weil kein Anbieter so genau wissen wollte, wessen Rohr tatsächlich gebrochen war.

Am Ende seines Manifests erneuerte Edison das Versprechen, demnächst Manhattan mit seinem Licht auszustatten. Man werde ein Elektrizitätswerk errichten, unterirdische Stromleitungen verlegen, Hausanschlüsse installieren.

Noch wussten die Stadträte nichts von ihrem Glück, aber er setzte deren Zustimmung schon mal voraus. Wenn einer wusste, was eine moderne Metropole benötigte, dann ja wohl er.

In der Zwischenzeit traf das Dampfschiff »Columbia« vor Oregon ein. Unterwegs hatte es gut die Hälfte seiner Leuchtkraft eingebüßt. Edison möge dringend neue Lampen schicken. Das Interesse daran sei an der Westküste gewaltig, allerdings nur, wenn sie funktionierten.

Erst wenige Monate lag der Aufbruch des Schiffs in New York zurück, für Edison eine andere Epoche, als er noch alle Hoffnungen auf glühendes Papier gesetzt hatte. Nein, er werde im Moment keine neuen Lampen nachliefern, dafür fehle ihm die Zeit, ließ er wissen.[9]

Auch das Schicksal seiner Mitarbeiter, die in entlegenen Weltwinkeln weiterhin nach dem perfekten Bambus suchten, obwohl er schon gefunden war, interessierte ihn kaum. John Segredor hatte seine Recherchen in Florida beendet und war nach Kuba aufgebrochen, um sich auf der Insel nach einem geeigneten Material umzusehen. Dort angekommen, erkrankte er an Gelbfieber. Binnen einer Woche war er tot.

Für Edison kam das ungelegen. »Begrabt ihn auf meine Kosten«[10], meldete er lapidar nach Kuba. Mehr Pietät konnte und wollte er in diesen spannenden Tagen nicht aufbringen. Letztlich sei Segredor selbst schuld an seinem Unglück gewesen, schließlich habe Edison ihm eingeschärft, er solle in den Tropen auf seine Ernährung achten und nichts Kaltes trinken, aber der Mann sei wohl zu egoistisch gewesen, um seinen Ratschlägen zu folgen.[11]

Er werde sich zügig um einen Ersatzmann kümmern, teilte er einem Kollegen mit, was er letztlich unterließ, weil der japanische Bambus zu gut war, um das Leben weiterer Mitarbeiter mit der Suche nach noch besserem Material zu gefährden. Außerdem benötigte er nun alle Kräfte in Menlo Park. Es galt, die erste Glühlampenfabrik der Welt zu errichten.

WIEN

Hinterher schrieben die Zeitungen, er sei unersetzlich, weil er dem Publikum Genüsse geboten habe, »die alles früher Dagewesene kolossal verdunkeln«[12]. Hätten sie sich das vorher überlegt, wäre er nicht abgesetzt worden als Hofoperndirektor. Natürlich kannte Franz Jauner die Wiener zu gut, um sich über die Lobpreisungen nach seinem Rauswurf zu wundern. So gingen sie traditionell mit verdienstvollen Zeitgenossen um: erst herabwürdigen und danach wieder aufpolieren. Undankbares Volk!

Dabei hatte er dem Publikum zu Beginn des Jahres eine Sensation geboten, einen Mozart-Zyklus, sieben Opern und ein Singspiel, das sich dem Leben des Meisters widmete.

Möglicherweise hatte der Direktor schon geahnt, dass sich die Dinge zu seinen Ungunsten entwickelten. Darum wollte er sich einschmeicheln und setzte auf jenen Komponisten, bei dem er nichts falsch machen konnte, weil ihn ganz Wien als unübertroffenes Genie verehrte – übrigens ebenfalls erst, nachdem der Künstler nichts mehr davon gehabt hatte, weil er vorher in einem allgemeinen Grab am St. Marxer Friedhof gelandet war. Amadeus und Jauner, zwei Männer, ein Schicksal, der eine fast göttlich, der andere: nun ja.

Anstatt Gratulationen erhielt Jauner nach dem Mozartspektakel wider Erwarten von höchster Stelle eine Rüge. Das schmerzte. Berauscht vom Schlussapplaus hatte er sich seinerseits auf der Bühne verbeugt wie einst in den Tagen als Impresario des Carltheaters. In der Hofoper galt das als unschicklich. Ein Direktor sollte es nicht nötig haben, den Sängern den Beifall zu stehlen.

Ohne ihn einzuweihen, wurde kurz darauf der Reichsfinanzminister Leopold Friedrich von Hofmann zum Generalintendanten berufen. Er sollte nicht nur das Budget des Hofoperndirektors überwachen, sondern ihn auch in künstlerischen Dingen beaufsichtigen. Krachend schlug der Herr Baron das Fenster zu, aus dem Jauner bislang das Geld geworfen hatte.

Die Zeitungen bezichtigten ihn der Verschwendung in allen Gewerken. Die Kosten für das Leuchtgas etwa hätten früher an einem Opernabend rund dreißig Gulden betragen. Jauner hingegen habe mit seinen Feuerspektakeln zweihundert Gulden pro Abend verheizt, mehr als das Sechsfache![13] Mit Genugtuung sahen nun viele den allmächtigen Direktor zum Bittsteller degradiert.

Kaum bemerkten die Hofopernsänger, wie seine Macht erodierte, brach Hektik aus. Wer meinte, mit ihm noch eine Rechnung offen zu haben, wollte sie nun dringend begleichen. Morgens überrumpelten sie ihn in seinem Büro mit der Ankündigung, abends leider nicht singen zu können, aus privaten Gründen. Weil kurzfristig oft kein Ersatz aufzutreiben war, wurden Vorstellungen reihenweise abgesagt, was wiederum den neuen Generalintendanten verärgerte.

Nachdem ihn Publikum und Presse längst abgeschrieben hatten, geruhte auch der Kaiser »die Enthebung des Directors Franz Jauner von der Leitung des Hofoperntheaters allergnädigst zu bewilligen«.[14] Doch kaum war er offiziell weg, kehrte er inoffiziell wieder zurück, beherrschte die Gespräche in den Salons und Kaffeehäusern: Schade sei es um ihn, hieß es plötzlich, am Ende sei er ja doch ein Guter gewesen, womöglich sogar ein Hervorragender. Habe er nicht Richard Wagners *Ring des Nibelungen* nach Wien geholt und Georges Bizets *Carmen*, nachdem die Oper bei der Pariser Uraufführung krachend durchgefallen war?

Natürlich war auch Heuchelei im Spiel, vielleicht sogar späte Reue, schließlich hatte der Herr Direktor seinerzeit einen Elefanten auf die Bühne gestellt, eine Leistung, die man Jahrzehnte später noch in seinen Nachrufen preisen würde.

Selbst der Kaiser sah sich bemüßigt, den Direktor nach der Amtsenthebung zu ehren. Trotz enttäuschter Erwartungen verlieh er ihm den Orden der Eisernen Krone, wenn nicht aus Überzeugung, so wenigstens aus Höflichkeit.[15]

Das Schiff war eine Zumutung, dafür kostete die Überfahrt in der Luxuskajüte vergleichsweise wenig, was Sarah Bernhardts Agent verlockend fand. Deswegen kam die französische Schauspielerin, die Unerreichte, die Göttliche, auf der »L'Amérique« unter, einem Pannendampfer, wie es keinen zweiten unter der Trikolore gab. Mehrfach war er gekentert und einmal sogar auf dem Trockendock während der Installation einer neuen Wasserleitung versehentlich vollgelaufen: das einzige Schiff, das selbst an Land in Not geriet.[16]

Freunde warnten die Bernhardt eindringlich davor, einen Fuß auf die »L'Amérique« zu setzen, die geplante Tournee durch die Vereinigten Staaten sei es nicht wert, ihr Leben zu riskieren. Für ihre Gegner hingegen, deren Zahl in den vergangenen Monaten bedenklich gewachsen war, konnte sie gar nicht schnell genug aus Paris verschwinden. Ihre Allüren, meinten sie, grenzten an »groteske Selbstvergötterung«, ihre devote Entourage nannten sie eine Bande »vertrottelter« Affen, bei der Bernhardt sei wohl die »eine oder die andere Schraube lose«.[17]

Was war geschehen? Nicht sonderlich viel. Einigen Herrschaften missfiel ihr Lebensstil. Sie empörten sich über ihre wechselnden Liebhaber und ihren Wunsch, nicht nur auf der Bühne zu stehen, sondern darüber hinaus auch Bilder zu malen. Vor allem aber sei die Bernhardt zu mager.

Diese Themen diskutierten und analysierten Journalisten weitschweifig in eigens für die Darstellerin eingerichteten Sarah-Bernhardt-Rubriken. Böse Briefe erreichten sie vor ihrer Abreise, Vorwürfe über Vorwürfe. »Es war alles so idiotisch, dass ich zutiefst verwirrt war«, klagte sie. Zum Glück erhielt sie auch liebevolle Post zum Abschied, darunter Zeilen von Emile Zola und Victor Hugo. Die Worte der berühmten Literaten trösteten sie.

Wenigstens war auf den fragwürdigen Ozeandampfer ausnahmsweise Verlass. Nach zwölf Tagen auf See traf die Künstlerin wohlbehalten in New York ein. Das ging schneller, aber nicht mit der »L'Amérique«. Am Morgen des 27. Oktober 1880 betrat sie amerikanischen Boden. Die Decks der anderen Schiffe im Hafen, die Mole, ja sogar noch die Straßen dahinter waren »schwarz vor Menschen«, stellte die Schauspielerin erschrocken fest. Allein ihretwegen hatte sich die halbe Stadt versammelt.

Der Wellengang während der Überfahrt war ihr nicht bekommen, sie fühlte sich krank. Doch zunächst schlug die Stunde der New Yorker Honoratioren. Es galt, Begrüßungsreden zu lauschen und Hände zu schütteln. »Meine Augen weiteten sich vor Entsetzen, als ich zur Tür schaute, wo immer mehr Menschen hereindrängten«, schreibt Bernhardt in ihren Memoiren. Eine Musikkapelle schmetterte auf eins, zwei, drei die Marseillaise. Die Schauspielerin verzweifelte, Übelkeit und Erwartungsdruck wurden zu groß: »Deshalb beschloss ich, in Ohnmacht zu fallen.«[18] Kein Problem für eine Künstlerin ihres Kalibers, sie schloss ihre Augen, öffnete den Mund und sank in die Arme ihres Agenten.

Hektik brach aus, weil jede der anwesenden Damen in der Rolle der Samariterin glänzen wollte.

»Schnell, ein Doktor!«

»Armes Ding!«

»Wie blass sie ist.«

»Lockert ihr Korsett!«

»Sie trägt keines.«[19]

Bernhardts Taille war tatsächlich so schmal.

»Oh!«

Man brachte die Schauspielerin zur Kutsche, wo sie ihre Augen erst wieder öffnete, als sie sicher sein konnte, den Menschenmassen entronnen zu sein.

Sarah Bernhardt logierte in der geräumigsten Suite des Hotels Albemarle am Broadway, einem Prachtquartier mit Marmorfassade, gebaut für wohlhabende Gäste aus dem Ausland und für Einheimische, die sich den amerikanischen Traum schon erfüllt hatten. Die Schauspielerin hastete in ihre Unterkunft. Müde und nervös habe sie sich in diesem Augenblick gefühlt, zumal die amerikanischen Zeitungen, die sie in ihrem Zimmer vorfand, Karikaturen brachten, auf denen sie als Skelett mit Perücke posierte.

Einige ihrer französischen Gegner hatten Journalisten in New York kontaktiert und ihnen erzählt, was sie angeblich zu erwarten hätten, eine Frau voller Allüren, unmoralisch bis ins Mark und dünn wie ein Bleistiftstrich. Zwei Tage lang schloss sie sich ein, reagierte weder auf das Klopfen zudringlicher Journalisten noch auf das ihres Agenten.

Geschäftemacher witterten ihre Chance. Wenn die Bernhardt nichts preisgab, würden sie die Informationslücke eben selbst füllen. In einer Annonce wurden hundert Straßenverkäufer gesucht, die Porträtaufnahmen der Schauspielerin und Halbwahrheiten über ihr Leben und ihre Amouren unter die Leute bringen sollten.[20]

Im Booth's Theater an der Sixth Avenue stand sie am 8. November 1880 dann erstmals auf einer amerikanischen Bühne. Einen Monat lang würde sie dort auftreten, in fünf verschiedenen Stücken[21], darunter *Phädra* und *Die Kameliendame* nach dem Roman von Alexandre Dumas, der den italienischen Komponisten Giuseppe Verdi zu seiner noch berühmteren Oper *La Traviata* inspiriert hatte. Nach Manhattan stand Boston auf dem Tourneeplan, und von dort aus würde sie bis zum nächsten Frühjahr in mehr als drei Dutzend weiteren Städten auftreten.

Fünf verschiedene Hauptrollen stets bühnenreif parat zu haben, dazu noch die enge Taktung der Vorstellungen – das erforderte einen gesundheitsgefährdenden Kraftakt, aber nur so ließen sich als Schauspielerin in diesen Tagen internationale Berühmtheit und Reichtum erzielen. Anders konnte sie auch die bösartigen Gerüchte nicht widerlegen, die immer schon vor ihrer Ankunft an den jeweiligen Orten eintrafen.

»Ich wurde mit Ungeduld und Neugier erwartet, nicht mit Sympathie«[22], schrieb Bernhardt über ihre Premiere in Manhattan. Die Atmosphäre im Zuschauerraum fand sie eher kühl als warmherzig. Nach dem ersten Akt des Dramas *Adrienne Lecouvreur*, eine Hommage an die französische Schauspielerin gleichen Namens aus dem frühen 18. Jahrhundert, klatschten bloß jene Zuschauer, die Bernhardts Agent dafür bezahlt hatte.[23]

Doch dann schaute das Publikum genauer hin, erlebte im zweiten Akt eine Darstellerin, die ohne bühnenübliches Pathos so viel Leidenschaft aufbot, dass die Temperatur im Theater nicht allein der Gasflammen wegen zu steigen schien.

Und plötzlich spürte die Künstlerin den ersehnten »Strom der Sympathie«, der aus dem Zuschauerraum zu ihr hinüberfloss und sie durch den Abend trug. Der Beifall am Ende war eine Naturgewalt. »Das ganze Haus schien vor Hurras zu bersten«[24], bemerkte sie. Das Publikum habe »ein hysterisches Skelett« auf der Bühne erwartet, bekam aber stattdessen eine Künstlerin zu Gesicht, wie sie noch nie auf New Yorks Bühnen gestanden hatte.

Abend für Abend drängten sich nun mehr Leute vor dem Theater. Weil ihre Kutsche nicht mehr durchkam, stieg sie aus und ging zu Fuß zum Bühneneingang, während Polizisten versuchten, die Menge in Schach zu halten. New York, so schien es, hatte die Bernhardt ins Herz geschlossen. Nur hiesige Kirchenvertreter beklagten den französisch angehauchten Sittenverfall. Eigentlich wolle man sich nicht die Lippen mit dem Namen der Bernhardt beschmutzen, aber eines musste doch dringend gesagt werden: Eine Frau, die tagsüber Wein trinke, sei von Übel!

An einem ihrer letzten Abende in der Stadt geschah es. Hinter der Schauspielerin löste sich eine Frau aus der Menge. Sollte einer der anwesenden Polizisten die Schere in ihrer Hand entdeckt haben, so kam er zu spät. Sie habe einen Ruck verspürt, gab Bernhardt später zu Protokoll. »Ich drehte mich hastig um.« Bis sie bemerkte, was mit ihr geschehen war, hatte die Angreiferin längst die Flucht ergriffen.

Neue Mitarbeiter kamen, andere gingen, einer rebellierte. Edisons Unternehmung war im Umbruch, das Labor entwickelte sich zu einer Industrie, Chaos inbegriffen. Wer bislang hier geschuftet hatte, verstand sich als Abenteurer des Industriezeitalters, der mit seinem Engagement für das elektrische Licht in Regionen aufgebrochen war, die niemand zuvor betreten hatte. Ein besonderer Menschenschlag war an diesem Ort versammelt, dem das wiederholte Scheitern zum Antrieb geworden war, sich selbst zu übertreffen.

Nachdem Edison eine leer stehende Fabrik in der Nähe des Labors übernommen hatte, um dort die Serienfertigung vorzubereiten, verschoben sich die Prioritäten. Nicht das Außergewöhnliche galt fortan als erstrebenswert, sondern Effizienz.

Die Neuausrichtung missfiel etlichen Angestellten, aber kaum einer fühlte sich derart überrumpelt wie Ludwig Böhm. Der Mann, der sich als eine Art Rembrandt der Glasfabrikation sah, verstand die Welt nicht mehr. Denn im Zuge des Wandels hatte ihm Edison einen Assistenten aufgedrängt, der die Prozesse beschleunigen und vereinfachen sollte, damit selbst Laien mit ein wenig Übung neue Glühbirnen herstellen konnten.

Wie einst über die Kollegen, die nachts Steine auf das Dach seines Quartiers geworfen hatten, beschwerte sich Böhm nun über seinen unerwünschten Helfer. Allerdings sei die Sache nun ungleich brisanter. Er schwebe in Lebensgefahr! »Erst vor zwei Wochen wollte mich mein Assistent […] niederschlagen und mir das Genick brechen«[25], schimpfte Böhm. Außerdem sei ihm zu Ohren gekommen, Edison hätte herumerzählt, er wäre bei der Umstellung auf die Serienfertigung ohne den künstlerisch veranlagten Glasbläser besser dran. Binnen der nächsten Tage erwarte er eine Erklärung, wenn nicht eine Entschuldigung.

Keiner der anderen Mitarbeiter konnte die Todesdrohungen gegen den Glasbläser bestätigen. Charles Batchelor gewann vielmehr den Eindruck, Böhm verhalte sich seinerseits aggressiv. Und Edison hielt die Reklamationen zunächst für die üblichen Anwandlungen eines wehleidigen Sonderlings. Selbstverständlich ignorierte er sie. Schließlich konnte künftig Böhms Assistent einspringen, wenn der Deutsche schmollte.

Edisons neues Manifest zum Aufschwung der Elektrizität hatte weite Kreise gezogen, jede Zeitung, die über Fortschritte in Menlo Park berichtete, berief sich darauf. Allein die Metropole New York, die er ausersehen hatte, als erste in seinem Licht zu erstrahlen, hielt sich bedeckt. Keiner der Stadträte bat ihn, endlich loszulegen.

Wenn sie die Zeichen der Zeit verkannten, dann musste er eben selbst aktiv werden. Zunächst sollte im Labor ein Mini-Manhattan entstehen, viereinhalb auf dreieinhalb Meter, mit Stromtrassen, Hausanschlüssen und Elektrizitätswerk.

Kurz darauf erreichte den Vorstand der Edison Electric Light Company ein Brief des Erfinders. Er habe jemanden für das New-York-Projekt gefunden, einen deutschen Elektriker und ausgezeichneten Mathematiker, der erst vor zehn Tagen in den Vereinigten Staaten angekommen sei. Er benötige ihn dringend.[26] Der Wunsch wurde ihm gewährt. Die Kurzbeschreibung des neuen Mitarbeiters war allerdings nicht ganz korrekt. Hermann Claudius kam aus Österreich, nicht aus Deutschland, ein Kavalier der alten Schule, wie Francis Jehl fand, als er ihm erstmals begegnete.

Aus Wien hatte der Einwanderer einen bemerkenswerten Oberlippenbart mitgebracht, dessen Borsten nahezu waagrecht aus der Haut wuchsen. Das voluminöse Resultat sah so aus, als hätte sich mitten im Gesicht des Herrn Claudius ein Pelztier eingenistet, das nervös zu zittern begann, wenn Edison aus dem Bauch heraus Dinge vorschlug, die der vormalige Beamte erst noch in Ruhe berechnen wollte.

Alles Spontane war ihm suspekt. Die Mathematik allein gab ihm Aufschluss über die Richtigkeit einer Entscheidung, sie war für ihn Orientierung, Stütze und manchmal auch Trost. Das Weltgeschehen mochte unkalkulierbar sein, auf die Zahlen war immer Verlass.

Hermann Claudius hatte seine Karriere als Ingenieur bei der kaiserlich-königlichen Südbahn in Wien begonnen.[27] Wie Edison besaß er ein Gespür für das Neue. Er hatte einen Geschwindigkeitsmesser für Züge erfunden, der aber dermaßen kompliziert, wenn auch einwandfrei berechnet war, dass ihn niemand haben wollte. Enttäuscht wechselte der Ingenieur in den staatlichen Telegrafendienst, wurde allerdings auch dort nicht glücklich. Schließlich brach er nach New York auf, wo ihn Edison unverzüglich rekrutierte.

Selbst Francis Jehl, der sich insgeheim Hoffnungen gemacht hatte, seinerseits die Manhattan-Miniatur im Labor errichten zu dürfen, staunte über die Auffassungsgabe des Österreichers und dessen geradezu artistischen Umgang mit mathematischen Formeln.

Als Claudius im Labor erschien, fixierte Edison eine Holzplatte zwischen zwei Werkbänken. Darauf sei ein Modell der Stadt zu bauen und mit Elektrizität auszustatten. Und Claudius, der Manhattan erst flüchtig kannte, schuf in den nächsten Wochen dennoch ein präzises Abbild, an dem sich nicht nur das erste kommerzielle Beleuchtungssystem für eine Großstadt optimieren ließ. Es sollte auch die New Yorker Kommunalpolitiker begeistern und Edison endlich die Bewilligung für die Elektrifizierung verschaffen.

Allerdings war Geduld gefragt. Denn so gewissenhaft Claudius die Drähte durch die Straßen seines Modells spannte – der Schnellste war er nicht. Wenngleich sich Edison oftmals demonstrativ neben ihn setzte, um die Sache durch gutes Zureden zu beschleunigen, ließ sich der Mann nicht aus der Ruhe bringen. Er hatte das österreichische Behördentempo verinnerlicht, das auf die Belegschaft in Menlo Park geradezu verstörend wirkte. »Er arbeitete gründlich und war ungemein fleißig, aber langsam – schrecklich langsam«, erinnerte sich später einer seiner Kollegen.

Dennoch kamen sie mit der Langsamkeit des Herrn Claudius besser zurecht als mit Ludwig Böhms Allüren. Dass es niemand für nötig gehalten hatte, seine Klagen zur Kenntnis zu nehmen, war zu viel für den Glaskünstler. Er warf hin und verließ Edison.

Sarah Bernhardts Vorfreude verklärte die trostlose Wirklichkeit. Sie fühlte sich an eine magische Szene aus einer Operette erinnert, als sie wenige Tage nach Böhms Abgang in Menlo Park aus dem Zug stieg und im Schneegestöber eine wartende Kutsche vorfand. Es war zwei Uhr morgens, die

Kälte kroch ihr unter den Pariser Pelzmantel, sie fröstelte. Dennoch fühlte sie sich wie befreit. Endlich Stille, nur grundiert vom Knacken des Eises unter ihren Sohlen.

Mit dem nächtlichen Ausflug gönnte sie sich am 5. Dezember 1880 eine Pause von ihrem Alltag im Belagerungszustand. In Manhattan wäre beinahe ein Unglück geschehen, als sich die Frau mit gezückter Schere auf sie gestürzt hatte, nicht um zu töten, sondern um eine Haarlocke zu erbeuten. Das ging schief, im Gedränge rutschte die Dame aus und kappte stattdessen die Feder auf dem Hut der Bernhardt. Dankbar schnappte sie sich das Souvenir, tauchte in der Menge unter und ließ die Schauspielerin verstört zurück.

In den Tagen danach wehrte sich die Bernhardt entschieden gegen weitere Bäder in der Menge, die ihr Agent zu Reklamezwecken organisiert hatte. Stattdessen drängte sie ihn, ihr einen Herzenswunsch zu erfüllen, bevor sie zu ihrem Gastspiel in Boston aufbrach. Sie wollte den einzigen Amerikaner treffen, der sie faszinierte: Thomas Alva Edison.

Aufgeregt bestieg sie nun die Pferdedroschke, die ihr Idol zum Bahnhof von Menlo Park geschickt hatte. Die Räder knirschten über den gefrorenen Untergrund, während sie hinausblickte in die Schwärze. Dann brach mitten in der Nacht ein neuer Tag an. »So schnell wie ein Gedanke erstrahlte plötzlich die ganze Landschaft. Unter den Bäumen, auf den Bäumen, in den Sträuchern, entlang der Wege triumphierte das Licht«[28], beschrieb sie diesen Moment.

Überwältigt und eingeschüchtert verließ sie die Kutsche und ging auf die Männer zu, die sich vor einem der Holzhäuser versammelt hatten. Obwohl sie in den vergangenen Monaten viel über Edison gelesen hatte, wusste sie nicht, wie er aussah. Wer also war das Genie unter den Herren?

Einer von ihnen habe schrecklich gelangweilt gewirkt, als überlegte er schon, wie er die Zeit, die er mit ihr notgedrungen verschwenden würde, später wieder wettmachen konnte. Das musste er sein, und er war es auch. Edison präsentierte sich der Französin mit einer Arbeitsmütze auf den unfrisierten Haaren, einer Jacke, die schon etliche Jahre im Labor hinter sich hatte, und Schuhen, auf denen New-Jersey-Matsch klebte.

Doch der Eindruck, ihm wäre der hohe Besuch lästig gewesen, täuschte, wie Francis Jehl in seiner Autobiografie ausplauderte. Vielmehr sei sein Chef schon vor Bernhardts Ankunft überwältigt gewesen von der Schauspielerin. Er, der seit Jahren regelmäßig in New Yorker Theater ging, sofern es seine Zeit erlaubte, war natürlich über den Triumph der Bernhardt in Manhattan informiert worden. Freunde hatten ihm berichtet, sie habe sich sogar nach ihm erkundigt. Ob er denn verheiratet sei? Das hatte den Erfinder ganz durcheinandergebracht, erinnerte sich Jehl. Die ganze Belegschaft sei nervös geworden, als es hieß, die Bernhardt wolle Menlo Park besichtigen.

Noch Minuten vor ihrer Ankunft fürchteten manche Mitarbeiter, sie werde ihren Besuch wegen des schlechten Wetters absagen. Als sie dann aber vor ihnen stand, verschlug es allen die Sprache. Die Bernhardt im modischen Pelz, Pariser Glamour in der tiefsten amerikanischen Provinz, was für ein Anblick!

Mit Genugtuung registrierte Francis Jehl, wie auch sein Chef in Verlegenheit geriet. Selbst der große Edison war nur ein Mann. Nicht gelangweilt sei er gewesen, sondern schüchtern. Wie man selbst verstockte Herren zum Schmelzen brachte, wusste die Französin zum Glück aus Erfahrung. »Ich strengte mich an und hatte Erfolg! Eine halbe Stunde später waren wir beste Freunde«[29], erzählte sie über die Begegnung.

Edison führte sie durch das Labor, beantwortete geduldig alle Fragen zum elektrischen Licht. Es waren mehr, als er einer Bühnenkünstlerin zugetraut hatte.

»Ich verstand alles und bewunderte ihn mehr und mehr, weil er so schlicht und charmant war, dieser König des Lichts«[30], schwärmte die Bernhardt. Wann denn das Glühlicht endlich in Theatern eingeführt werde, wollte sie wissen. Die Antwort darauf musste er ihr schuldig bleiben. Noch hatte sich kein Intendant bei ihm gemeldet, obwohl auch 1880 etliche Theater abgebrannt waren, etwa in Rostock, im rumänischen Temeswar, bei Udine, in Sydney, in der südfranzösischen Stadt Perpignan und in Lyon. Dort war das Haus sogar erst kurz zuvor wiedereröffnet worden, nachdem es schon einmal in Flammen gestanden hatte.

Während die Bernhardt staunte, saß Francis Jehl am Schaltpult und regulierte auf Edisons Kommando das Licht. Auch er fand die Schauspielerin umwerfend. »Ich betrachtete sie – eine feine, perfekt proportionierte Gestalt«, urteilte er, »ihr Gesicht war eindrucksvoll [...]. Wie ich sie so anschaute, erinnerte sie mich an Kleopatra.«[31]

Er solle die Künstlerin mal ans Schaltpult lassen, befahl Edison, sie wolle das Licht selbst steuern. Diese Aufforderung untergrub Jehls Autorität, schließlich war er für die Aufgabe qualifiziert, was er Edison zu bedenken gab. Doch der wollte nichts davon wissen.

Klick, klack, klick, klack, es wurde hell, und es wurde finster, Sarah Bernhardt hatte alles im Griff. Die Belegschaft applaudierte. Edison war entzückt, Jehl ärgerte sich über die Zurücksetzung am Schaltpult. Wenigstens war er der schönen Sarah nah genug, um ihr Kleid berühren zu können, und sie saß nun auf seinem Schemel. Und er würde hinterher wieder dort Platz nehmen, wo sie eben noch war. Leider würdigte sie ihn keines Blickes.

Amerikanische Gasversorger nahmen Edison unterdessen so ernst, dass einige Bosse beschlossen, in Menlo Park einen Spion einzuschleusen. Sie beauftragten ein Detektivbüro, weil sie vom Zauberer der Elektrizität nicht mehr unangenehm überrascht werden wollten. Der Ermittler gab sich als kaufwilliger Fabrikant aus, um Edison auszuhorchen, seine Beleuchtung zu inspizieren und ein Urteil über die Fortschritte zu fällen. Unter dem Titel »Electric Light Tunneling« fasste er seine Eindrücke zusammen.

Freimütig hatte ihm Edison zunächst die Stromgeneratoren vorgeführt. »Das sind die sperrigsten und übelsten Geräte, die ich je gesehen habe«, urteilte der Detektiv. Er amüsierte sich über die Begeisterung der Belegschaft für ihren vermeintlich genialen Chef, fand selbst die neue Bambuslampe lächerlich.[32]

Allerdings hatte der Ermittler nur aufgeschrieben, was die Klienten lesen wollten. Es war ein für Gasfreunde aufbereitetes Wunschszenario, das mit der Realität des Jahres 1880 wenig zu tun hatte. Die Bambuslampe eignete sich zur kommerziellen Nutzung, daran konnte kein noch so voreingenommener Detektiv etwas ändern.

Edison war zu einem Helden der Populärkultur aufgestiegen. Als Prototyp des emsigen Erfinders befand er sich nun in einer Liga mit Idolen wie Sarah Bernhardt und der Sängerin Adelina Patti. Nie zuvor hatte ein Techniker das Reich der irdischen Göttinnen betreten.

Die Bambuslampe unterfütterte den Mythos mit Tatsachen. Elektrische Beleuchtung als überflüssig und ungesund zu verunglimpfen, kam für Gaslobbyisten nun nicht mehr infrage, sonst hätten sie wie rückständige Ignoranten gewirkt. Also versuchten sie, den Erfinder selbst zu kompromittieren. Denn sie hatten etwas aufgeschnappt, etwas Brisantes, Ehrenrühriges, etwas, womit sich Karrieren zerstören ließen. Edison, lautete der Vorwurf, sei ein Betrüger. Das Glühlicht habe ein anderer erfunden, der von ihm systematisch um den verdienten Ruhm gebracht worden sei.

Ganz unbegründet waren die Vorwürfe nicht, ganz berechtigt allerdings ebenso wenig. Der französische Chemiker Louis Jacques Thénard hatte Metalldrähte tatsächlich schon 1801 mit einer galvanischen Batterie zum Leuchten gebracht. Vierzig Jahre später entwickelte ein gewisser William Robert Grove, ein Richter und Forscher aus Wales, eine Lampe, in der eine Platinspirale glomm. Und in Amerika experimentierte der Ingenieur John Wellington Starr mit Glühmaterial aus Kohlenstoff.

Zumeist ohne voneinander zu wissen, ließen Ingenieure danach in fast allen werdenden Industrienationen verschiedene Materialien elektrisch leuchten, manche stülpten einen Glassturz darüber, entfernten mitunter sogar schon die Luft daraus, so gut es mit ihren Handpumpen eben ging, und bezeichneten das Objekt als Lampe.

»Skandal!«, erbosten sich nun die Leuchtgasversorger, je mehr Dokumente über frühe Licht-Experimente sie aus den

Archiven zerrten, um Edisons Werk als Diebesgut zu entlarven. Ein großes Hindernis lähme den modernen Fortschritt, klagte ein Experte: »Es ist die Ignoranz des Erfinders, was die Dinge betrifft, die schon in der Vergangenheit entstanden sind.«[33] Der Autor brauchte Edison nicht beim Namen zu nennen. Jeder wusste, wer gemeint war.

Jedoch hatte keiner seiner Vorgänger die Entdeckung in ein marktfähiges Produkt verwandelt, auch das gehörte zur Wahrheit. Manche gaben sich mit dem Experiment zufrieden, anderen fehlte das Kapital, um die Weiterentwicklung zu finanzieren. Einige fragten sich, wozu ein leuchtender Draht gut sein sollte, und hakten das Phänomen als Trivialität ab. Alle sahen sich mit demselben Problem konfrontiert. Glühlicht war ein flüchtiges Vergnügen, das Platin schmolz, der Kohlenstoff verglomm.

Sie mochten die legitimen Väter der Idee sein, glühende Feststoffe für Beleuchtungszwecke zu nutzen, fand der frühe Edison-Biograf John Hubert Greusel, aber aus diesem oder jenem Grund waren sie nicht vorangekommen, verloren die Geduld und gaben auf. »Da ist immer dieses fatale ›Aber‹, und ›Aber‹ bedeutet ›Scheitern‹«[34], konterte er die Vorwürfe der Gasindustrie.

»Der Punkt ist doch der, dass es nicht die Entdeckung des Kohlenstoffs als Glühelement war, die diese Technik von einem Spielzeug im Labor zu einem Segen für die Menschheit gemacht hat, sondern die Geduld und Kreativität, mit der Schritt für Schritt alle Fehler beseitigt wurden«[35], schrieb der englische Wissenschaftsjournalist Francis Rolt-Wheeler über den Konflikt.

Außerdem ging es Edison nie allein um die Lampe, seine Vision umfasste von Beginn an auch Generatoren, Leitungen und Schalter, denn nur als Komplettsystem würde sich elektrisches Licht im Alltag der Menschen behaupten können. Deshalb verstand er die Aufregung um die Urheberschaft der Leuchte nicht. Ihm fehle die Zeit, sich mit dem alten Kram zu beschäftigen, er habe die Zukunft zu gestalten. Wäre irgendeiner seiner Vorgänger erfolgreich gewesen, hätte er sich nicht seinerseits um die Sache kümmern müssen. So sah er das.

Die Investoren der Edison Electric Light Company reagierten weniger gelassen. Erleichtert hatten sie die Vollendung des Glühlichts verfolgt, um nun zu erfahren, Edison habe etwas erfunden, was schon vor Jahrzehnten erfunden worden war. Das hätte er doch wissen müssen!

Edisons Gabe, Begeisterung zu entfachen, reichte den Geldgebern nicht mehr. Personenkult sei kein Geschäftsmodell. Nun müsse er sich als Verkäufer beweisen und ihnen demonstrieren, wie sich mit seinem Produkt der neue Markt dominieren ließ.

Je mehr Popularität die Bambuslampe genoss, desto mehr Zeitgenossen fühlten sich berufen, in Edisons Windschatten mit vermeintlich noch viel besseren Kreationen an die Öffentlichkeit zu drängen. Anders als die Pioniere des Glühdrahts, die inzwischen wahlweise tot oder nach etlichen Fehlversuchen längst mit anderen Dingen beschäftigt waren, schadeten diese Rivalen nicht nur dem Image der Edison Electric Light Company. Sie bedrohten deren Existenz.

Eine Fülle von Anträgen ging bei den Patentämtern ein, alle das Licht betreffend, alle in der Überzeugung verfasst, über die einzig brauchbare Technik zu verfügen. In den abenteuerlichsten Variationen sollten Feststoffe unter Strom leuchten. Nicht diese Fabrikate bekümmerten die Edison Electric Light Company, sondern jene, die wie Zwillinge des Originals wirkten und sich nur durch minimale Variationen davon unterschieden. Deren Erfinder eigneten sich alles an, was Edison über Jahre erarbeitet hatte, schafften es aber trotzdem, ihre Kopien durch die Schlupflöcher in seinen Patenten zu bugsieren.

Einer von ihnen hieß Hiram Maxim, und er sollte es noch weit bringen. Er war aus der Provinz nach New York gekommen, und wie die meisten, die auf dem Land aufwuchsen, sich aber zu Höherem berufen fühlten, legte er in der Metropole einen bemerkenswerten Ehrgeiz an den Tag. Jede Beschäftigung, der er nachging, war nur eine Etappe auf dem Weg zu etwas Bedeutenderem, womöglich sogar Weltbewegendem.

Maxim stammte aus Sangerville im Bundesstaat Maine, wo er seine Karriere bei einem Kutschenhersteller begann. Bald fertigte er die stabilsten Radachsen der Region, versah danach Pferdeschlitten mit stimmungsvollen Landschaftsbildern. Das Handwerkliche lag ihm ebenso wie das Künstlerische. Er besaß sowohl Muskeln als auch Verstand und fühlte sich daheim bald unterfordert: zu eng der Horizont und zu wenig Inspiration.

Als er 1878 in New York eintraf, wurde gerade ein anderer gefeiert, der versprochen hatte, Städte mit Glühlampen zu beleuchten. Niemand wusste Genaues, damals noch nicht einmal Edison selbst, der seine Innovation rühmte, bevor sie überhaupt funktionierte. Wer als Ingenieur von sich reden machen wollte, erkannte Maxim, musste der Mode der Zeit folgen und etwas Elektrisches erfinden.

Also setzte auch er Platin unter Strom, bis es prachtvoll leuchtete, bevor es schmolz. Schade. Zum Glück gab es eine Alternative, das Bogenlicht, das zwar schon Herr Jablochkoff in Paris präsentiert hatte, aber mit seinen Fähigkeiten konnte er es gewiss zu einem Produkt eigenen Ranges veredeln, meinte Maxim.

Schon bald gelang ihm ein Exemplar, das ein herrliches Gleißen erzeugte. Für seine erste Demonstration wählte er den Hof des Park Avenue Hotels in Manhattan, vermutlich auch deswegen, weil in der Unterkunft vor allem Frauen logierten, die er beeindrucken wollte. Als er seine Lampe einschaltete, habe sich ein großes Publikum eingefunden.

Plötzlich vernahm er ein verführerisches Knistern, das er ohne den Schatten eines Zweifels als das von Seide erkannte. »Ich sah mich um und erblickte ein Inbild der Schönheit«, erinnerte sich der Techniker in seinen Memoiren: »Die Dame war ganz in Seide und Satin gekleidet, herrlich mit Diamanten verziert.« Sie stand an einem der Fenster und betrachtete sein Licht.

»Wie schön! Wie wunderbar! So bezaubernd wie Pompeji im Mondlicht«, hauchte sie.

Doch plötzlich kippte die Stimmung.

»Wer außer Edison besitzt das Genie, einen solch überwältigenden Effekt zu erzielen«, hatte die Schönheit eben gesagt.

»Aber«, protestierte Maxim, »das ist nicht Edisons Licht.«

»Was, das ist also keine elektrische Lampe?«

»Doch, aber nicht die von Edison«, erwiderte er sanft.

»Elektrisches Licht, aber nicht das von Edison?«, empörte sich die Dame. »Dann habe ich kein Interesse mehr.«[36] Ein Affront, ein Seidenknistern und weg war Maxims Inbild der Schönheit.

Zwar besaß Edison damals noch keine Lampe, aber dessen Reklame hatte ihre Wirkung entfaltet. Nie wieder würde Hiram Maxim die Macht der Werbung unterschätzen. In den Köpfen der Menschen waren der Name Edison und elektrische Beleuchtung eins geworden.

Maxim präsentierte seine Lampe noch an anderen Orten, aber wo immer der Lichtbogen aufflammte, fand sich jemand, der wissen wollte, ob das Licht von seinem Konkurrenten sei. Konsterniert schrieb er einem Kollegen, er werde den Nächsten, der ihm diese Frage stelle, eigenhändig umbringen.[37]

Danach eilte er zu einer weiteren Demonstration seiner Erfindung. Neugierige scharten sich um ihn, wie tröstend, bis der Erste den Mund aufmachte:

»Ist das Edisons Lampe?«

Der Zuschauer blieb am Leben. Hiram Maxim mordete nur in Gedanken, vorerst.

7

RUHM IN REICHWEITE (1881)

Das neue Jahr begann mit Feuer und Explosionen. Wenngleich sich die Bevölkerung daran gewöhnt hatte, dass deren Zahl ausgerechnet im Winter stieg, erschien manchen die Häufung widersinnig. Nachvollziehbar wäre sie bei Hitze gewesen, an Tagen, die das Leben auf das Minimum verlangsamten, weil selbst die Luft zu glühen schien und die Parks in Sepia tauchte.

Dann barg jeder Funke die Gefahr der Verwüstung, griffen Flammen schneller nach verdorrten Dachsparren und Inventar, als Wassereimer zur Hand waren. Doch im Winter durchfeuchteten Schnee und Nässe die Häuser, Kälte kroch durch Türen und Fenster, zwang die Bewohner an ihre Öfen. Das Feuer empfanden sie nun nicht als Gefahr, schließlich spendete es Wärme, Kraft und Trost.

Zwei junge Frauen flanierten am 7. Januar 1881 durch Montreal. Vor dem Schaufenster der Boutique eines Hutmachers blieben sie stehen und bestaunten die neuen Modelle, während sich im hinteren Teil des Geschäfts wie aus dem Nichts ein Feuerball blähte und vorwärtsschnellte. Er zertrümmerte das Schaufenster und schleuderte die beiden Damen gegen die Fassade auf der anderen Straßenseite, wo sie schwer verletzt zusammenbrachen.[1]

Wenige Tage später stieg der Garde-Artillerieoffizier Goguet um sechs Uhr morgens ins Erdgeschoss seines Hauses im französischen Orléans hinab. Im Flackerschein der Kerze wirkten die Stufen beweglich, eine Täuschung des zitternden Lichts. Kälte schlug Goguet entgegen. Er blickte nach unten, erkannte die Silhouette des Kamins im Salon. Dort wollte er hin, um Feuer zu machen. Der nächste Schritt war der letzte seines Lebens. Ein Blitz zerriss Goguets Welt, die Detonation, die ihm folgte, bekam er nicht mehr mit. Man fand seine verkohlte Leiche später unter den Trümmern seines Hauses.

Im russischen Kronstadt explodierte das Theater, der Direktor und sieben Mitarbeiter fielen dem Unglück zum Opfer. Eine Lampe barst in der Pension von Wellington Moses in Reading, Pennsylvania, und tötete die vierzehnjährige Sallie Rothenberg und ein Baby. Im böhmischen Görsdorf ebnete eine Feuerwalze einen Industriekomplex ein, in Paris ging das mondäne Kaufhaus Printemps in Flammen auf. In Wien klagten die Bewohner eines Zinshauses zwei Tage lang über Übelkeit, bis sich der Hausmeister bequemte, die Ursache zu ergründen. Er stieg in den Keller, entzündete eine Kerze, worauf noch im obersten Stock das Geschirr aus den Regalen stürzte, so gewaltig war die Explosion. Immerhin stand das Gebäude noch, und selbst der Hausmeister sei wie durch ein Wunder »nicht beschädigt« worden, hieß es tags darauf in den Zeitungen. In Pittsburgh, in London, in Frankfurt bebte der Boden unter vergleichbaren Detonationen.

Wechselnde Orte, andere Opfer, die gleiche Ursache: Gas, das aus mürben Rohren und defekten Brennern strömte, ballte sich zu hochexplosiven Wolken. Das meiste entwich aus den Hauptleitungen unterhalb des Straßenpflasters weitestgehend unbemerkt. In der warmen Jahreszeit verflüchtigte es sich an der Erdoberfläche. War der Boden allerdings gefroren, wurde das Gas heimtückisch. Es überwand oft mehrere Hundert Meter und drängte in hoher Konzentration dort aufwärts, wo kein Frost die Erde versiegelt hatte: unter den Häusern.

Ausgerechnet die Fortschritte bei der Entwicklung des elektrischen Lichts erhöhten die Gefahr. Viele Gasgesellschaften hatten zuletzt bei der Wartung ihrer Leitungen gespart und lieber in die Konstruktion neuer Brenner investiert, die zwar mehr Gas konsumierten, dafür aber auch heller leuchteten.

Das Leitungsnetz hingegen rostete, splitterte, wurde marode. In der Folge dampften Städte Unmengen an Gas aus, auf den Straßen im Sommer, in den Häusern im Winter, immer öfter da wie dort. »Anderwärts erzeugt die Natur in bösartiger Laune im Innern der Erde gefährliche Dämpfe, [...] bei uns hat der Mensch aus egoistischer Habsucht das Gift in die Erde getragen«[2], war einem Journalisten schon vor Monaten aufgefallen. Seitdem hatte sich die Lage verschärft.

Auch Wissenschaftler widmeten sich dem Thema. In den vergangenen Jahren hatten sie Müll in den Straßen und verschmutzte Flüsse als gesundheitsgefährdend erkannt, waren vielerorts erfolgreich für bessere sanitäre Verhältnisse eingetreten. Nun untersuchten sie, welche Schäden Leuchtgas dem Organismus zufügte. Solche Studien zwangen viele Forscher zur Abkehr von alten Glaubenssätzen.

Als das Licht erstmals in den Städten erstrahlt war, hatte man dem Gas dank des wohltuenden Helligkeitsgewinns sogar heilende Kräfte zugesprochen. Es wurde als Inhalationstherapie gegen Keuchhusten getestet, und die ersten Ergebnisse machten Mut: »Sauerstoff und Leuchtgas riefen nie Hustenanfälle hervor, sondern wurden auf kurze Zeit von den Kranken gern inhalirt«[3], hieß es in einer Studie. Wenngleich der Glauben an die therapeutische Wirkung mit der Zeit schwand, galt der Energieträger als Gewinn für die Zivilisation.

Erstaunlicherweise gehörten Botaniker zu den Ersten, die sich der Gefahren bewusst wurden. Die wachsende Zahl toter Bäume in den Metropolen hatte sie alarmiert. Anfangs schoben sie die Schuld auf die Gasflamme selbst, sie störe die Nachtruhe der Vegetation, die darum nach wenigen Monaten an Übermüdung sterbe. Die These empfanden viele als gewagt, denn Menschen schienen die Helligkeit zu genießen. Die wahre Ursache für das Baumsterben fanden die Forscher schließlich im Boden, wo austretendes Gas die Wurzeln angriff und mitunter blau färbte wie erfrorene Finger.[4]

Weil so viele unterirdische Leitungen vom Rost durchsiebt waren, suchten Städte lieber nach Baumarten, die dem Gift standhielten, anstatt die Ursache zu beseitigen. Keine Gasgesellschaft wäre bereit gewesen, wegen sterbender Pflanzen und ein paar ausgebrannter Wohnungen die komplette Infrastruktur zu erneuern. Doch weder Silberpappeln noch

Ahorn, weder Platanen noch Robinien gediehen im verseuchten Boden. Allein Linden blieben standhaft, allerdings fehlten ihnen im Frühjahr die Blüten.[5]

Zu beobachten war die Schädigung der Natur nicht nur im Freien. In schlecht belüfteten Räumen mit vielen Gasbrennern welkten Zimmerpflanzen zu schnell, um das Malheur mit fehlendem Sonnenlicht erklären zu können. Botaniker fanden die wahre Ursache in den Dämpfen der Gasbrenner. Sie riefen die Bevölkerung auf, vor allem auf Azaleen und Kamelien zu verzichten. Die Raumluft sei eine Zumutung für die Gewächse.

Dass auch die Gesundheit der Bewohner litt, wenn Kamelien ihre Köpfe hängen ließen, lag nicht im Zuständigkeitsbereich der Pflanzenforscher. Sie wollten das gestörte Verhältnis zwischen Gesellschaft und Vegetation offenlegen, zu besichtigen in jeder Wohnung mit siechendem Grün.

Nun sahen sich auch Mediziner veranlasst, ihre anfängliche Begeisterung für die Segnungen des Leuchtgases zu überdenken. In luftdichten Behältern, die unzureichend belüftete Zimmer simulieren sollten, setzten sie Kaninchen verschieden hohen Gaskonzentrationen aus. Der Sauerstoffgehalt sank, je mehr Stunden verstrichen. Die Forscher verzeichneten jede Zuckung, jedes Zittern, jeden Tod.

Die Zahl solcher und ähnlicher Studien wuchs. Auch Chemiker prüften, wie sich das Miteinander von Gesellschaft und Leuchtgas gefahrlos und vor allem ohne horrenden Kostenaufwand gestalten ließe. Die Ergebnisse waren ernüchternd: »Durchgreifende, praktische Abhülfsmaßregeln sind noch nicht bekannt geworden«[6], schrieb ein Wissenschaftler konsterniert.

So sprenkelten Großbrände die Topografie der Städte, mischten sich tote Platanen entlang der Prachtstraßen unter die kränkelnden. Debütantinnen schwanden bei diversen Hofbällen die Sinne, was man deren Aufregung zuschrieb, bis auch Routiniers auf dem Parkett plötzlich wankten und die Fenster aufrissen.

Und in den Theatern flackerten unzählige Flammen. Es roch nach Staub, aufgewirbelt von heißer Luft, es roch nach schwitzenden Menschen. Mancher Herr öffnete unauffällig den Kragenknopf. Manche Dame tupfte sich schmelzende Schminke von der Stirn. Hunderte Menschen konsumierten Sauerstoff, Hunderte Gasbrenner auch.

Das Jahr begann mit Feuer, Explosionen und mit dem Geistesblitz eines Monarchen, von dem Europas Königsfamilien meinten, er sei gar kein echter. War er aber, obwohl sein Reich etwas abseits lag. David Kalākaua entstammte der hawaiianischen Herrscherdynastie, regierte seit Jahren über die Inselgruppe im Pazifik und überraschte seine Minister und Berater in den ersten Tagen des Jahres 1881 mit einem verwegenen Plan: Er wollte den Erdball umrunden, per Schiff, per Kutsche, zur Not auch zu Fuß. Ein König müsse wissen, was anderswo los war, um daheim weitsichtig regieren zu können.

Nie zuvor hatte ein Regent eine Weltreise unternommen. Allein aus strategischen Gründen wurde davon abgeraten. Viel zu groß war die Gefahr, dass nach monatelanger Abwesenheit ein Rivale auf dem Thron saß. Darauf wollte es kein Herrscher ankommen lassen, außer Kalākaua. Ihm blieb keine andere Wahl.

Weil Amerika unverhohlen den Wunsch äußerte, sich Hawaii einzuverleiben, brauchte er Verbündete. Ein anderer

Grund für seine Reise war die bedenkliche demografische Entwicklung in seiner Heimat. Die Bevölkerung wurde weniger, drohte auszusterben, wenn die Zuwanderung weiterhin so einseitig verlief wie bisher. Viele Chinesen arbeiteten auf den Inseln, allein es kamen nur Männer. Der Überschuss war bedenklich, das Verhältnis der Geschlechter gestört, der soziale Frieden bedroht, während die Geburtenrate stagnierte.

Ausländische Forscher behaupteten zwar, schuld am Schwund der Inselbevölkerung sei der Alkoholismus, ein Vorwurf, den Kalākaua aber empört zurückwies. Er brach auf, um in aller Welt Einwanderungswillige zu organisieren. Während sich in anderen Ländern der Nationalismus verschärfte und Immigranten als Menschen zweiter, wenn nicht dritter Klasse galten, öffnete sich Hawaiis König dem Fremden. Er wollte sich international als Pionier des Multikulturalismus präsentieren, lange bevor es das Wort überhaupt gab.

Immerhin schafften es Menschen ausländischer Herkunft in Hawaii sogar in höchste Ämter, versahen die wichtigsten Dienste. Der Jurist William Armstrong, Kalākauas oberster Berater, hatte amerikanische Wurzeln, der Hofkapellmeister Heinrich Berger aus Berlin gab preußischer Marschmusik mitten im Pazifik eine zweite Heimat, und Robert, der Butler des Herrschers, war ebenfalls Deutscher, der vor Jahren an Hawaiis Küste gestrandet und geblieben war.

Wie aufgeschlossen Kalākaua fremden Kulturen begegnete, zeigte sich schon auf den ersten Stationen seiner Reise. In Japan fand er Gefallen an buddhistischen Tempeln. Die würden sich auch in Hawaiis Landschaft hervorragend machen! Also befahl er William Armstrong, der ihn begleitete, nach der Rückkehr unter den Honoratioren zu sondieren, ob man den einst von Missionaren aufgezwungenen christlichen Glauben abschaffen und den Buddhismus einführen könnte, allein der hübschen Gebetshäuser wegen. Nicht minder gefiel ihm die Überzeugung der Japaner, ihr Regent sei göttlich. Auch dies ließe sich womöglich übernehmen. »Ich wusste, sein Wunsch war nur eine flüchtige Laune, die sich schon bald wieder ändern würde, wenn er andere Sehenswürdigkeiten entdeckte«[7], schrieb William Armstrong später in seinem Bericht über die Weltreise. In Siam hatte man zwar keine Ahnung von Hawaiis Existenz, fand dessen König aber durchaus sympathisch. In Burma staunte er über die weit fortgeschrittene Emanzipation der Frauen. Nicht die Männer, sondern sie bestimmten, wen sie heirateten. Kalākaua fand das beachtlich, wollte die Sache aber noch einmal überdenken, bevor er diese Sitte daheim einführte.

WIEN

Er war zurück, trotz aller Abgesänge, trotz des Verdachts, der Kaiser habe Franz Jauner den Orden der Eisernen Krone nur verliehen, um ihn endlich ruhigzustellen. Der »gewesene Hofoperndirektor«, verkündeten Zeitungen, werde gemeinsam mit Bernhard Pollini, dem Direktor der Hamburger Oper, sämtliche Wiener Privattheater übernehmen und künftig über mehr Quadratmeter Bühnenfläche herrschen als jeder andere Impresario.[8] Leider erwies sich das Gerücht als unwahr, gestreut von Freunden des Karacho-Theaters. Derart triumphal geriet seine Rückkehr nicht, dennoch beschäftigte sich sogar die englische Presse damit. Dabei hatte Jauner noch kein einziges Stück inszeniert, und Schauspieler fehlten ihm auch.

Als neuer Pächter des Ringtheaters warf er sich trotzdem in Pose. Keine andere Wiener Privatbühne befand sich in ähnlich prominenter Lage. Das Gebäude schmückte die Ringstraße, der es seinen Namen verdankte und erhob sich in der Nähe der Börse. Von Oktober 1881 an wollte Jauner das Haus bespielen.

Vor sieben Jahren als Komische Oper eröffnet, sollte es der heiteren Kunst eine Heimat geben. Allein Paris hatte sich vorher den Luxus gegönnt, für dieses Genre einen eigenen Prachtbau zu errichten. Wien wurde also ein bisschen französischer, was grundsätzlich Begeisterung entfachte. Obendrein geriet das Bauwerk très chic. Marmorsäulen, Figurengruppen und die zentrale Loggia über dem Hauptportal fügten sich zu einem pompösen Ensemble. Das Haus strotzte vor Kraft, als wollte es dadurch die Schwächen im Inneren überspielen.

Eintausendsiebenhundert Plätze waren neben Bühne, Korridoren und Garderoben auf verhältnismäßig kleiner Grundfläche untergebracht worden, dazu noch ein Restaurant. Um die Vorhalle halbwegs mondän zu gestalten, musste der Architekt Emil Förster den Zuschauerraum in den ersten Stock heben. Die Treppen zwängte er dorthin, wo noch Platz war. Es handelte sich dabei weniger um ein durchdachtes Konzept als um eine Art Restraumverwertung, was mancher Journalist schon bei der Premiere bemängelte:

»Die Grundriß-Entwicklung des Gebäudes bezüglich der Foyers, Gänge und Stiegenhäuser ist wohl der am wenigsten gelungene Theil der Architektur. Da fehlen Licht und Raum; das Meiste ist schwer, gedrückt und der Zusammenhang so complicirt, daß man schon ziemlich geübter Localkenntnis bedarf, um sich mit einiger Sicherheit überall zurechtzufinden.«[9]

Der Weg zu den Sitzplätzen sei zu verwirrend. Der Architekt fordere den Orientierungssinn heraus, hieß es. Brisanter erschien den Wienern aber ein anderer Makel: der Anstrich der Räume. »Alles braungelb oder gelbbraun bis zu den Draperien der Logen! Das ermüdet ja fast noch mehr, als die grellste Bemalung«[10], klagte ein Zeitzeuge. Ein anderer monierte, »die komische Oper dürfte leberkrank sein«[11]. Doch selbst dieser Vorwurf ging schon nach wenigen Tagen im Chor der Schwärmer unter, die das Haus für grandios, die Wandfarbe für charmant und selbst die vermurksten Treppenhäuser für eine spannende Extravaganz hielten.

Letztlich konnte sich keine Institution etwas auf ihre Großartigkeit einbilden, wenn es nicht auch Spötter gab, die das, was die einen lobten, als Geschmacklosigkeit diffamierten. Denn nur in diesem Fall war sie wirklich niemandem gleichgültig.

Doch schon Monate nach der Eröffnung im Jahr 1874 verlor das Ringtheater seinen Reiz. Die Wiener hatten ihren Appetit auf Gesangsdarbietungen überschätzt. Im neuen Haus blieben immer mehr Plätze leer. Ein Direktor folgte dem nächsten, künstlerisch wurde die Bühne nach unten durchgereicht, bis dort Clowns derbe Späße aufführten. Von komischen Opern war keine Rede mehr. Am Ringtheater gab es wenig zu lachen.

Sowohl dem Haus als auch Franz Jauner hatte man nicht mehr sonderlich viel zugetraut. Bis er 1881 bekannt gab, er werde es übernehmen. Plötzlich begann unter Theaterdirektoren in Frankfurt, Hamburg, Berlin, München und Prag das große Zittern, denn ehe sie es bemerkten, hatte Jauner in ihren Revieren gewildert und vor allem Schauspielerinnen an seine neue Wirkungsstätte gelockt. Über die wachsende Panik der Impresarios schrieb die *Neue Freie Presse*:

> »Jauner ante portas! Augenblicklich begannen die Bühnen sich zu verschanzen, baufällige Contracte wurden ausgebessert, schlecht befestigte Sängerinnen frisch angenagelt, und desertionslustige Darsteller wurden scharf bewacht.«[12]

Immerhin hatte es der Direktor des Wiener Ringtheaters nicht auf deren Spitzenpersonal abgesehen. Er umgarnte die Jugend, vor allem die weibliche. Sein Interesse galt den schönen Nachwuchskräften, die für eine bescheidene Gage das Publikum allein durch ihr Äußeres bezauberten.

Als eine Zeitung kritisch anmerkte, in Wien kenne man keine einzige der Künstlerinnen, die er angeworben habe, fühlte sich der Direktor unterschätzt. Seine Strategie war doch einleuchtend: Großartige Darstellerinnen waren etwas für Connaisseure, die Jauner noch nie sonderlich gewogen waren. Deshalb setzte er auf Voyeure, deren Blicke sich gern auf einem reizenden Gesicht oder einem interessanten Dekolleté ausruhten. Sie würden dem darbenden Ringtheater zu neuer Blüte verhelfen. In seiner ersten Saison plante er allerdings ein Spektakel, mit dem er Connaisseure und Voyeure gleichermaßen in Ekstase versetzen wollte.

»Hr. Jauner soll übrigens mit ungeheuren und unerhörten Plänen sich tragen, um das Ringtheater zu konkurrenzfähiger Geltung zu bringen«[13], hieß es nebulös im *Neuigkeits Welt-Blatt*. Mehr sickerte nicht durch. Genug, um sogar die träge Atmosphäre in den böhmischen Heilbädern in eine knisternde zu verwandeln, sobald sich der Herr Direktor in Schaffenspausen dort blicken ließ. Plötzlich strafften sich die ermatteten Körper, vergaßen die Kränkelnden die schmerzenden Senkfüße und die Gicht in den Gelenken, um einen Mann zu ehren, der sich nicht einmal vom Kaiser mit einem Orden der Eisernen Krone in den Ruhestand abschieben ließ.

MENLO PARK

Nie hatte man in der amerikanischen Provinz feiner gegessen, nie bessere Weine in solchen Mengen konsumiert wie an jenem Abend in Menlo Park. Die New Yorker Stadträte waren zu Gast, um von der Einführung der elektrischen Beleuchtung in der Metropole überzeugt zu werden.

Man hatte einen Sonderzug organisiert, in dem sie schon unterwegs mit Alkohol und Havanna-Zigarren versorgt worden waren. Von der professionellen Zurückhaltung, die ihre Funktion erforderte, war wenig übrig, als sie das festlich illuminierte Labor betraten. Edison präsentierte ihnen zunächst das Minimodell von Manhattan, das Hermann Claudius endlich vollendet hatte, ein imposantes Labyrinth blank polierter Stromdrähte. Überwältigend! Die Herren staunten und rühmten Edison, ließen sich alles im Detail erklären, verstanden zwar bestenfalls die Hälfte, aber das verbargen sie vor ihrem Gastgeber. Schließlich bezahlte der die Rechnung für diesen Ausflug.

Hatte er auch an eine angemessene Bewirtung gedacht? Zigarren und Alkohol im Zug konnten doch nicht alles gewesen sein, wenn man von ihnen erwartete, elektrisches Licht in New York zu bewilligen. Der Hausherr führte sie nun hinauf in den ersten Stock.

»Francis«, rief er, und der Raum erstrahlte im Licht Dutzender Glühlampen. Sie beleuchteten eine mit Köstlichkeiten beladene Tafel. Das New Yorker Spitzenrestaurant Delmonico's war engagiert worden, das Beste aus Küche und Keller zu liefern. Edison sei wahrlich der talentierteste Erfinder, hieß es in den Trinksprüchen, die nun folgten. Er verdiene den Dank der ganzen Welt, weil er das elektrische Licht perfektioniert habe. Kellner im Frack schenkten dienstbeflissen nach.

»Erstaunlich, was alles nötig ist, um Erfolge zu erzielen«[14], bemerkte Francis Jehl, als er die Stadträte bei der Völlerei beobachtete, als wäre nicht die strombetriebene Innovation, sondern das kulinarische Überangebot der Anlass für die Lobpreisungen.

Am nächsten Morgen versammelten sich die Herrschaften im New Yorker Rathaus und berieten über Edisons Beleuchtungsprojekt für Manhattan. Die Mägen waren noch schwer und die Köpfe nicht minder, die ausgelassene Stimmung war einer gereizten gewichen. Hatte man sie in Menlo Park etwa bestechen wollen? Sie zweifelten nicht an Edisons Fähigkeiten, fanden nun aber, seine Pläne seien eigennützig. Wenn er auf seine Kosten ein Elektrizitätswerk errichtete, die Leitungen legte und die Häuser verkabelte, war das schön und gut, aber die Stadt New York würde dabei finanziell leer ausgehen. Am Ende ihrer Debatte hatten sie ein Arrangement gefunden, das es ihnen erlauben würde, bei dem Projekt ebenso beherzt zuzugreifen wie beim delikaten Dinner in Menlo Park.

»Das ist ja ein feines Angebot, das uns die Stadträte hier machen«[15], höhnte Edison, nachdem er wenige Tage später das Schreiben aus dem Rathaus erhalten hatte. Pro Laufmeter Kabel verlangten die Herren rund dreißig Cent, was sich, hochgerechnet auf alle Straßen, zu einem Vermögen summiert hätte, bevor noch der erste Dollar wieder hereinkam.

Offensichtlich war man uneins darüber, wer hier wem einen Gefallen erwies, Edison der Metropole, weil er sie zur ersten der Welt machen wollte, die über ein komplettes elektrisches Beleuchtungssystem verfügte. Oder die Stadt dem Erfinder, der dringend einen glamourösen Standort für seine Schöpfung benötigte, um damit andere Kommunen zu ködern und die Expansion voranzutreiben. Die Zeit drängte, auch wegen der wachsenden Konkurrenz.

Hiram Maxim war in den vergangenen Monaten so oft mit Edison verwechselt worden, dass er sein Bogenlicht aufgegeben und sich ebenfalls auf Glühlampen spezialisiert hatte. Wenn schon alle meinten, er sei der Zauberer von Menlo Park, dann konnte er genauso gut dessen Werk nachahmen. Der Zufall begünstigte diesen Entschluss.

Er hatte erfahren, einer von Edisons wichtigsten Angestellten, der Glasbläser Ludwig Böhm, wäre sehr unzufrieden. Maxim verabredete sich mit ihm, stellte ihm ein angenehmeres Arbeitsklima in Aussicht, und Böhm ließ sich darauf ein. Glücklich, seinen unliebsamen Kollegen entronnen zu sein, war er gerne bereit, das Geheimnis des stabilen Glühlichts mit seinem neuen Arbeitgeber zu teilen.

Böhm fühlte sich offensichtlich wohl in der neuen Umgebung, denn schon bald bescherte er Maxim funktionierende Lampen. Damit ihm niemand vorwarf, er hätte die Idee gestohlen, ließ sich Edisons Rivale ein interessantes Distinktionsmerkmal einfallen. Anders als beim Original bildete die Glühfaser bei ihm den Großbuchstaben M für Maxim: Lampe und Leuchtreklame in einem, darauf war noch niemand gekommen. Schon berichteten die Zeitungen von einem New Yorker Wohnhaus, das in aller Eile mit der Beleuchtung ausgestattet worden sei, zwar nur zu Testzwecken, dennoch war es ein für alle sichtbares Emblem des Fortschritts.

Ein Verräter sei Böhm, hieß es in Menlo Park, ein Mann ohne Anstand, der sie womöglich um den Lohn aller Mühen brachte. Edison machte seinen Frust öffentlich, erzählte einem Reporter, wie perfide sein Rivale durch Böhms Abwerbung Geschäftsgeheimnisse entwendet habe.

Der Glasbläser sah das anders. Er sei gegangen, weil niemand auf seine Beschwerden reagiert habe. Am meisten brachte ihn aber Edisons Darstellung auf, er sei nur ein hergelaufener Handlanger gewesen. Erstens, erwiderte er in einem Leserbrief, sei er keine siebzehn mehr, wie Edison in der Zeitung verbreitet hatte, sondern einundzwanzig, zweitens sei er seinerseits an Maxim herangetreten und habe sich nicht von ihm ködern lassen.[16] Am Ergebnis änderte das nichts: Hiram Maxim hatte dank seiner Unterstützung ein illuminiertes Gebäude in Manhattan und der Zauberer von Menlo Park noch keines.

Edisons Plan, auf Anhieb mindestens einen ganzen Bezirk zu beleuchten, anstatt sich Haus für Haus vorzuarbeiten, hatte für die Stadträte zunächst zwar verlockend geklungen, aber inzwischen rebellierten die Gasunternehmer. Dennoch sahen die Behörden im Zuge der Verhandlungen mit der Edison Electric Light Company von ihrem ursprünglichen Vorhaben ab, die Firma angemessen zu schröpfen. Sie erklärten sich zu moderateren Gebühren bereit, aber bezahlen musste Edison, das stand fest.

Letztlich fand man einen Kompromiss, und die Stadträte überstimmten den Bürgermeister. Er hatte auf den hohen Forderungen beharrt, auch als Signal an die Gasversorger, dass er bemüht gewesen war, ihr Hoheitsgebiet vor Innovationen zu schützen.

PARIS

Lange genug hatte man in Paris zugeschaut, wie sich Elektrizität in den erstaunlichsten Erfindungen manifestierte. Überall auf der Welt ließen Techniker die unsichtbare Kraft auf die Menschheit los. Die Begeisterung musste endlich genutzt werden, um den Ruhm seines Landes zu mehren, fand der französische Postminister Adolphe Cochery, zumal auch dort einiges los war auf dem Gebiet.

Ein Mann namens Gustave Trouvé arbeitete etwa an einem elektrischen Dreirad, dem ersten strombetriebenen Straßenfahrzeug, das wenig später tatsächlich mit einer Geschwindigkeit von zwölf Stundenkilometern über die Pariser Rue de Valois rollen sollte. Manche Ärzte schüttelten ihre Patienten mittlerweile routinemäßig per Elektrizität durch, bis die Muskeln krampften. Fraglich, ob sie dadurch gesundeten. Aufregend war es allemal, sofern man die Stromstöße nicht selbst verabreicht bekam. Wer allerdings auf den Geschmack gekommen war, konnte sich fortan auch daheim in einer neuartigen Badewanne aus blankem Metall elektrisieren. Allzu groß dürfte das Interesse nicht gewesen sein, denn die Hoffnung der Hersteller, das Produkt würde sich etablieren, blieb unerfüllt.

Kleingeräte hatten bessere Chancen auf Erfolg, etwa der neue elektrische Bratenwender für die moderne Küche. In Zeitungsanzeigen wurde außerdem ein batteriebetriebenes Revolver-Feuerzeug als Accessoire für den Desperado von Welt beworben.

Doch nichts faszinierte die Gesellschaft mehr als die wachsende Konkurrenz um die beste elektrische Beleuchtung. Helligkeit bedeutete Komfort und Sicherheit, sie erfüllte ein Grundbedürfnis der Menschheit, was man von einem Revolver-Feuerzeug nicht behaupten konnte.

Auch in Frankreich waren Techniker am Werk, die verschiedene Materialien glühen ließen. In Österreich hatte der Erfinder Siegfried Marcus schon einige aussichtsreiche Tests mit seiner Lampe durchgeführt, und in England weckte der Physiker Joseph Wilson Swan die größten Hoffnungen. Die Lage war so unübersichtlich, dass Laien kaum noch verstanden, wer ihnen nun welche Beleuchtung als besonders verlässlich anpries.

Deswegen vertrauten sie jenem Erfinder, der in den Zeitungen die faszinierendsten Geschichten von den Segnungen des elektrischen Lichts erzählt hatte, obwohl sich bislang weder er noch seine Lampen in Europa hatten blicken lassen: Thomas Alva Edison bürgte nicht allein für die Innovation, sondern für ein Lebensgefühl, das sich im Schein der Glühbirne entfaltete.

Die Berichte über seine öffentlichen Demonstrationen in Menlo Park hatten auch in Paris Aufsehen erregt, wenngleich das Neue ohne jeden Sinn für Noblesse im Matsch der Provinz geboren worden war.

Was die Branche dringend benötigte, war französisches Flair, fand der Postminister Adolphe Cochery, und er wollte ihr dazu verhelfen, indem er Paris zur Bühne für die erste Internationale Elektrizitätsausstellung machte, ein Format, das wegen seines Erfolgs in den Jahren danach auch in andere Länder exportiert werden sollte. Nun musste er nur noch den Staatspräsidenten Jules Grévy für das Weltereignis gewinnen:

»Die von Frankreich eingeladenen Nationen werden diese Gelegenheit begierig nutzen, um die Wissenschaft der Elektrizität systematisch und in der Tiefe zu erfassen. Sie werden der Regierung der Französischen Republik dankbar sein, weil sie als Förderer dieser wissenschaftlichen Veranstaltung auftritt«[17], argumentierte Cochery.

Natürlich würde er darauf achten, dass seine Landsleute sowohl in den Gremien als auch auf der Ausstellungsfläche überrepräsentiert waren, damit sie die Veranstaltung wenigstens quantitativ dominierten. Dennoch durfte der berühmteste Protagonist nicht fehlen. Bevor noch Techniker aller Erdteile in den Zeitungen zur Teilnahme aufgerufen wurden, war schon ein Bittbrief nach Amerika unterwegs. Monsieur Edison werde das Weltereignis doch gewiss mit seiner Glühlampe schmücken, oder?

MENLO PARK

Edison hatte ihn zurückgelassen, obwohl er vom ersten Tag an bemüht gewesen war, sich im Labor unentbehrlich zu machen. Trotzdem übersah man Francis Jehl, als die Edison Electric Light Company den nächsten Entwicklungsschritt unternahm.

Schluss mit den Experimenten in Menlo Park, die Epoche des Profits und der Expansion sei angebrochen, verkündeten die Investoren. Fortan sei Edison kein Techniker mehr, sondern ein Geschäftsmann. Die Firmenzentrale wurde aus dem ländlichen New Jersey an Manhattans Fifth Avenue nördlich des Washington Square Parks verlegt. Das Portal des dreistöckigen Anwesens lag gut einen Meter über Straßenniveau. Die Steintreppe davor schien sich in die Niederungen der Normalität herabzuschwingen, während jeder, der künftig zum Vollender der Glühlampe wollte, zu ihm emporsteigen musste ins Reich des Lichts.

Damit Edison mehr hermachte, wurde er in teure Anzüge gesteckt und mit einem großflächigen Schreibtisch in einem weitläufigen Büro ausgestattet. Dort hockte er wie auf der Bühne des japanischen Kabukitheaters, ein Exot aus einem anderen Universum. So hatte sich ein künftiger Weltmarktführer zu präsentieren. Außerdem wollte man ihn in Reichweite haben, wenn in New York die Grabungsarbeiten für die unterirdischen Stromleitungen begannen.

Zugleich wurde die Belegschaft des Labors ausgedünnt, die meisten Mitarbeiter der ersten Stunde mussten gehen. Edisons Lampenfabrik produzierte in der Nähe zwar weiterhin Glühbirnen, aber dort wollten sie nicht hin. An den Geräten arbeiteten Menschen, die für die Wiederholung der immer gleichen Handgriffe bezahlt wurden, während die typischen Menlo-Park-Pioniere ihrem Wesen nach Entdecker waren, keine Erfüllungsgehilfen im Regelbetrieb.

Allein die kompetentesten Kräfte, unter ihnen Charles Batchelor und John Kruesi, durften mit in die Metropole. Neue, großstadtkompatible Karrieristen mit Studienabschluss und geschliffenen Manieren ergänzten das Personal. Und dann gab es noch einige, die in Menlo Park die Stellung halten sollten, mehr geduldet als gebraucht.

Zu ihnen zählte Francis Jehl, dem nun genug Zeit blieb, um sich einige grundsätzliche Gedanken über seine Rolle in der Firma zu machen. »Ehrlich gesagt besaßen die wenigsten von uns die erforderliche Energie, das Talent, die Ausdauer und die nötigen Visionen, auch wenn es mir schwerfällt, das zuzugeben«, gestand er sich ein: »Die meisten gaben sich damit zufrieden, Edison zu dienen und hatten keine größeren Ambitionen als absolute Loyalität.«[18]

Still geworden war es in Menlo Park, als hätte man dem Ort sein Herz gestohlen und nach New York verpflanzt. Nur noch das Inventar erinnerte an den Puls der Innovation, die gemeinsamen Nächte an der Werkbank, an das scheue Glühlicht, das sich anfangs nur für Sekunden gezeigt hatte, dann länger und länger, schließlich von Edison und seinen Mitarbeitern virtuos gebändigt worden war.

Regelmäßig erreichten Francis Jehl Briefe aus Manhattan. Alle möglichen Geräte solle er in die neue Firmenresidenz schicken, nur er selbst war dort unerwünscht. »Ich war überzeugt, Edison würde das Labor in Menlo Park niemals aufgeben und zurückkommen, sobald er die dringenden Geschäfte in New York erledigt hatte«[19], hoffte er.

Und eines Tages kam er tatsächlich, gemeinsam mit dem Mechaniker John Kruesi und dem imposantesten Projekt, das Menlo Park je gesehen hatte.

Die Anfrage aus Paris, ob man bei der Elektrizitätsausstellung auf die Bambus-Glühlampe zählen könne, war schon drei Wochen alt, als einer von Edisons Assistenten eher ausweichend antwortete: Der Chef könne für nichts garantieren, werde sich aber bemühen, einige Erfindungen in Frankreich zu zeigen.[20] Die Zurückhaltung war reines Kalkül. Man zierte sich, um die Sehnsucht nach Edisons Fabrikaten in Europa weiter zu steigern. In Wahrheit hätten die Franzosen der Edison Electric Light Company keinen größeren Gefallen erweisen können. Denn das Unternehmen wollte die internationale Veranstaltung als Werbeplattform für ihre neue Strategie nutzen.

Um den Weltmarkt zu dominieren, würde es nicht genügen, Glühbirnen in alle Erdteile zu liefern. Die Konkurrenz vor Ort hatte größeren Einfluss auf die regionale Käuferschaft. Deshalb beschloss die Edison Electric Light Company, nicht nur das Produkt, sondern auch die Firma zu exportieren. Niederlassungen in den wichtigsten Industrieländern waren geplant.

Mit seiner Interkontinentalstrategie strebte das Unternehmen nach einer Machtfülle, die kein Gaskonzern je erreicht hatte. Abgesandte der Firma suchten bereits in Großbritannien und Südamerika nach geeigneten Immobilien für Stützpunkte im Ausland. Und den glamourösen Auftakt der Aktivitäten auf dem europäischen Festland sollte die Pariser Ausstellung bilden.

Mit Lampen allein würden sich solvente Geldgeber oder Kommunen kaum überzeugen lassen, im großen Stil zu investieren. Etwas Gigantisches musste her: Mit einem Stromgenerator, größer als alle, die jemals gebaut worden waren, wollte man sie für das Edison-System gewinnen.

Nahezu jedes Industrieland verfügte inzwischen über fähige Techniker, die solche Apparate entwickelten, aber ihre Stromausbeute reichte höchstens für ein paar Dutzend Leuchten, zumal der Wirkungsgrad vergleichsweise bescheiden war. Viele Hersteller versahen sie mit allerlei Zierrat und hübscher Bemalung, als wollten sie dadurch deren Mängel kaschieren.

Für Edison zählten allein Kraft und Größe. Mindestens siebenhundert Lampen sollte ein einziger seiner neuen Generatoren speisen. Seine Glühbirne war eine Verheißung, diese Maschine der Garant, dass kein Straßenzug finster bleiben würde. Ein solches Gerät zu konstruieren, war allerdings nicht nur fortschrittlich, sondern auch gewagt. Wer wusste schon, was passieren würde, wenn der gewaltige Rotor auf Touren kam. Zwar wollte Edison der Erste sein, der eine solche Maschine baute, aber als Erster trug er auch das

Risiko des Scheiterns, falls alles in die Luft flog. Besser, er probierte seine Erfindung im dünn besiedelten Menlo Park aus, damit bei missglückten Tests keine Unbeteiligten umkamen.

Trotz der Gefahren war Francis Jehl glücklich. Das Labor wurde noch benötigt, allein das zählte, und er selbst durfte sich an der Entwicklung des Prototyps dieses Supergenerators beteiligen. Er testete die Leitfähigkeit der verwendeten Kabel, eine höchst verantwortungsvolle Aufgabe, wie er in seinen Memoiren mehrfach betonte, eine, die möglicherweise darüber entschied, ob das Unterfangen in einer Katastrophe endete.

Das fertige Gerät füllte beinahe das ganze Erdgeschoss des Labors und wog mehr als zwanzig Tonnen, ein schroffes Gebirge aus Eisen. »Ich erinnere mich an den Tag, als wir den Motor starteten.[…] Als wir ihn langsam hochfuhren, begann der Boden zu vibrieren. Bei mehr als fünfhundert Umdrehungen pro Minute wackelten die Wände wegen der heftigen Erschütterungen. Der Lärm war ohrenbetäubend. Manche Mitarbeiter flohen panisch nach draußen«[21], schilderte Jehl. Er blieb an der Seite der Maschine. Dorthin hatte ihn Edison befohlen, komme, was wolle.

Der Generator war nicht mehr zu stoppen, erreichte schließlich siebenhundert Umdrehungen. Die mittlerweile vierhundert in Menlo Park installierten Glühlampen leuchteten so hell wie nie. Dann übernahm sich der Eisenkoloss, seine Kräfte schwanden, die Lichter erloschen. Das Labor stand noch an Ort und Stelle, Francis Jehl auch. Edison nickte zufrieden, zwar gebe es noch Verbesserungsbedarf, aber die geradezu archaische Wucht würde den Gästen der

Internationalen Elektrizitätsausstellung vor Augen führen, wozu seine Firma fähig war.

Wenige Tage später erhielt Jehl einen weiteren Brief aus Manhattan. Diesmal verlangte der Chef keine Utensilien aus dem Labor. Er rief ihn zu sich, endlich. Nachdem der Generator den ersten Test halbwegs bestanden hatte, sollte er in New York optimiert werden. Und Jehl war der Mann für die heiklen Minuten, in denen die Maschine bei voller Leistung ihre Schwächen offenbarte und daher dringend beaufsichtigt werden musste. Dass ihn Edison ausnutzte, kam ihm nicht in den Sinn. Er fühlte sich wertvoll, als Techniker wie als Mensch.

8

UNTER STROM (1881)

Für die meisten blieben Katastrophen unsichtbar, ereigneten sich anderswo, betrafen Fremde, die zu ihrem Unglück ausgerechnet am Ort der Verheerung lebten. Zeitungen verbreiteten solche Nachrichten ohne Bilder, denn die Schnappschusstechnik musste noch erfunden werden und die Dynamik der Zerstörung geduldete sich nicht, bis ein Porträtfotograf mit Stativ angerückt war. Katastrophen hielten nicht still, überforderten Augenzeugen und Angehörige. Jedes Opfer war eines zu viel, mehr als zehn verhalfen dem Ereignis zu Schlagzeilen im ganzen Land, mehr als hundert schockierten die Welt.

Der Theaterbrand in Nizza am 23. März 1881 erwies sich als solches Maximalereignis. Nachdem man alle Toten geborgen hatte, war deren Zahl dreistellig. Die ersten Meldungen in den Zeitungen wirkten wie unscharfe Momentaufnahmen, ein Feuer, ein Theater, das nackte Grauen. Weil Fotos fehlten, mussten Leser mit den Bildern im Kopf vorliebnehmen. Die waren oft noch erschreckender.

Mit den Tagen wurden die Berichte konkreter, der Blick weitete sich, bezog Ursachen und Folgen mit ein. Zeichner rekonstruierten die Tragödie für Wochenjournale in dramatischen Skizzen. Sie erschienen wie Impressionen aus der Hölle.

Amerikanische Blätter recherchierten, ob auch Landsleute in Nizza umgekommen waren. In Deutschland beklagte man schon die ersten Opfer aus der Heimat, Österreich-Ungarn war noch uneins über eigene Verluste, als ob sich Leben gegen Leben aufrechnen ließe.

Nachdem man also die Toten von Nizza nach Nationalitäten sortiert hatte, wurde mit wachsender Vehemenz die Frage nach den Schuldigen gestellt. Nun brachen die Tage der Wut an.

Die Gasversorger gingen sicherheitshalber in Deckung: Nicht das Geringste hätten sie mit der Katastrophe zu tun. Ein löchriges Gasrohr auf der Bühne, das in Nizza explodiert war und zum Großbrand geführt habe, liege ja wohl eindeutig in der Verantwortung des Theaterdirektors, der diesen Vorwurf als Provokation empfand. Er habe sich noch am Tag des Unglücks bei den Behörden darüber beschwert, worauf die Stadt wiederum die Schuld auf die Gashersteller schob, die gestümpert hätten. Die Verantwortung fuhr Karussell, von einem Beteiligten zum nächsten, keiner wollte sie haben.

Für die Gesellschaft war das unbefriedigend, ihr Zorn lief ins Leere. Doch die Empörung wurde bald von der Sehnsucht nach Normalität überlagert. Die Tragödie war gestern, die Läuterung erledigt, nun konnte man sich wieder mit vollem Recht den Freuden des Lebens widmen.

In Amerika nahm man den Theaterbrand zum Anlass für eine Ehrenrettung der heimischen Bühnen, denen Kritiker nachsagten, sie seien schlechter konstruiert und darum gefährlicher als die europäischen. Dabei sei das Feuerrisiko dort ebenso hoch, was zwar keinen Theaterbesucher in den Vereinigten Staaten beruhigen konnte, aber immerhin musste man sich nicht vor Europas Kulturszene schämen.[1]

In Wien war man noch optimistischer. Zeitungen erklärten die heimischen Bühnen für sicher, weil man in den vergangenen Jahrzehnten im Metropolenvergleich besonders glimpflich davongekommen war:

> »Wenn die Statistik der Vergangenheit einen Schluß auf die Zukunft gestattet, so hat allerdings das Wiener Publicum weniger als das einer andern Großstadt sowol die Eventualität wie die Folgen eines solchen Ereignisses zu fürchten.«[2]

Schließlich habe es im 19. Jahrhundert bislang nur zwei Theaterbrände in der Stadt gegeben, bei denen niemand umgekommen war. Solche Argumente gingen selbst den Behörden zu weit, die sich nach dem Debakel in Nizza überall in Europa dem Vorwurf ausgesetzt sahen, sie vernachlässigten die Feuersicherheit in öffentlichen Gebäuden.

In mehreren Städten wurden die Vorschriften für Vergnügungsbetriebe verschärft. Notausgänge sollten fortan als solche beschriftet und keineswegs versperrt sein, hieß es in Berlin, Paris und Wien. Korridore durften nicht mehr mit Inventar oder Gerümpel vollgeräumt werden. Außerdem forderte man dort Öllampen, damit sich Zuschauer auf der Flucht orientieren konnten, falls das Gaslicht versagte.

Mindestens eine Drahtcourtine, ein leichtes Metallgeflecht, sollte fortan den Zuschauerraum abschirmen, wenn die Bühne in Flammen stand. Gasleitungen waren grundsätzlich aus Eisen zu fertigen, nicht aus Kautschuk, und offene Flammen mit Drahtkörben oder Glaskugeln zu schützen. Ferner legte man Wert darauf, dass »das mit der Gebahrung der Gasbeleuchtung betraute Individuum« sich mit der Materie halbwegs auskannte.[3] Selbstverständlich war das bislang nicht gewesen.

WIEN

Der Ministerpräsident persönlich ordnete eine Kontrolle sämtlicher Theater an, als würde die Inspektion, nur weil von oberster Stelle befohlen, umso gründlicher durchgeführt. Eduard Taaffe kümmerte sich um die Österreicher.

Schon wenige Tage später rückte eine von Polizei und Magistrat gestellte Kommission aus. Begonnen wurde mit den Hofbühnen, über die es fast nur Vorbildliches zu berichten gab. Die neue Oper bewertete man als tadellos, reichlich Ausgänge, breite Treppen, genügend Wasseranschlüsse für den Notfall.

Das Mitte des 18. Jahrhunderts errichtete Hofburgtheater neben der Residenz des Monarchen besaß hingegen keinen einzigen dieser Vorzüge, genoss als kaiserliches Institut aber gewisse Privilegien, der sich die Kontrolleure bei ihrem Rundgang bewusst waren. Selbst jene Klappstühle, die den Weg zum Ausgang auf der Galerie blockierten, fanden bei ihnen Gnade. Alles in allem sah die Sache doch gar nicht schlecht aus, urteilten sie, und ignorierten untertänigst die fehlenden Notausgänge, die schmalen, verwinkelten Treppen, die antiquierte Bühnentechnik.

Wer das Hofburgtheater nicht umgehend als brandgefährlich einstufte, der durfte anschließend bei der Prüfung der Privatbühnen nicht zu pingelig sein. Das wäre unfair gewesen. Außerdem hätte die Öffentlichkeit protestiert, wäre mit zweierlei Maß gemessen worden. Also fanden die Inspekteure bei den meisten Bühnen wenig zu beanstanden, bei manchen etwas mehr, wenn Ausgänge unerreichbar waren, weil sich Saaldiener in den Räumen davor häuslich eingerichtet hatten, bei anderen etwas weniger. Insgesamt aber wurde der Bevölkerung das Gefühl vermittelt, das Bühnen-Amüsement sei unbedenklich. Wer die Theater dennoch mied, galt fortan als überempfindlich. Die *Morgen-Post* schrieb:

> »Nur einige wenige ängstliche Gemüther können sich trotz der beruhigenden amtlichen Berichte über die baupolizeiliche Theater-Revision nicht fassen und meiden scheu die weltbedeutenden Bretter und Balken. Wenn es nach dem Wunsche dieser Hyper-Furchtsamen ginge, müßte aus den Theatern Alles beseitigt werden, was auch nur im entferntesten an eine Feuersgefahr zu erinnern geeignet ist.«[4]

Trotzdem bestellte die Prüfungskommission die Theaterdirektoren ein und redete ihnen ins Gewissen. Obwohl keines der Häuser wegen Brandrisiken geschlossen worden war, hieße das keineswegs, es gebe nichts zu verbessern. Tatsächlich erfülle allein die Hofoper sämtliche nach der Katastrophe von Nizza erarbeiteten Vorgaben. Das sei zu korrigieren. Erleichtert stimmten die Direktoren zu, denn ihnen waren weder Sanktionen angedroht worden noch neuerliche Kontrollen. Sie versprachen, ihre Häuser regelkonform herzurichten, früher oder später.[5]

Noch glücklicher als seine Kollegen dürfte Franz Jauner über den Verlauf der Sitzung gewesen sein. Sein Budget ließ wenig Spielraum für Sonderwünsche. Die erste Saison als Impresario des Ringtheaters stand bevor, und er gab doch schon ein Vermögen aus, um den Zuschauerraum umzugestalten, wenn auch nach anderen Kriterien als nach jenen der Brandschützer.

Der furchtbare Gelbton, den die Erbauer des Schauspielhauses einst als originell empfunden hatten, musste von den Wänden und Brüstungen verschwinden, auch von den Sitzen und Türen. Jauner bevorzugte einen weißen Anstrich und roten Samt.

Außerdem entfernte er den Zierrat an den Logen, der neugierige Blicke auf die Insassen versperrte. Damen, die sich für den Theaterabend herausgeputzt hatten, sollten dort vom Kopf bis zur Taille zu sehen sein, bevor die Vorstellung begann; jede Loge eine kleine Bühne, auf der sich Bürgertum und Adel produzieren konnten.

Während die Dekorateure noch beschäftigt waren, lud Jauner im Frühsommer 1881 die Presse ein, um eine Sensation zu verkünden. »Noch ehe das Wiener Ringtheater seine Pforten unter der neuen Direction Jauner geöffnet hat, debutirt es schon mit einem vollwichtigen Ereigniß«[6], verhieß die *Morgen-Post*: Die legendäre Sarah Bernhardt werde nach ihrer Amerikatournee in Wien auftreten, nicht im Hofburgtheater, sondern beim Jauner. Das zehntägige Gastspiel werde sein Haus »in eine Art Belagerungszustand versetzen«. Die Schauspielerin sei der »neueste Lockvogel des Ringtheaters«[7], urteilte die *Presse*.

Jauners Gegner waren ebenso mitteilsam. Die französische

Künstlerin mache nur durch Extravaganzen auf sich aufmerksam, beklagte etwa die Satirezeitschrift *Kikeriki*, die in diesem Fall keinen Spaß verstand:

> »Es heisst, dass ihr jede höhere Begabung fehle, aber da sie schlechte Bilder malt, die sie Millionären anzuhängen sucht, blendende Feste gab, sich durch allerlei von ihr erfundene Moden exponirt, verstand sie bei den Freunden des Affronts und Verehrern der gewagtesten Frauen-Emanzipation grossen Effekt zu erzielen, – kurz ein Sensationsweib zu werden.«[8]

Mehr als über die Schauspielerin verriet diese Einschätzung über die Weltanschauung der Redakteure: Kaum verlangten Frauen mehr vom Leben, als ihnen die Herren zubilligten, war Schluss mit lustig.

Anderen missfiel Jauners Ankündigung, weil sie um den Ruf der heimischen Schauspielerinnen fürchteten. Was, wenn die Wiener Künstlerinnen im Vergleich zur Bernhardt doch nicht so überragend waren wie angenommen, schlimmstenfalls sogar nur mittelmäßig? Beschämend wäre das, so genau wollte man es darum gar nicht wissen.

Die Debatte über das Für und Wider der bevorstehenden Bernhardt-Festspiele schaukelte sich hoch, wurde zynisch, zuweilen hysterisch, beherrschte die Kaffeehäuser und die Vergnügungsetablissements im Prater. Jauner störte das nicht.

Bis zu Sarah Bernhardts Wiener Premiere am 2. November 1881 würde sich die Spannung zuspitzen, und alle, ob Gegner oder Verehrer der Schauspielerin, wären dann anwesend, um ihre eigene Meinung bestätigt zu sehen – nachdem sie bereitwillig die erhöhten Eintrittspreise bezahlt hatten.

Der König kam nach Wien, doch der Kaiser war nicht da. Er ließ sich von Feldmarschall-Leutnant Tiller vertreten, der David Kalākaua am 5. August am Nordwestbahnhof empfing. Auch der deutsche Kaiser Wilhelm I. hatte sich entschuldigen lassen und einen Prinzen vorgeschickt, als Hawaiis Herrscher auf seiner Weltreise zuvor in Berlin eingetroffen war. Ein Gerücht besagte, Europas Monarchien fürchteten sich vor Staatsoberhäuptern aus exotischen Regionen, seit sie im vergangenen Jahrzehnt gleich zweimal vom persischen Schah überrumpelt worden waren, der wenig von Sitte und Benimm verstanden hatte.

Baron Tiller war natürlich kein angemessener Ersatz für Franz Joseph I., wenngleich er in Paradeuniform am Bahnsteig stand. Damit der Empfang mehr hermachte, hatte man ihm Fregattenkapitän Czedik beigestellt, was nichts daran änderte, dass der Kaiser den König mit Hilfskräften abspeiste. Dafür war die Bevölkerung so zahlreich anwesend, als würde der Gast gleich Goldmünzen aus dem Zugfenster werfen.

Hawaiis Regent erschien »mit dunkelblauem, geschlossenen Salonrock, taubengrauen Beinkleidern und einem Cylinderhute«. Einerseits war sein vornehmes Auftreten löblich, andererseits wuchs nun die Sorge, er sei nicht unterhaltsam genug, um das Wiener Sommerloch zu füllen. Kaum etwas fürchtete das Volk mehr als die Tristesse im August.

Sarah Bernhardt war noch weit weg, und über das erste offizielle Frauen-Schwimmturnier in Wien beschwerten sich dieser Tage vor allem männliche Zuschauer. Der Anblick der durchtrainierten Damen im Badeanzug lenke sie von deren sportlicher Leistung ab. Die ganze Veranstaltung müsse anders konzipiert werden.

Konnte Kalākaua aushelfen? Womit würde er sich für den

Jubel der Neugierigen revanchieren, die trotz brütender Hitze zum Bahnhof gekommen waren und die Straßen zum Hotel Imperial säumten, wo er für die Dauer seines viertägigen Aufenthalts logierte? Ein Skandal, wenigstens ein Skandälchen wäre willkommen gewesen.

Zunächst sah es nicht danach aus, was auch an Feldmarschall-Leutnant Tiller und Fregattenkapitän Czedik lag. Sie befolgten das Protokoll mit militärischer Präzision: Stadtrundfahrt, Besichtigung der Truppenübungen, Konzert im Volksgarten, wo Eduard Strauss aufspielte, der Bruder des Walzerkönigs Johann, abends Opernbesuch.

Schon am zweiten Tag fühlte sich der König unwohl mit seiner Eskorte. Sie schien nicht ihn vor zudringlichen Einheimischen beschützen zu wollen, vielmehr die Einheimischen vor ihm. Nachmittags war man im Prater gewesen, hatte dort das legendäre »Dritte Kaffeehaus« besucht, das der Gastronom und spätere Theaterimpresario Anton Ronacher zu einem volkstümlichen Vergnügungsparadies ausgebaut hatte. Ein Platz an der Tanzfläche war noch frei, schon saß der König, allerdings nur kurz. Denn Tiller und Czedik zerrten ihn zur Hintertür hinaus, als wäre längeres Verweilen an diesem Ort praller Lebenslust mindestens unstatthaft, wenn nicht verwerflich.

An jenem Abend konnte es Kalākaua kaum erwarten, dass ihn seine Begleiter endlich allein ließen in seiner Hotelsuite. »Hierauf wurden die meisten Gasflammen im Vestibule des Hotels abgedreht und gegen 11 Uhr Nachts verließ im Halbdunkel König Kalakaua [...] das Hotel, und fuhr in einem Fiaker direct nach dem bereits am Nachmittag von ihm besuchten dritten Kaffeehause im Prater, wo bei freiem Entree Capellmeister Oser im großen Saale des Etablissements Ballmusik aufspielte und eine dichtgedrängte, lebhaft angeregte Menge nach den lustigen Weisen tanzte«[9], hieß es zwei Tage später in der *Morgen-Post*.

Hocherfreut war Herr Ronacher über den Besuch und wies Kalākaua die Ehrenloge auf der Galerie im ersten Stock zu. Unter ihm wirbelten Tanzpaare im Kreis. Schon sah man ihn mit einer Wienerin plaudern, kurz darauf holte er sie in seine Loge, wo sie sich dicht an ihn schmiegte. Mancher Augenzeuge meinte, sie sitze längst auf seinem Schoß.

Der Reporter der *Morgen-Post* schrieb: »Erregte schon dieser Umstand allein ziemliches Aufsehen, so war das anwesende Publicum noch mehr überrascht, als der König nach einiger Zeit, die junge Dame am Arme führend, aus dem ersten Stockwerke in den Saal hinabkam, dort seine Begleiterin um die Hüfte nahm und mit ihr lustig darauf los zu walzen begann.«

Wien hatte endlich den ersehnten Skandal, einen charmanten zwar, dennoch stürzten sich Journalisten auf die pikante Geschichte, zumal der royale Gast nach etlichen Walzern und Polkas gemeinsam mit seiner Auserwählten die Kutsche zurück zum Hotel bestiegen habe. Zeitungen halb Europas berichteten darüber.

Nun wurde der Monarch nervös, zumal die Journaille schon mit dem nächsten Knüller auftrumpfte: Nach seinem Wiener Intermezzo wolle Kalākaua sein Königreich an den Meistbietenden verkaufen und in Europa bleiben. Obwohl die Meldung frei erfunden war, traute sogar die *Hawaiian Gazette* dem eigenen König solche Pläne offenbar durchaus zu. Selbst wenn er wollte, habe er nicht das Recht, sein Land zu verscherbeln, stellte das Blatt klar.[10]

»Die Wiener Zeitungen sind die vorlautesten und zudringlichsten auf der Welt«, beschwerte sich Kalākaua: »So oft ich nieste, haben sie darüber einen Artikel zu schreiben gehabt.«[11] Wäre es doch bei Geschichten über das royale Niesen geblieben! Der König verließ die Stadt mit gemischten Gefühlen. Einerseits hatte er seinen Spaß gehabt, andererseits war ihm Österreich fortan suspekt.

Auf die Idee, der aufgeschlossene Monarch sei eventuell moderner als die in hohlen Ritualen erstarrten Aristokraten Europas, kamen nicht einmal die tolerantesten Zeitgenossen. Die Volksnähe des Herrschers und seinen Hang zum Unkonventionellen als fortschrittlich zu würdigen, lag jenseits aller Vorstellungskraft.

PARIS

Das Fest des Lichts begann düster. Wie schon bei den vergangenen Weltausstellungen hatten auch die Teilnehmer der ersten internationalen Leistungsschau der Elektrizität das Eröffnungsdatum als unverbindliche Empfehlung betrachtet und am großen Tag, dem 10. August 1881, kaum etwas zu bieten, das funktionierte. Dabei war der Termin schon um mehr als eine Woche verschoben worden – mit dem enttäuschenden Ergebnis, dass die Schau allenfalls ein bisschen weniger unfertig aussah als Ende Juli.

Tausende Exponate füllten die Räume, lagerten teils noch in Holzkisten, komplexe Skulpturen des Fortschritts, deren Zweck ein Rätsel blieb, wenn sie nicht unter Strom standen und taten, wofür sie erfunden worden waren. Die Hauptattraktion aber sollten elektrische Beleuchtungsapparate sein.

Allein ihretwegen hatte man die Stunden zwischen acht und elf Uhr abends in Paris zur Hauptbesuchszeit erklärt, für die ein erhöhter Tarif galt. Für einen Franc konnten Gäste den ganzen Tag in der Ausstellung verbringen, der Abend hingegen rechtfertige einen Eintrittspreis von 1,50 Francs, fand der französische Postminister und Veranstalter Adolphe Cochery. Schließlich erstrahlte die Schau erst nach Sonnenuntergang im Licht der Zukunft.

Um dem Spektakel, das bis Anfang November dauern sollte, eine würdige Bühne zu bieten, hatte er den Industriepalast an den Champs-Élysées auserkoren. Er war im Jahr 1855 für die erste französische Weltausstellung erbaut und, kaum fertig, als schwerfälliger Koloss verunglimpft worden. Westlich der Place de la Concorde erstreckte sich das Bauwerk über mehr als zweihundert Meter. Angesichts solcher Dimensionen konnte selbst seine kunstfertig im Renaissancestil ausgeführte Fassade bedrohlich wirken, zumal sie Flaneuren den Ausblick auf den Invalidendom am gegenüberliegenden Ufer der Seine versperrte.

Unterdessen hatten sich die Franzosen notgedrungen an den Anblick gewöhnt, und Cochery benötigte unbedingt ein imposantes Gebäude für eine nicht minder imposante Veranstaltung, die nun vormittags anstatt abends eingeweiht wurde, damit die Sonne bei der Beleuchtung aushalf. Allein die von der Stadt gestellten Stromgeneratoren waren pünktlich betriebsbereit.

Die erste Internationale Elektrizitätsausstellung war kaum mehr als eine begehbare Skizze, als die republikanische

Staatskapelle in der Haupthalle aufmarschierte. Draußen murrten die versammelten Journalisten, weil sie sich gedulden mussten, bis der französische Präsident Jules Grévy endlich vorfuhr. Der ebenfalls vor dem wuchtigen Portal ausharrende Postminister Cochery mochte sich fragen, ob seine Veranstaltung jemals prachtvoll genug geraten würde, um Paris als Stadt des Lichts auf der Weltbühne zu etablieren.

Mit einer halben Stunde Verspätung traf Grévy ein, die Kapelle schmetterte die obligatorische Marseillaise, während hinter ihr ein Leuchtturm aus Holz und Karton fast bis zum Glasdach der Haupthalle aufragte. Am Fuß des Giganten war ein Teich mit Grotten aus künstlichen Felsen angelegt worden. Darauf zog ein Elektroboot Schaumspuren, gesteuert von einem Mann mit Zylinder, Herrn Gustave Trouvé, der nach der Erfindung eines elektrischen Straßenvehikels nun auch auf dem Wasser Dominanz demonstrierte. Keine Ruder standen ihm zur Verfügung, und doch drängte der Kahn lautlos vorwärts, allein durch die Kraft einer Batterie! Wäre er zu Fuß über die Wellen gegangen, hätte er nicht mehr Aufsehen erregen können.

Im Erdgeschoss befanden sich ferner die Pavillons der Länder, in den Salons im ersten Stock hatten sich die führenden Erfinder und Fabrikanten der Branche eingerichtet. Der »elektrische Bootsmann«, wie er genannt wurde, war eine Sensation, überall sonst offenbarten sich Defizite. Man brauchte Fantasie, um sich die Ausstellung im zauberhaften Schein der größtenteils noch nicht gelieferten Lampen vorzustellen, ohne den Verpackungsmüll in den Räumen, ohne die vielen Drähte. Manche verliefen kniehoch zwischen Gerüsten wie Stolperfallen, andere lagen verheddert neben Schaltkästen.

Erstmals in ihrer Geschichte sah sich die Menschheit mit einem monströsen Kabelsalat konfrontiert.

»Mittwochs Vormittags wurde in Paris ohne jedes Gepränge und inmitten einer grenzenlosen Unordnung die elektrische Ausstellung eröffnet«[12], meldete ein enttäuschter Journalist. Andere äußerten sich etwas zuversichtlicher. Der Tenor der Berichterstattung schien weniger von der persönlichen Toleranzschwelle der Reporter abzuhängen, vielmehr von der Frage, ob sie das Buffet im ersten Stock entdeckt hatten oder nicht. Die Organisatoren hatten es in den Hintergrund gerückt, damit es den elektrischen Objekten nicht die Show stahl. Noch gab es nicht viel zu stehlen, deshalb erwies sich das kulinarische Angebot als einziges Highlight neben dem Elektroboot.

Der Gastronom des Hotelrestaurants Ambassador tischte dort opulent auf, aber die eigentliche Attraktion befand sich in einem Wagen daneben, der mit zweitausend Kilogramm Eis gefüllt worden sei. Darauf habe das Frankfurter »Maison Henninger« Dutzende Bierfässer in appetitlichster Weise drapiert, notierte der Redakteur des *Figaro* entzückt:

> »Unter diesen Bedingungen schmeckt das Bier wirklich köstlich. Das hat zwar nichts mit Elektrizität zu tun, aber die Frage der Verpflegung in Ausstellungen ist wichtig genug, um trotzdem anzumerken, dass dieses Buffet selbst die anspruchsvollsten Gäste zufriedenstellt.«[13]

Dem französischen Präsidenten entgingen die Henninger-Freuden. Kaum hatte er sich einen Überblick verschafft, wollte er wieder weg. Sein Sommerurlaub stand unmittelbar bevor. Der Höflichkeit halber ließ sich Grévy noch einige technische Details von Elektropionieren anderer Nationen erklären, begutachtete eine strombetriebene Bahnschranke aus Österreich und die neuesten preußischen Feldtelegrafen. Dann hatte er endgültig genug, saß schon in der Kutsche, während die anderen Eröffnungsgäste noch über Kabel stolperten, war längst verschwunden, als ihn der Postminister zu einem Rundgang durch die Salons im ersten Stock bitten wollte, wo sich nicht nur die Bierbar befand, sondern auch die Präsentation des berühmtesten aller Elektrovisionäre: In den Sälen 23 und 24 feierte die Edison Electric Light Company ihre Europapremiere.

Noch fehlte in der Abteilung aber sowohl das Licht als auch Edison. Stattdessen begrüßte Charles Batchelor die Gäste und erzählte von den Wunderdingen, die hier demnächst zu sehen sein würden, vielleicht schon nächste Woche, ganz bestimmt zum Ende des Monats. Zwar hatte ihn Edison gemeinsam mit einem weiteren Mitarbeiter schon im Juli nach Paris geschickt, um alles vorzubereiten. Doch der Großteil der Lampen wartete weiterhin in New York auf den Abtransport.

Teile der Technik lagerten wenigstens schon auf Schiffen, wie man ihm versichert hatte, aber bislang waren allein die Wandteppiche für die beiden Ausstellungsräume eingetroffen. Mancher Besucher bestaunte sie, als hätte sie Edison eigenhändig geknüpft, aber die meisten waren enttäuscht, weil beim Meister des Lichts noch kein einziges Lämpchen glomm.

Die Edison Electric Light Company hatte sich übernommen, zu vieles war gleichzeitig zu erledigen. Erstens mussten in New York sechzig Arbeiter angelernt werden, damit sie Gräben für die elektrische Beleuchtung aushoben, ohne dabei die Fundamente der Häuser oder Wasserleitungen zu beschädigen. Zweitens war die Präsentation in Paris zu vollenden, drittens sollte Batchelor Ausschau nach einer geeigneten Immobilie für die französische Niederlassung der Firma halten, die künftige Société Industrielle et Commerciale Edison.

Während sich alle anderen ausländischen Elektrohersteller mit der Vorführung ihrer Neuerungen im Industriepalast begnügten, wollte Edison obendrein eine ganze Fabrik herzeigen. Die durch die Ausstellung geweckte Nachfrage sollte umgehend von der französischen Zweigstelle bedient werden.

Doch selbst mehr als zwei Wochen nach der Eröffnung, am 26. August 1881, dem Tag, an dem der Industriepalast endlich auch bei Nacht erstrahlte, weil die meisten Anbieter ihre Kabel entwirrt und Lampen montiert hatten, war in Edisons Abteilung wenig los. Batchelor hatte die vorhandenen Glühbirnen mit einem kleinen Generator verkabelt, der sie mit halber Kraft leuchten ließ, keine Augenweide, aber besser als Finsternis.

Mehr als über die Verspätung der eigenen Schau ärgerte man sich in der New Yorker Firmenzentrale über die Konkurrenz in Paris, deren Lampen schon im Normalbetrieb liefen. Ausgerechnet Hiram Maxim machte sich mit seiner abgekupferten Technik wichtig, was Edison als Affront empfand. Schon vor der Veranstaltung hatte er eine Unterlassungsverfügung erwirkt, die von den französischen Behörden aber nicht sonderlich ernst genommen wurde.

Der Chef musste dringend beruhigt werden, fanden Batchelor und sein Assistent in Paris. Sie schrieben ihm: »Maxims Beleuchtung ist das kränklichste Ding, das Sie je gesehen haben.« Mehrere Glühlampen seines Kronleuchters seien kaputt. »So einen Mist haben wir noch nie erlebt!«[14] Ähnlich, wenn auch nicht ganz so abschätzig, urteilten sie über andere Lichtproduzenten.

Viel wichtiger war für Batchelor allerdings etwas anderes: Warum stocke der eigene Glühbirnen-Nachschub noch immer, wo bleibe der gigantische Generator, mit dem selbst Laien überzeugt werden sollten, dass mit solchen Geräten ganze Metropolen zu beleuchten waren? Paris warte!

Francis Jehl arbeite daran, lautete die knappe Antwort aus New York. Erst neulich war wieder eine Welle gebrochen, bei geringer Rotation zum Glück, sonst wäre sie quer durch den Raum gewirbelt und hätte ihn womöglich erschlagen. Obwohl ihn Edison endlich in die Metropole geholt hatte, fühlte sich Jehl unbehaglich.

Nicht im herrschaftlichen Büro an der Fifth Avenue durfte er arbeiten, vielmehr war er in die neue Maschinenfabrik ganz im Süden Manhattans abkommandiert worden, in die »Slums«, wie er sich ausdrückte, um dort den Eisenkoloss zu zähmen. »Ich hasste den Teil von New York, in dem sich die Fabrik befand«[15], klagte er. Jehl, der sich mondänes Flair erhofft hatte, musste stattdessen mit Trübsinn und schlechter Luft vorliebnehmen, die das ärmliche Viertel prägten. Da hätte er gleich in Menlo Park bleiben können, fand er. Ausnahmsweise war er beleidigt.

Kaum hatte er die kaputte Welle des Generators erneuert, spuckte die Maschine Funken, und kaum war dieses Problem behoben, lief sie heiß. Jehl musste in New Yorks dreckigstem Winkel ausharren, während Charles Batchelor in Frankreich für Edisons Beleuchtung warb. Andere Kollegen waren in Großbritannien, in Italien, in Südamerika im Einsatz, um das Geschäft global auszurollen wie einen roten Teppich in die elektrische Epoche.

Wenngleich die meisten Besucher der Pariser Ausstellung nach ihm fragten, entschied sich Edison gegen eine Reise nach Europa. Erstens hielt er Frankreich für überschätzt, zweitens musste er die Fortschritte an der widerspenstigen Strommaschine überwachen. Drittens hatten die New Yorker Behörden verfügt, an Manhattans elektrischer Beleuchtung dürfe nur von abends um zehn bis morgens um sechs Uhr gearbeitet werden, damit keine Passanten in Mitleidenschaft gezogen wurden, falls Elektrizität aus dem Leitungsgraben sprang, wie sie befürchteten.

Einen größeren Gefallen hätte man Edison nicht tun können: endlich wieder Nachtschichten! Viermal pro Woche balancierte er fortan bei Dunkelheit über wackelige Pflastersteine, die seine Arbeiter aufgehäuft hatten, kletterte in Erdlöcher, inspizierte die Drähte in den Rohren, die mit Isoliermaterial ausgekleidet waren, konnte sich endlich wieder dreckig machen wie früher.

Niemand belächelte ihn. Selbst die Journalisten waren offenbar zu müde, um ihn bei der Arbeit zu beobachten. Die Berichte über seinen nächtlichen Außeneinsatz, der noch bis ins Jahr 1882 dauern sollte, blieben rar.

Mit englischem Maßanzug und auf Hochglanz pomadisierter Frisur erschien Hawaiis König in Edisons Ausstellungsräumen und machte sich prächtig zwischen den Lampen. Seit dem Pflichtbesuch des französischen Präsidenten zur Eröffnung hatte sich kein anderes Staatsoberhaupt in den Pariser Industriepalast bemüht. Während Majestäten bei herkömmlichen Weltausstellungen das royale Schaulaufen genossen, schwänzten sie das internationale Fest der Elektrizität. Der neuen Technik fehlte noch der Glamour, der sie angelockt hätte. David Kalākaua sah das anders. Wäre er mit dem Etablierten und Vertrauten zufrieden gewesen, hätte er auf seiner Insel bleiben können.

Als er am Vortag in Paris eingetroffen war, hatte ihn am Bahnhof weder der französische Präsident empfangen noch ein Würdenträger der zweiten Garnitur wie in Wien, sondern niemand. In seinem Umfeld erklärte man sich den Affront mit der unschicklichen Eskapade im Wiener Prater, von der man auch in Frankreichs maßgeblichen Kreisen erfahren und sich darum wohl entschlossen hatte, den exotischen Schwerenöter zu ignorieren. Wenigstens bettelte ihn niemand um einen hawaiianischen Orden an, wie es vor allem der britische Adel während seines Aufenthalts in England getan hatte.

Mit sicherem Instinkt für das Wesentliche begab er sich in den Industriepalast und suchte dort unangekündigt Edisons Salons auf. Mehrfach hatte er während seiner Reise schon vom Glühlicht gehört, nun galt es zu prüfen, was die Erfindung taugte.

Anders als die übrigen Besucher machte er keine Anstalten, sich zu verabschieden, nachdem Charles Batchelor ausführlich erzählt hatte, was da noch kommen würde, wenn die Schiffe mit den restlichen Lampen und dem gigantischen Generator endlich in Frankreich einträfen. Vielmehr wollte er noch dieses und jenes betrachten und alles selbst ausprobieren.

Der König von Hawaii habe sich über das Licht sehr zufrieden gezeigt, schrieb Batchelor später an Edison. Er führte ihm auch noch den Phonographen vor, der den Regenten erheitert habe, vermutlich wegen des Kinderlieds, das blechern aus dem Schalltrichter dröhnte. Musikalisch war das zwar weit unter Kalākauas Niveau, schließlich hatte er seinerseits sogar die hawaiianische Hymne mit Rhythmusgefühl betextet, aber einer Maschinen-Melodie sah er die Banalität der Takte natürlich nach.

Vor allem die Glühbirnen gingen ihm nach seinem Besuch nicht aus dem Sinn, viele waren es noch nicht gewesen, aber die vorhandenen hatten Eindruck gemacht. Anders als Hiram Maxim und andere Anbieter ging es Edison nicht allein um künstlich erzeugte Helligkeit, das hatte er sogleich verstanden. In dessen Salons fanden sich neben zwei Kronleuchtern auch Wandlampen, Tischlampen, Bettlampen und sogar Lampen für Taucher, noch nicht alle mit Glühbirnen bestückt, dennoch überwältigend.

Für jeden erdenklichen Zweck hatte Edison passende Beleuchtung parat, dazu Schalter und isolierte Kabel. Alle anderen Elektriker setzten ihre Werke wie kostbare Museumsexponate in Szene, die bestaunt, doch keineswegs berührt werden durften. Edison zeigte sie als Gebrauchsgegenstände. Das gefiel David Kalākaua.

Wenn der Erfinder nicht nach Paris kam, dann musste er eben zu ihm. Zum Glück lag New York auf der Route seiner Welttournee. Dort wollte er mit Edison persönlich klären, wie sich dessen Erzeugnisse am besten nach Honolulu exportieren ließen.

Ende September 1881, mehr als sechs Wochen nach der Eröffnung, zeigte sich die Ausstellung endlich in ganzer Pracht. Paris renommierte als Stadt des Lichts, mehr als tausend Bogenlampen und Glühleuchten, mehr als fünfzig verschiedene Systeme wetteiferten um die Aufmerksamkeit des Publikums. Auch Händler, die von Elektrizität keine Ahnung hatten, ergriffen ihre Chance und verkauften spätabends Sonnenbrillen vor den Eingängen, damit die Bevölkerung nicht geblendet wurde. Wer auf das Accessoire verzichtete, galt als mutig, schließlich war die Wissenschaft noch im Zweifel, ob Lampenschein den Augen schade.

Selbst Journalisten, die bei der Eröffnung der Ausstellung nur das Freibier genossen hatten, besuchten die Veranstaltung ein zweites Mal und revidierten ihre Meinung. Die ersten Wochen der Lichtshow verbuchten sie nun als unerhebliches Vorglühen, das sich zu einem wahren Spektakel gesteigert habe.

Bewunderung rief auch die gewaltige Installation des Herrn Siemens hervor. Er hatte Schienen verlegt, auf denen elektrische Komfortwagen zwischen Place de la Concorde und Industriepalast pendelten. Anders als bei der Präsentation seiner Miniatureisenbahn auf der Berliner Gewerbeausstellung am Lehrter Bahnhof vor zwei Jahren wirkte dieses Modell nicht mehr wie eine Jahrmarktattraktion, sondern wie eine ernst zu nehmende Konkurrenz für jedes Vehikel, das noch von Pferden gezogen wurde. Mit der elektrischen Straßenbahn war zu rechnen.

In der deutschen Zeitschrift *Die Gartenlaube* berichtete Ernst Hinkefuß ferner von strombetriebenen Hobelmaschinen und Tunnelbohrern. Am meisten beeindruckten ihn aber winzige Geräte, denen er eine mindestens ebenso große Zukunft verhieß wie dem elektrischen Licht. »Es sind dies lebende, elektrische Schmucksachen«, erklärte er. Damit meinte der Autor batteriebetriebene Kleintiere aus Metall, die wahlweise mit den Flügeln schlugen oder Glöckchen schwenkten – für Hinkefuß der Gipfel der Kultiviertheit: »Der Verfasser bemerkte diese Schmucksachen an der Coiffüre der Baronin Rothschild, der Fürstin von Metternich und anderer distinguirter Personen.«[16] Allerdings sollte der Erfolg der flatternden und bimmelnden Accessoires überschaubar bleiben.

Eine andere Kreation, deren wahre Bestimmung erst noch gefunden werden sollte, begeisterte den Reporter der *Neuen Freien Presse*:

> »Großen Zuspruch, namentlich von Seite der Damen, findet der elektrische Fauteuil. […] Setzt man sich nieder und berührt mit den Handgelenken den metallischen Überzug, so durchfließt ein elektrischer Strom den ganzen Körper und erzeugt bei genügender Stärke eine eigenthümliche Empfindung.«[17]

Neun Jahre später verlor strombetriebenes Sitzmobiliar seine Unschuld, als im August 1890 der erste Mensch auf einem elektrischen Stuhl hingerichtet wurde. Noch galt die Innovation als schick. Sie erschien vielen aufregender als die futuristische Küche samt elektrischem Waffeleisen, die im ersten Stock eingerichtet worden war. Die Vorstellung, Mahlzeiten mit Strom zuzubereiten, anstatt über Feuer, kam den meisten befremdlich vor. Beim Essen war zu viel Technik suspekt, eine unappetitliche Übertreibung des Pioniergeists.

Für eine Generation, die Dampfkraft und Gaslicht als Embleme der modernen Zivilisation erachtete, entfaltete sich in Paris ein fremdes Universum, als hätte Jules Verne seine

Ideen zur Abwechslung nicht in Romanen verpackt, sondern als vollendete Tatsachen an die Champs-Élysées transportiert. Den Arzt, Journalisten und Schriftsteller Max Nordau inspirierte die Schau zu einer Erzählung über den utopischen Ort »Elektropolis« im Stil des französischen Literaten.

Strom prägt in dieser Zukunftsstadt längst den Alltag. Lungenkranke werden dort in batteriebetriebene Luftschiffe verfrachtet, um »ohne die geringste Unbequemlichkeit alle Vortheile der Hochalpenluft zu genießen«[18]. Polizisten traktieren Banditen mit Elektroschockern und horchen sie danach in verwanzten Gefängniszellen aus. Und im Museum von Elektropolis werden nicht nur Töne, sondern sogar Bilder per Strom übertragen.

Max Nordaus Vision reichte noch ein gutes Stück über die Möglichkeiten der im Pariser Industriepalast versammelten Exponate hinaus. Dennoch gewannen viele Ausstellungsbesucher den Eindruck, sie wären an Bord einer Zeitmaschine, die sie ohne Vorwarnung ins Übermorgen schleuderte. Im künstlichen Licht schimmerten, hämmerten, rotierten und lärmten Apparate, die keine Vorgänger und daher auch keine Bezugsgröße hatten.

Das Gedränge staunender Gäste, das Brummen der Stromgeneratoren, das manchen Chronisten an eine elektrische Symphonie erinnerte, die Unmittelbarkeit der Eindrücke machten es schwer, ein Urteil über die gesellschaftliche Bedeutung der Innovationen zu fällen, das über den Tag, vielleicht sogar über die Epoche hinauswies.

Unter den Laien, denen das gelang, befand sich ein Greis, geboren zu Beginn des Jahrhunderts, als es noch nicht einmal Gaslicht gab und Elektrizität für die Bevölkerung nur ein Wetterphänomen war, wenn es blitzte. Der große Victor Hugo, Schöpfer der Romane *Der Glöckner von Notre-Dame* und *Die Elenden*, gab sich die Ehre, um nachzusehen, was die jungen Leute im Industriepalast trieben. Er kam zu dem Schluss:

> »Der Tag ist nahe, an dem die Erdoberfläche so eingerichtet sein wird, dass sie Sonnenwärme speichert. Nun, was ist Wärme? Es ist Licht, es ist Bewegung. In Strom umgewandelt, verteilt sich diese Wärme überall, beleuchtet nachts die öffentlichen Straßen, bringt die Maschinen zum Drehen, zieht die Lokomotiven. Haben wir ausgerechnet, was wir aus der Heizkraft der Sonne schöpfen könnten? Die schreckliche Kohle, für deren Gewinnung so viele unglückliche Menschen ihr Leben in unterirdischen Kerkern verbringen, bleibt dort, wo sie ist.«[19]

Victor Hugo als Vordenker der Photovoltaik, der durch den Raubbau an der Natur das Wohlergehen der Menschheit gefährdet sah und daher für die Nutzung regenerativer Energie eintrat: So kannte man den alten Herrn noch nicht. Zwei Jahrzehnte später wurde die Vision in Deutschland konkret: Experten erwogen Sonnenkollektoren in Nordafrika, um damit den Energiebedarf des ganzen Kaiserreichs zu decken.[20]

Selbst in der fortschrittlichen Metropole begriffen manche offensichtlich nicht, was Edison mit den unterirdischen Stromleitungen und der Verkabelung der Häuser bezweckte. Trotz der umständlichen Installation fehle nach wie vor das elektrische Licht, reklamierte die Zeitung *New York Dispatch*. Man stelle sich die Frage, ob Kabel tatsächlich notwendig seien, um Glühbirnen zu betreiben oder nicht vielmehr ein Hindernis.[21] Edison möge endlich die Lampen montieren und auf alles andere verzichten.

Je länger sich die Arbeiter durch Manhattans Untergrund schaufelten, desto verärgerter reagierten die Einwohner, wenn an Kreuzungen die Pferde durchgingen, weil die Isolation eines Stromdrahts unzureichend war und Elektrizität bei einem der vielen Tests in den Boden gelangte. Aufgebracht eilten die Betroffenen dann zum Büro der Edison Electric Light Company und klagten, die Energie rinne schon wieder aus undichten Leitungen, als wäre sie etwas Flüssiges. Die Vorstellung vom fließenden Strom bürgerte sich auch unter Edisons Mitarbeitern ein. Wenn der eine zum anderen sagte, er möge mal »den Saft aufdrehen«, war jedenfalls kein Getränk gemeint.

Neben dem Unmut der New Yorker Bevölkerung gab es noch ein zweites Ärgernis, das Edison ebenso unbegreiflich war. Die Anfragen der Interessenten, die ihm Batchelor aus Frankreich weiterleitete, waren alles andere als ermutigend, im Grunde sogar lächerlich. Nein, er wollte nicht nur Handwerksbetriebe oder Privatresidenzen mit Glühbirnen und kleinen Stromgeneratoren ausstatten, sondern zumindest ein öffentliches Bauwerk mit regem Publikumsverkehr, viel lieber noch ganze Städte. Bedauerlicherweise trauten sich die Verantwortlichen in Europa eine so groß dimensionierte Lichtrevolution nicht zu. Man zauderte bei der Bestellung der Glühbirnen, ließ sich allenfalls auf Kleinstmengen ein.

Was Edison hingegen vorschwebte, formulierte er in einem Brief an Batchelor: Mit Bestellungen im Umfang von zwanzig oder fünfzig Glühbirnen würde sich die Elektrifizierung der Welt ewig hinziehen. Deshalb müsse jede Order für den Anfang mindestens fünfundzwanzigtausend Stück umfassen. Sollte das System nicht zur Zufriedenheit funktionieren, verpflichte er sich zu einer Strafzahlung von zwanzigtausend Dollar.[22]

Die Zögerlichkeit potenzieller Käufer hatte Edison auch sich selbst zuzuschreiben. Der monströse Stromgenerator fehlte in Paris immer noch, eine Leerstelle, die Investoren skeptisch stimmte. Konnten sie einem Mann vertrauen, der ihnen die zugesagte Attraktion seit Wochen vorenthielt, war sie womöglich gar nicht vorhanden und nur ein Täuschungsmanöver? Selbst einige europäische Stromexperten hatten Zweifel und mutmaßten, Edisons Beleuchtungssystem habe in Paris wohl seinen ersten und letzten großen Auftritt.

Unterdessen schraubte Francis Jehl in New York noch immer am Generator. Nach etlichen Verzögerungen hatte man für den 6. September 1881 das größte Abteil im Frachtraum eines Dampfers nach Europa gebucht. Es war die letzte Möglichkeit, um die Maschine nach Transport und Aufbau im Pariser Industriepalast noch rechtzeitig zu präsentieren, bevor Preisrichter die spannendsten Neuerungen mit Orden ehren würden. Nicht nur in der Gesellschaft, auch in Wirtschaft und Technik galten solche Auszeichnungen als begehrte Währung der eigenen Wichtigkeit, zumal in Europa, wo sie diversen Amtsträgern überhaupt erst zur Sichtbarkeit verhalfen. Doch zwei Tage bevor das Schiff auslief, ging im Inneren des Generators abermals etwas zu Bruch, etwas Wesentliches, denn er erstarb abrupt mit einem metallischen Seufzer.

Bemerkenswert, wie ruhig die Belegschaft trotzdem blieb, wie konzentriert Jehl und seine Kollegen unter Edisons Aufsicht den Koloss zerlegten, das gebrochene Eisengestänge fanden, ein neues fertigten, einbauten, die Maschine wieder zusammenfügten und abermals testeten. Alles, um der Welt zu beweisen, dass sich Strom nicht nur mit handlichen, aber leistungsarmen Sechs-PS-Generatoren gefahrlos erzeugen ließ, sondern auch mit einem 120-PS-Monstrum.

Bis zum Morgen des 6. September war das nun wieder funktionierende Gerät abermals auseinandergenommen und in Transportkisten verpackt worden. Die Gesamtlast, gut zwanzig Tonnen, hätte selbst die stabilste Kutsche Amerikas überfordert. Daher wurde die Lieferung auf mehrere Dutzend Fuhrwerke verteilt.

Weil die Zeit drängte, hatte Edison den Stadtrat um Unterstützung gebeten. »Polizisten begleiteten die Karawane, als sie sich in Bewegung setzte«[23], berichtete Francis Jehl. Sie verscheuchten Passanten und andere Fahrzeuge, damit Edisons Fracht freie Bahn hatte. Vortrefflich agierte New Yorks Exekutive, schließlich waren ihr Unmengen an Freibier versprochen worden. »Ohne die Unterstützung der Polizei, hätten es die Fuhrwerke niemals pünktlich zum Anleger geschafft«[24], war sich Jehl sicher.

Er beobachtete die staunende Menschenmenge entlang der Hafenmeile, packte da und dort mit an, wollte endlich ebenso wertvoll für seinen Chef sein wie Charles Batchelor und die anderen Missionare des Glühlichts, die sich in Europa beweisen durften. Dann wurden die Leinen gelöst und der Frachter dampfte hinaus in die Welt.

Obwohl Edison den großen Generator einmal als eine seiner bedeutendsten Erfindungen bezeichnen sollte, war er beunruhigt. Die Maschine war längst nicht vollendet, tatsächlich sogar ziemlich mangelhaft. Allein der Zeitdruck hatte ihn gezwungen, etwas Unausgegorenes nach Paris zu schicken.

Kaum war das Schiff unterwegs, eilte er an den Schreibtisch, um Charles Batchelor in einem Brief vor dem Gerät zu warnen. Er müsse leider von einigen Unfällen berichten, etlichen technischen Schwächen, von Gefahren, die jeder falsche Handgriff bedeuten konnte: »Du musst sehr vorsichtig sein«, schärfte er seinem Mitarbeiter ein.[25]

Dennoch schien mit der Verabschiedung des ersten Großgenerators ein Bann gebrochen. In den folgenden Wochen entstanden zwei weitere Exemplare, die unfallfrei funktionierten. An Bord des Schiffs »Assyrian Monarch«, das für die Royal Exchange Shipping Company über den Atlantik pendelte, wurden sie nach Großbritannien verschifft, wo sie zu Testzwecken zum Einsatz kommen sollten. Nachdem sie an der Themse entladen worden waren, fügte es der Zufall, dass einer der berühmtesten Zeitgenossen an Bord ging, um mit dem Dampfer zurück nach Amerika zu reisen.

In einer Holzkiste, geräumig wie ein Haus, verließ Jumbo das britische Empire, der größte in Gefangenschaft lebende Elefant der Erde. Der Londoner Zoodirektor hatte ihn gegen den Willen der Bevölkerung an den amerikanischen Zirkusimpresario Phineas Taylor Barnum verkauft, weil er zu kapriziös sei. Halb London beobachtete wehmütig, wie das Tier nun auf das Schiff gehievt wurde. Die »Assyrian Monarch« verfügte über die größte Ladeluke und das weitläufigste Unterdeck aller Ozeankreuzer.

Dort, wo sich eben noch die mächtigen Generatoren befunden hatten, bezog nun der Elefant sein Quartier, was Edisons Männer auf eine Idee brachte: Jumbo war aller Welt ein Begriff, sein Name allein signalisierte kolossale Dimensionen. Darunter konnte man sich etwas vorstellen, etwas Außergewöhnliches und Herausragendes. So wurden Edisons Großgeneratoren ebenfalls auf den Namen Jumbo getauft.[26] Zwar besaßen sie keinen Rüssel, dafür aber noch mehr Kraft als das Original. Die beiden nach London geschickten Maschinen firmierten fortan als »Jumbo Number Two« und »Jumbo Number Three«. Das erste Exemplar der Serie, das für die Pariser Elektrizitätsausstellung bestimmt war, ging als »Jumbo Number One« in die Annalen ein.

Auch in dieser Hinsicht erwies sich die Edison Electric Light Company als wegweisend. Ein Indiz für den Erfolg der Bezeichnung war die wachsende Zahl der Nachahmer. Ob Küchengeräte, Windmühlen oder Tunnelbohrer, wann immer später besonders imposante Produkte vermarktet werden sollten, erinnerten sich deren Hersteller gern an den berühmten Elefanten aus dem Londoner Zoo. Offiziell musste der Flugzeughersteller Boeing bei der Einführung seiner legendären 747 im Jahr 1969 gar nicht mehr darauf verweisen. Der Name Jumbojet bürgerte sich für das damals größte Passagierflugzeug der Welt trotzdem ein.

9

EIN TRAUERSPIEL (1881)

WIEN

Am 2. November 1881 machte die Göttin ihre Aufwartung. Ihr Zug erreichte den Westbahnhof kurz vor sieben Uhr morgens, als die Stadt noch indisponiert war und Sarah Bernhardt mit Nebel und frierendem Regen empfing anstatt mit Fanfaren.

Trostlos präsentierte sich der Bahnsteig, nicht die kleinste Girlande hatte man ihr zu Ehren geflochten. Die Einheimischen seien eben unberechenbar, stellte die *Neue Freie Presse* fest. Mal schickten sie berühmten Gästen »Ehren-Cavaliere bis zur Grenze«[1] entgegen, mal reichte es nicht einmal für ein bisschen Dekor.

So uncharmant der Empfang, so hoch war Wiens Erwartung an die Diva, nicht nur auf der Bühne. Außerdem sollte sie die latente Angst der hiesigen Bevölkerung vertreiben, sie lebe eventuell doch in keiner richtigen Weltstadt, sondern nur in einer unzulänglichen Kopie. Wenigstens war Franz Jauner zur Stelle, der die Schauspielerin am Gleis willkommen hieß.

Das wienerisch gefärbte Französisch des Herrn Direktors auf der Fahrt zum Hotel Imperial dürfte sie eingelullt haben, denn nach ihrer Ankunft sah sie beiläufig über eine Unverschämtheit des hiesigen Gastgewerbes hinweg: Das Luxusdomizil an der Ringstraße hatte sie abgewiesen! Man sei leider überfüllt. Prinz Prisdang von Siam war eben eingetroffen und umgehend in der hübschesten, mutmaßlich von der Schauspielerin reservierten Suite einquartiert worden. Prinz wer? Kaum eine Zeitung bekam seinen Namen richtig hin, aber im Imperial, der Wiener Sammelstelle des reisenden Adels, genoss er natürlich das Vorrecht.

Im Grand Hotel gleich gegenüber war die Französin zum Glück willkommen. Da wie dort musste Sarah Bernhardt nur der Ringstraße im Uhrzeigersinn folgen, um zu Jauners Theater zu gelangen. Schon die Fahrt dorthin war inspirierend. Vorbei an der prachtvollen Staatsoper führte die Route, vorbei an Stadtpalästen, dem Rathaus und dem Parlamentsgebäude, zwar beide noch unfertig, aber allein die Baustellen wirkten repräsentativ. Im Prater war Wien lustig, im historischen Zentrum elegant, an der Ringstraße aber legte die Stadt ein Imponiergehabe an den Tag, das an Pariser Boulevards erinnerte.

Wann er sie denn zur Bühnenprobe abholen dürfe, fragte Jauner zum Abschied. Sie probe nicht, entgegnete die Französin. Für den Direktor kam das ungelegen. So entging ihm die Möglichkeit, ihr vorab noch ein paar Ratschläge zu erteilen und sie zu dem einen oder anderen Effekt zu überreden. Schließlich sollte das Ringtheater durch ihr Gastspiel mit den Hofbühnen gleichziehen. Wie auch immer, Jauner konnte sie nicht zur Probe zwingen, denn eine Bernhardt kommandierte man nicht herum wie das heimische Theaterpersonal. Es hieß, sie sei launenhaft. Möglich, dass er ihr deswegen etwas verheimlichte, eine Kleinigkeit in seinen Augen, aber gewiss nicht in ihren.

Umsichtig hatte er seinen neuerlichen Aufstieg zum vorzüglichsten Theaterimpresario der Monarchie geplant. Der Anfang war am 1. Oktober gemacht worden, als er die erste Saison des renovierten Hauses mit dem zur Operette umgearbeiteten Märchen *Der Rattenfänger von Hameln* eröffnet hatte. Noch bevor ihm Skeptiker vorwarfen, er speise das Publikum mit einer »Kinder-Comödie« ab, war der Premierenabend ausverkauft gewesen. Der Komponist Johannes Brahms hatte sich gemeinsam mit Journalisten schon zur Generalprobe eingefunden.[2]

Die Bewunderung galt zunächst dem umdekorierten Zuschauerraum: »Niemand hätte geglaubt, daß es möglich sei, das düstere Haus mit einem Schlage in ein so freundlich heiteres, anheimelndes zu verwandeln«[3], schrieb *Die Presse*. »Das ganze wird von einem Meer von Licht übergossen.« Neben einem neuen Kronleuchter mit hundertachtundvierzig Gasflammen waren weitere Leuchten vor jeder Loge befestigt worden.

»Endlich sieht man sich doch in diesem Hause«, bemerkte eine Dame vor der Premiere erleichtert. In keinem anderen Theater der Stadt flackerten nun mehr Flammen pro Quadratmeter. Passend dazu wurde auf der Bühne reichlich Pomp aufgeboten, die Inszenierung platzte aus allen Nähten. Der neue Jauner war ganz der alte.

Doch dann geschah etwas, das sich nicht ins glanzvolle Bild einfügte. Wer den Zwischenfall miterlebte, sollte ihn später als fatales Vorzeichen deuten, doch für den Moment beschloss man, die Sache auf sich beruhen zu lassen. Es gab Wichtigeres.

Drei Wochen nach der Wiedereröffnung, am 21. Oktober, kam während der Vorstellung plötzlich Unruhe auf. Es roch sonderbar. Feuer! Irgendwo im Haus brannte es, kein Zweifel. Eine Frau erhob sich beunruhigt, stolperte über die Beine ihres Sitznachbarn, stürzte.

In einer der Logen saß Direktor Jauner, dem das gar nicht gefiel, weil nun auch andere aufstanden. Er trat vor und rief in die wachsende Panik hinein, der gestürzten Dame sei bloß unwohl geworden, kein Grund zur Besorgnis. Man möge gefälligst wieder die Plätze einnehmen und leise sein.

Kaum saßen alle, blickten sich einige Zuschauer neuerlich um, tuschelten, sprangen abermals auf. Der Brandgeruch war intensiver geworden. Wieder war Jauner gefragt: »So lange Sie mich sehen, brauchen Sie sich nicht zu fürchten«[4], beschwichtigte er, wobei offenblieb, ob er auf den Qualm anspielte, den er nur dann für bedenklich hielt, wenn er wie eine Wand zwischen ihm und den anderen Zuschauern stand, oder ob er signalisieren wollte, er wäre der Erste, der bei Gefahr die Flucht ergriffe.

Der in Brünn geborene Schauspieler Alois Wohlmuth stand während des Vorfalls auf der Bühne: »Dreimal musste das Spiel unterbrochen werden; doch immer gelang es Direktor Jauner, von einer Parterreloge aus, die Aufregung der Zuschauer durch die Versicherung zu beschwichtigen, dass absolut nichts Verdächtiges vorliege.«[5] Gerade das erschien vielen verdächtig. Die Heizung sei defekt gewesen, hieß es. Manche Schauspieler wollten hingegen beobachtet haben, wie einige abgelegte Kostüme hinter der Bühne verbrannten, weil zu hohe Flammen aus den Gaslampen schlugen.

Fehlerhafte Beleuchtung? Unmöglich! Auf sein technisches Personal ließ Direktor Jauner nichts kommen, denn er habe sowohl auf der Bühne als auch dahinter ausschließlich Virtuosen engagiert.[6] Einer von ihnen, der Beleuchtungsmeister Josef Nitsche, fand die Betriebsanleitung für das Gaslichtsystem des Theaters kleinlich, weshalb er sie gar nicht erst las, nachdem ihn Jauner engagiert hatte.

Als an einem anderen Abend plötzlich das Rampenlicht zischend aufloderte, wies ihn der Direktor an, die Gaszufuhr zu verringern. Nicht sein Fehler, behauptete Nitsche, und schob die Schuld auf den schwankenden Druck in der Leitung. Der Direktor wollte die Angelegenheit mit Herrn Schagerl besprechen, zuständig für die Theatersicherheit, doch der war unauffindbar, wenngleich seine virtuosen Kollegen natürlich wussten, wo er zu finden gewesen wäre: in einem der beiden Wirtshäuser gleich nebenan. Beim Feilegger Franz oder beim Schopper August kehrten die Herren der Bühnentechnik ein, wenn sie meinten, sie hätte sich eine Pause verdient.

Ganz in der Nähe, Heßgasse Nummer 7, wohnte im fünften Stock ein echter Virtuose, der Komponist Anton Bruckner. Was er dachte, wenn er aus dem Fenster blickte und Jauners Belegschaft vom Wirtshaus zum Bühneneingang taumeln sah, ist nicht dokumentiert. Der Begriff des Virtuosen war in Wien jedenfalls ganz schön heruntergekommen.

Kein Wort davon zu Sarah Bernhardt, sonst wäre sie niemals im Ringtheater aufgetreten. Immerhin hatte sie schon das Edison-Licht in Menlo Park bewundert und die Gasbeleuchtung als in allen Belangen unterlegen erkannt, erst recht eine so unberechenbare wie an Jauners Wirkungsstätte. Doch selbst die Gegner des Direktors gaben sich keine Mühe, die Pannen zum Stadtgespräch aufzubauschen. Schließlich ging es in anderen Theatern ähnlich zu.

Ungleich brisanter erschien die Frage, ob es die Französin ernsthaft wagen würde, die hiesigen Schauspielerinnen nonchalant in den Schatten zu stellen, oder ob sie eventuell aus Höflichkeit nicht ihr Allerbestes geben würde. Man fürchtete vor allem um den Ruf der Burgtheaterkoryphäe Charlotte Wolter. Als ein Journalist die Bernhardt darauf ansprach, erwiderte sie: »Es ist nicht gerade Sorge oder, wenn Sie wollen, halb Sorge und halb Ungeduld, vor einem fremden Publicum zu stehen, von dem man mir viel gesagt hat. Ich habe meinen Ruf, aber auch das Wiener Publicum hat seinen Ruf.«[7] Als Kompliment war das nicht gemeint.

Bei ihrem österreichischen Debüt in der *Kameliendame* reagierten die Einheimischen entsprechend verhalten, zumal es Jubel hier grundsätzlich nicht auf Vorschuss gab. Im ausverkauften Haus hatte sich eine erlesene Gesellschaft eingefunden. Der Hochadel traf auf die ersten Künstlerinnen und Künstler des Landes. Gekommen waren die Tänzerin Fanny Elßler, der Maler Hans Makart, der Wiener Meister des Bilderprunks, und sogar Charlotte Wolter, um deren Prestige die Stadt bangte.

Die Französin warf sich in die Rolle der unglücklich verliebten Kurtisane Marguerite Gautier, als ginge es um ihr Leben. Unten im Parterre saß das maßgebliche Wien und verstand kaum ein Wort. Dass Sarah Bernhardt das Drama in der französischen Originalfassung bot, hätte man sich denken können, aber daran lag es nicht. Die Sprache der eleganten Welt beherrschte man in Wien mehr oder weniger. Nein, es war die Art, wie die Schauspielerin ihre Sätze artikulierte, gehetzt, nervös, fiebrig, die es dem österreichischen Publikum schwer machte. Das Leid der lungenkranken Rollenfigur schlug sich auf ihre Stimme. Eigentlich nachvollziehbar, aber nicht in den Theatern der Zeit, wo Heldinnen ihren Untergang pathetisch zelebrierten.

Wort für Wort, Kunstpausen dazwischen, hämmerte zum Beispiel die Wolter ins Publikum. Anders verhielt es sich bei der Bernhardt. »Sie ist individuell, realistisch, wie das Leben selbst«[8], sollte hinterher ein Kritiker bemerken. Vor allem galt die Französin als Inbegriff der modernen Schauspielerin, was es schwer machte, über ihre Darbietung zu lästern. Denn das hieße ja, man war selbst nicht ganz so modern. Manche mochte sie mit ihrer gewöhnungsbedürftigen Darbietung tatsächlich berührt haben, der Rest tat so, als ob. Die Vorstellung entwickelte sich zum Triumph. Vor allem die Sterbeszene fand man meisterhaft. Die Stadt war willens, die Französin zu verehren.

Eines allerdings musste noch dringend geklärt werden: Am letzten Tag ihres Gastspiels wollte sie die Phädra geben, die Gattin des griechischen Königs Theseus, deren Schicksal der französische Dichter Jean Racine in seiner gleichnamigen Tragödie thematisierte. Nun galt dieser Part aber als Paraderolle der Charlotte Wolter. Das Publikum war gerne bereit, die Bernhardt als größte Schauspielerin der Gegenwart zu preisen, wenn nur die Wolter die größte Phädra von Wien bleiben könnte.

Und wirklich verzichtete die Französin auf ihren Auftritt in der Rolle, aus welchen Gründen auch immer, worauf sich vor allem der Wiener Adel aus Dankbarkeit an sie ranschmiss.

»Die Theater-Neugierde […] nahm bald den Charakter der vollständigen Narrheit an«[9], bemerkte der Wiener Schriftsteller Daniel Spitzer.

Blumenbouquets wurden fortan zwischen den Akten auf die Bühne gehievt, diverse Baroninnen lauerten der Bernhardt auf, um sie in ihre Salons zu bitten. Verehrer belagerten die Lobby ihres Domizils, stauten sich bis hinaus ins Novembergrau, während vor dem Hotel Imperial gegenüber, wo man die Französin abgewiesen hatte, nur der Wagenmeister stand und fror.

Selbst der allseits geschätzte Künstler Hans Makart geriet beim Anblick der Französin ins Schwärmen. Er wollte sie auf der Stelle porträtieren, obwohl sie ganz anders aussah als die Damen, die ihm ansonsten Modell standen: Ihr fehlten die Kurven. Um das Defizit zu kaschieren, hüllte sie der Künstler in eine Robe aus Gold. Keiner kam mehr auf die Idee, die Schauspielerin untergewichtig zu nennen, wenn er sie in Makarts Midas-Traum sah.

Alle profitierten vom Gastspiel der Bernhardt, fast alle. Was war mit den Bühnentechnikern, den Lichtspezialisten, dem Herrn Theaterfriseur? Man hatte sie übersehen, wie üblich, aber diesmal bot sich ihnen die Chance auf einen gerechten Anteil am Gewinn.

Die Nachfrage nach Karten für die Vorstellungen übertraf das Angebot bei Weitem, und wer an der Theaterkasse leer ausging, dem verhieß das technische Personal inoffiziell ein besonderes Erlebnis: Lust, die Bernhardt für ein kleines Entgelt von oben zu sehen? Mit Stehplätzen im Bühnenhimmel, auf den schmalen Stegen des Schnürbodens, eigentlich strengstens untersagt, wurde die Kundschaft gelockt.

Und so stieg Abend für Abend eine wachsende Menge an Unbefugten hinter der Bühne die Eisenleiter empor, wo sie sich zwischen Stoffbahnen und den Flammen der Gaslampen verteilte. Versengte Kleider waren wohl keine Seltenheit an diesem verbotenen Ort. Wie Reservegötter blickten die Gäste von dort auf die Bernhardt herab, unbemerkt selbst von ihr, wie aufregend!

Die einen erlebten die Schauspielerin aus einer völlig neuen Perspektive, die anderen besserten mit den Einnahmen aus dem Geschäft unter der Hand ihr Wirtshausbudget auf. Vier Wochen vor der Katastrophe machte das Ringtheater alle glücklich.

PARIS

Er wolle Thomas Alva Edison sprechen, auf der Stelle, forderte der deutsche Besucher. Charles Batchelor hatte ihm jede Lampe ausführlich erklärt, hatte den Ende September 1881 endlich eingetroffenen, aber noch im Aufbau begriffenen »Jumbo Number One« vorgeführt und geduldig alle Fragen beantwortet. Nun aber wäre er den Gast gerne losgeworden, der seine Aufmerksamkeit noch hartnäckiger beanspruchte als der König von Hawaii.

Emil Rathenau war allerdings weder Regent noch Industriebaron, nicht einmal ein Bürgermeister, den Batchelor zum Kauf von fünfundzwanzigtausend Glühlampen hätte überreden können. Er kannte die wichtigsten Investoren und Fabrikanten, die Edison gerne als Partner für das Lampengeschäft in Europa gewonnen hätte. Werner Siemens gehörte dazu, Rathenau allerdings nicht. Denn er besaß weder das erforderliche Kapital noch die nötigen Kontakte in die höchsten Kreise, um als Teilhaber willkommen zu sein.

Edison sei nicht in Paris, weil er in New York zu tun habe, hatte Batchelor schon mehrfach betont, worauf Rathenau unverzüglich an den Erfinder kabelte, er möge sich »sofort auf das Schiff setzen und in einer dringenden, für beide Teile außerordentlich wichtigen Angelegenheit nach Europa kommen«[10]. So beschrieb Rathenaus Biograf Felix Pinner die Episode in Paris. Die Dinge energisch anzupacken, war zwar auch entscheidend für die Entwicklung der Glühlampe gewesen. Doch dieser Deutsche war in seinem Enthusiasmus zu anmaßend, selbst für amerikanische Verhältnisse.

Aus Rathenaus Sicht stellte sich die Sache anders dar. Seit er vor sieben Jahren seine Karriere als Berliner Kleinindustrieller aufgegeben hatte, fahndete er nach einer technischen Neuheit, die das Zeug zum Massenprodukt hatte. Als in den Zeitungen die hymnischen Berichte über die Pariser Elektrizitätsausstellung erschienen, wusste er, was zu tun war. Schon saß er im Zug nach Frankreich, schon betrat er den Pariser Industriepalast, mutmaßlich ohne Sonnenbrille, um das Ambiente ungefiltert auf sich wirken zu lassen.

Unermüdlich drehte Herr Trouvé in dem Wasserbecken am Fuß des Leuchtturms seine Runden. Bahnschranken gingen automatisch auf und zu, batteriebetriebenes Spielzeug rasselte in den Frisuren der Damen, und vor dem elektrischen Fauteuil standen Gäste geduldig Schlange. Was sich vor Rathenaus Augen entfaltete, war prachtvoll, erstaunlich, mitunter bizarr, aber nichts, womit sich Strom flächendeckend als Energiequelle etablieren ließe. Nur bei einer Erfindung schätzte er den gesellschaftlichen Nutzen hoch genug ein, um erhebliche Investitionen in elektrische Leitungen zu rechtfertigen. Noch kannte er sie allerdings nur aus der Presse.

Der Ingenieur eilte zu den kleinen Lichtern im Glas und war hingerissen, sowohl von denen, die Hiram Maxim präsentierte, als auch von den Glühlampen des Engländers Joseph Swan. In den Edison-Modellen aber, die etliche Zeitgenossen als bestenfalls ebenbürtig betrachteten, erkannte er seine Berufung. Nach Jahren der Suche, des Zögerns, der Enttäuschungen war er endlich fündig geworden. Auf den glühenden Bambusfaden richtete er fortan alle Hoffnungen:

> »Edisons Beleuchtungssystem war bis in die Einzelheiten so genial erdacht und sachkundig durchgearbeitet, daß man meinte, es sei in unzähligen Städten jahrzehntelang erprobt gewesen. Weder Fassungen, Umschalter, Schmelzsicherungen, Lampenträger noch andere zur Installation gehörige Gegenstände fehlten, und die Stromerzeugung, die Regulierung, die Leitungen mit ihren Abzweigen [...] waren mit staunenswertem Verständnis und unvergleichlichem Genie durchgebildet.«[11]

Nach seinem Erweckungserlebnis gab sich Rathenau nicht damit zufrieden, Glühlampen zu erwerben, er wollte sie vielmehr in Lizenz selbst herstellen, um damit ganz Deutschland zu überschwemmen. Batchelor weigerte sich, ihn ernst zu nehmen, und atmete auf, als er endlich ging. Dass er die erste Begegnung mit dem deutschen Ingenieur in keinem seiner Briefe an Edison erwähnte, verrät, wie unerheblich sie für ihn war. Allerdings unterschätzte er Rathenaus Beharrlichkeit.

Für die Direktoren der Gaswerke war die Pariser Ausstellung zunächst eine Nichtigkeit. Solche Fachmessen kannten sie aus der eigenen Branche, sie richteten sich an einen kleinen Expertenkreis. Es waren Veranstaltungen von Insidern für Insider, nichts, was die Öffentlichkeit bewegte. Als sie nach der Eröffnung erfuhren, die Schau gleiche noch einer Baustelle, sahen sie sich in ihrer Meinung bestätigt. Die Strahlkraft würde eine beschränkte sein. Das musste man nicht gesehen haben.

Während sie die möglichen Effekte noch routiniert kleinredeten, schwoll das Presseecho an. Die Ausstellung strahlte in jeden Winkel der Gesellschaft, lockte Abertausende in den Industriepalast. Hatte es unter Gasmanagern eben noch als Zeichen der Souveränität gegolten, nicht nach Paris zu reisen, wirkte diese Haltung spätestens Ende September 1881 fragwürdig.

Die Rivalen zu ignorieren, war möglicherweise doch keine so gute Idee, zumal sie sich nach allem, was sie aus zweiter Hand erfuhren, mächtiger und wehrhafter denn je präsentierten. Man beschloss, die klügsten und loyalsten Gasfachleute nach Paris zu entsenden. Sie sollten gewissenhaft prüfen, was die angewandte Elektrizität mittlerweile vermochte.

Der Chefingenieur der Harrow City Gas Company jammerte nach seiner Rückkehr, das neue Licht habe seinen Augen gar nicht gutgetan. Herr Gandon von der Southern District Association of Gas Engineers and Managers pflichtete ihm bereitwillig bei. Ihm sei sogar noch Schlimmeres widerfahren: Wegen der künstlichen Helligkeit im Industriepalast habe er komplett die Orientierung verloren.[12] Fast erblindet sei er, der Ohnmacht nahe, jawohl! Wieder andere berichteten von quälenden Kopfschmerzen.

Die Leuchtgas-Gesandten kehrten so ermattet und verstört ins Empire zurück, als wären sie eine Woche lang ohne Sonnenhut durch Britisch-Guayana geirrt, anstatt durch die Pariser Ausstellung. Der Fortschritt der Konkurrenz bekam ihnen nicht. Allein die Experten von Manchesters Gaswerk waren anderer Meinung. Deren Report glich einer Hymne, man habe in Frankreich das künstliche Licht in seiner Vollendung erlebt und wolle auf Strombeleuchtung umschwenken.

Der Rest der Branche war außer sich, warf dem abtrünnigen Unternehmen vor, es hätte Schwachköpfe nach Frankreich geschickt. Mit gestandenen Lobbyisten wäre eine solche Peinlichkeit vermeidbar gewesen.[13] Wer zum Feind überlief, sabotierte die eigene Industrie.

Julian Goldsmid von der Imperial Continental Gas Association war zu mächtig, um sich von den Quertreibern aus Manchester beunruhigen zu lassen. Schließlich saßen die maßgeblichen Herren in London, wo auch seine Firma ihr Hauptquartier unterhielt. Wenngleich er selbst nicht nach Paris reiste, wusste er aber spätestens jetzt um die Bedeutung elektrischer Objekte, die unbedingt ernst zu nehmen waren.

Alle Anstrengungen mussten unternommen werden, fortan so viel Gas wie möglich in die Städte zu pumpen und die Helligkeit dadurch zu mehren. Endgültig wollte Goldsmid den Verdacht widerlegen, Gaslicht sei chancenlos gegen die neue Konkurrenz. War es nicht! Man musste den Zweiflern nur richtig einheizen, buchstäblich, musste in den Salons kraftvolle Flammen produzieren, damit die Rußspuren an den Wänden fast bis zur Stuckdecke reichten. Ein schwarz gestreiftes Interieur als Leistungsnachweis des Energieversorgers – kein schöner Anblick, aber ein notwendiger, um der Menschheit die Potenz der Industrie zu veranschaulichen.

Bislang waren die Gasmanager mit allen Versuchen gescheitert, Elektrizität in Verruf zu bringen.

Zunächst hatten sie argumentiert, elektrische Beleuchtung sei unmöglich. Dann, als sie doch möglich gewesen war, hatten sie das System als überflüssig verhöhnt. Schließlich hatten sie sich bei dem Versuch, Thomas Alva Edison auszuspähen, gründlich blamiert. Und selbst als sie ihn als Plagiator und Betrüger geschmäht hatten, war das so wenig hilfreich gewesen wie die Warnung vor der Gefährlichkeit der Elektrizität. Immerhin fanden sich bei öffentlichen Präsentationen der Lampen gelegentlich Neugierige, die nach den nackten Stromdrähten griffen und sich dabei schwer verletzten.

Nun allerdings hatten Goldsmid und einige andere Gasdirektoren eine Schwachstelle ausgemacht, welche den Ausbau des Stromnetzes bremsen würde, ja, musste: Es fehlte an Möglichkeiten, die neue Energie im großen Stil zu sammeln. Während Gasspeicher das Stadtbild prägten, hatten die Experten der Elektrizität nur koffergroße Batterien und Akkumulatoren zu bieten, die zu viel wogen und zu viel kosteten für das bisschen Strom, das sie bargen.

Wer daheim Glühlampen installieren ließ, musste darauf vertrauen, dass Elektrizität laufend produziert wurde. Das wiederum lief der Natur des Menschen zuwider, der gern für schlechtere Zeiten hortete. Reserven versprachen Sicherheit. Die konnte es in dem Fall nicht geben. Wenn die Generatoren versagten, war das Licht dahin und Maschinen funktionierten nicht mehr.

Noch drang die Gaslobby mit ihren Warnungen vor unzulänglichen Stromspeichern nicht durch. Berauscht von den elektrischen Attraktionen, waren vor allem etliche Gäste der Pariser Ausstellung überzeugt, die Pioniere der Technik würden demnächst Batterien, groß wie Kathedralen, in die Städte wuchten. Der Komplettumbau der Energiebranche konnte nicht mehr lange auf sich warten lassen, denn es erschien fast unmöglich, auf dem Weg dorthin noch falsch abzubiegen: in einem Rutsch von Gas auf vollelektrisch! Wie man sich täuschen konnte.

NEW YORK

Kaum in New York, eilte König Kalākaua zur Residenz der Edison Electric Light Company. Festlich hatte er sich herausgeputzt, schwarzer Anzug, weißer Schal, den eine mit Diamanten besetzte Hufeisenbrosche zierte. Sechs Mitarbeiter empfingen ihn, darunter Francis Jehl, der eigentlich in der Fabrik zu tun hatte, nicht in der Firmenzentrale, wenngleich er selbst das anders sah. Aus diesem Grund ließ er keine Gelegenheit verstreichen, sich in den herrschaftlichen Salons blicken zu lassen, erst recht nicht an diesem Tag. Eine Göttin der Bühne hatte er schon kennengelernt, als Sarah Bernhardt nach Menlo Park gekommen war. Ein echter König fehlte noch.

Man führte den Monarchen in ein Hinterzimmer, wo kein Tageslicht den prächtigen Schimmer des Kronleuchters störte. Wunderbar! Dann erschien Edison, eleganter Anzug, polierte Schuhe, aber diese Frisur, immer diese Frisur, die seine neue Rolle als Mann von Welt sabotierte. »Seine Haare standen kreuz und quer«, seufzte ein ebenfalls anwesender Reporter der *Sun*. »Und als er das Chaos mit der Hand zu ordnen versuchte, machte er die Sache nur schlimmer.«[14]

Kalākaua lächelte: »Ich habe schon viel von Ihnen gehört, Mr. Edison. Deshalb wollte ich Sie unbedingt treffen und Ihre wunderbaren Erfindungen sehen.«[15]

Mehrere Einladungen zu diversen Empfängen der New Yorker Gesellschaft hatte er ausgeschlagen, um nun in aller Ruhe begutachten zu können, wie der Erfinder ein Bambusrohr in feinste Streifen schnitt und im Ofen verkohlte. Schritt für Schritt demonstrierte Edison, was alles nötig war, um Licht in einen Glaskolben zu zwingen. Der König staunte. Diese Beleuchtung brauche er in Honolulu!

Kohle, um die Dampfmaschinen für die Generatoren zu betreiben, sei in seiner Heimat überflüssig. Man habe etwas Besseres: einen Vulkan. Die Geräte müssten nur am Kraterrand installiert werden und ganz Hawaii erstrahle. Kalākaua stellte sich das viel zu einfach vor. Edison lächelte nachsichtig, während der Herrscher in Fahrt kam: Möglicherweise berge der Vulkan sogar genug Energie, um damit ganz Amerika zu beleuchten.

»Natürlich«, erwiderte Edison. Vor zwei, drei Jahren hätte er sich für den royalen Größenwahn begeistert, aber inzwischen genügte ein Blick aus dem Fenster seines Büros, um ihn zu erden: Manhattan wartete noch immer auf das elektrische Licht, weil sich viele kleine Hindernisse, die bei der Planung nicht absehbar gewesen waren, zu einem beträchtlichen Widerstand summierten, der alles verlangsamte.

Kalākaua schwärmte nun davon, wie betörend sein Palast im Glühlicht schimmern werde, ohne zu bedenken, dass er noch gar keinen besaß. Eine standesgemäße Residenz musste erst gebaut werden.

Man werde sich um die Angelegenheit kümmern, entgegnete Edison. Sein eigener Wunsch, der dringlichste in diesem Herbst, war unterdessen in Erfüllung gegangen, wie er einem kürzlich eingetroffenen Brief von Charles Batchelor aus Paris entnommen hatte: Jumbo lebte!

PARIS

Schon bei seinem ersten Einsatz bewährte sich der Riesengenerator vorzüglich. Weder lief er heiß, noch lösten sich Metallteile und verletzten jemanden. Inmitten der europäischen Strommaschinen wirkte Jumbo wie ein Objekt aus den Heimwerkerträumen eines Goliaths. Zwar machten auch die Geräte der Konkurrenz einiges her, sie waren allesamt mit Geschick gefertigt und hübsch dekoriert worden, aber gegen Edisons Meisterwerk, grau und kolossal wie der gleichnamige Elefant, kamen sie nicht an.

Alles, was in Paris eben noch respektabel gewirkt hatte, schrumpfte im Vergleich und zum Missfallen der europäischen Ingenieure zur Miniatur. Nie zuvor war jemand so rabiat auf ihren Gefühlen herumgetrampelt wie der elektrische Jumbo – ein Amerikaner, natürlich.

Als die Maschine losdonnerte, erst vierhundert, dann fünfhundert Umdrehungen pro Minute überschritt, begann der Boden zu beben, und die Ausstellungsgäste spürten, wie sich das Dröhnen auf ihre Körper übertrug, gegen die Brustkörbe trommelte, in die Magengruben kroch. Das Monstrum schien selbst ihren Herzen den Maschinentakt aufzuzwingen. Beängstigend, gewiss, aber wie alles, was die Norm sprengte, auch faszinierend.

Und in Edisons Lichtsalons legten die Glühlampen alle Zurückhaltung ab, die ihnen die schwächlichen Behelfsgeneratoren in Paris bislang aufgezwungen hatten. Kaum waren sie mit Jumbo verkabelt, zeigten sie, wozu Bambusfasern unter Strom fähig waren, zu mehr als die Schöpfungen der Rivalen Joseph Swan und Hiram Maxim, zu viel mehr! Die Räume leuchteten um zehn Uhr abends, als machte die Sonne dort Überstunden.

Nun besaß Edisons System in Paris endlich die Strahlkraft und dank des Generators auch das nötige Gewicht, um die Juroren des Preisgerichts zu beeindrucken. Mit fünf Orden und einer Ehrenurkunde würdigte es die Leistung des amerikanischen Erfinders, mehr, als jeder andere Aussteller in Frankreich erhielt, mehr, als Hiram Maxim verkraftete.

Nachdem er Edisons vormaligen Glasbläser Ludwig Böhm abgeworben und mit dessen Hilfe tatsächlich eine funktionierende Glühlampe entwickelt hatte, war er überzeugt gewesen, er könnte es mit dem Konkurrenten aufnehmen. Seit dessen Exponate allerdings nebenan Helligkeit verprassten, betrübte ihn der Anblick der eigenen Produkte, die verzweifelt im Halbdunkel funzelten.

Maxims Eifer, mit dem er sich als Licht-Innovator aufspielte, ließ denn auch merklich nach. Er sollte Jahre später als Urheber des modernen Maschinengewehrs berühmt werden.

Kaum war Jumbos Triumph in Paris offiziell, traf schon die nächste Erfolgsmeldung bei Edison ein: Batchelor hatte endlich eine Immobilie für die erste Glühlampenfabrik auf dem europäischen Festland gefunden, eine ehemalige Orgelmanufaktur südöstlich von Paris.

Möglicherweise hatte er die Wahl auch aus nostalgischen Gründen getroffen, schließlich waren Orgelakkorde in Menlo Park einst tröstlich gewesen, wenn sich das Licht verweigert hatte. Nun also sollte elektrisches Zubehör dort entstehen, wo vormals Musikinstrumente gefertigt wurden. Vielleicht brachte es Glück.

Während Edison bislang ausschließlich Mitarbeiter in die Welt geschickt hatte, die sich aufs Verhandeln und Repräsentieren verstanden, würde er fortan auch Leute brauchen, die anpacken konnten und jeden Handgriff beherrschten. Ihm fiel nur einer ein, der ihm von Anfang an nicht von der Seite gewichen war, der die schmutzigste und gefährlichste Arbeit mit einer Hingabe verrichtete, als wären Glühbirnen mindestens so anbetungswürdig wie Sarah Bernhardt.

Francis Jehl also.

Francis Jehl?

Es musste andere geben, die gefälliger auftraten, die man zur Not auch in Gesellschaft herzeigen konnte, wenn Batchelor anderswo unabkömmlich war. Edison wollte noch einmal darüber schlafen, oder zweimal oder eben so oft, wie nötig. Jede Überstürzung konnte fatal sein für die Zukunft des Unternehmens.

Zum Glück ahnte Jehl nichts von der Idee, die im Kopf seines Chefs zarte Wurzeln schlug. Er wäre Edison noch am selben Tag lästig geworden. Er hätte alles überstürzt.

WIEN

Nein, er sei nicht angetrunken gewesen, er doch nicht, behauptete Franz Jauner, als es zu spät war. Mehrere Augenzeugen hatten berichtet, er wäre über die Straße getorkelt, während er mit glasigem Blick den Schaden abschätzte. »Nun ja, es ist ein Unglück«[16], soll er lapidar gesagt haben.

Für die Ereignisse, die sich am Abend des 8. Dezember 1881 überschlugen, war diese Bemerkung nach Meinung der meisten verharmlosend und daher unangebracht. Denn an diesem Tag wurde das Ringtheater zum Schauplatz einer Tragödie, die in der Geschichte ohne Beispiel war. Nicht nur Wien, nicht nur Österreich-Ungarn, nicht nur Europa, die ganze Welt nahm daran Anteil und begriff, dass sich einige Dinge grundsätzlich ändern mussten. Fast vierhundert Menschen waren umgekommen, die einen verbrannt, die anderen erstickt, einige niedergetrampelt, die Knochen in Trümmern.

Dennoch ließ sich der Schock nur zum Teil mit der hohen Opferzahl erklären. Es schien, als wären sich viele einer verdrängten Wahrheit bewusst geworden: Die Fortschrittsjahre der Industrialisierung hatten ihnen ein leichteres Leben und mehr Annehmlichkeiten als allen vorangegangenen Generationen beschert. Doch ohne erhebliche Risiken war dieser Komfort nicht zu haben. Nun erschrak man über den eigenen Leichtsinn.

Nachdem Sarah Bernhardt am 13. November zu einem Gastspiel nach Budapest weitergereist war, stürzte Wien zurück in den Alltag. Der Aufprall war schmerzhaft. Man hatte angenommen, der Glanz der Schauspielerin würde wenigstens einige Wochen lang nachwirken, was sich als Fehleinschätzung erwies. Ohne die Französin sah es finster aus.

Die österreichischen Schauspieler reagierten zerknirscht, weil das Publikum ihnen pauschal Unfähigkeit vorwarf. Und Jauner wurde nervös, denn die Reihen im Ringtheater lichteten sich schneller, als er es nach dem sensationellen Gastspiel der französischen Diva für möglich gehalten hatte. Zugegeben, die Konversationsstücke, die er nach ihrem Abschied bot, waren bestenfalls zweitklassig. Aber nur mit dem Geld, das solche Dutzendware an der Theaterkasse einbrachte, konnte er den nächsten Bühnenkracher finanzieren. Damit wollte er seinem Publikum den Advent versüßen.

Der Direktor habe die Wiener Schauspieler entmutigt, jammerten die einen, er habe das Publikum mit der Bernhardt zu sehr verwöhnt, die anderen.[17] Viele forderten die Schauspielerin auf der Stelle zurück, manche wünschten, sie wäre nie hier gewesen.

Im Dezember wuchs die Spannung. Theaterenthusiasten fragten sich, wie lange sie denn noch unleidlich sein mussten, bis sie beim Jauner endlich wieder etwas Passables zu sehen bekämen. Die Oper *Hoffmanns Erzählungen*, das letzte

Werk des in Köln geborenen, später in Paris gefeierten Komponisten Jacques Offenbach, sollte die Wende bringen. Der Mann verstand etwas von eingängigen Melodien. Mit dem Cancan aus *Orpheus in der Unterwelt* war ihm schon in den späten Fünfzigern des 19. Jahrhunderts ein Gassenhauer geglückt, der bald als Solonummer in jedem ernst zu nehmenden Varieté für Furore sorgte.

Als Komponist, der Frauen dazu brachte, ihre Beine beim Tanz zu entblößen, galt Offenbach anfangs zwar vielen als verruchter Kerl, aber inzwischen war man moralisch flexibel genug, um seine schwungvollen Rhythmen ohne Reue zu goutieren – und die entblößten Frauenbeine ebenfalls.

Auch *Hoffmanns Erzählungen* barg manche Kostbarkeit, etwa die Barcarole, Musik zum Mitsummen und Mitträumen. Die Handlung hingegen war sonderbar, meinten Zeitgenossen. Ein Wiedergänger des Dichters E. T. A. Hoffmann selbst tauchte in dem Werk als Protagonist auf. Was hatte er dort zu suchen? In *Romeo und Julia* polterte ja auch nicht ein Shakespeare-Double herein, um nachzusehen, ob alles seine Richtigkeit hatte. Logisch erschien das nicht, aber das würden die meisten Wiener so wenig bemerken wie die mittelmäßige Leistung der Darsteller. Schließlich hatte Jauner bei diesem Stück mehr in dekoratives Blendwerk investiert als jemals zuvor. Hereinspaziert!

Und wirklich entfaltete das Ringtheater am 7. Dezember, einem Mittwoch, wieder jenen verführerischen Sog wie vor dem Auftritt der Bernhardt. Die Karten für die ersten beiden Abende waren früh vergriffen, und der respektable Beifall nach der Premiere stimmte Franz Jauner zuversichtlich. Er hatte mit Offenbachs Werk richtiggelegen.

In Paris waren der Uraufführung im Februar mehr als hundert Vorstellungen gefolgt. Ein ähnlicher Erfolg in Wien würde das Ringtheater finanziell über den Winter bringen. Die Bühne war zurück in der Spur, und die Erleichterung darüber begleitete den Direktor nach der Premiere in den Schlaf.

Am Tag danach hatte er einen Termin beim britischen Generalkonsul. Jauner bezeichnete ihn als guten Freund. Schwer zu sagen, ob er übertrieb, egal, diesmal gab es jedenfalls einen triftigen Grund, um vor dem Engländer zu prahlen. Gleich am Morgen hatte er in den Zeitungen die ersten erfreulichen Berichte über die neue Operette entdeckt. Weitere würden gewiss folgen. Man fand das Werk zwar einigermaßen unverständlich und die Darsteller gewöhnungsbedürftig, dafür wurden Musik und Ausstattung überschwänglich gelobt.

Als der Direktor nachmittags beim Generalkonsul eintraf, hatte er noch nicht zu Mittag gegessen, was seine Laune keinesfalls trübte. Er fragte, ob sein Gastgeber gemeinsam mit ihm essen wolle, aber der war schon satt.[18] Getrunken wurde nicht ein Tropfen, behauptete Jauner später, weil er auf leeren Magen grundsätzlich nicht zeche: »Ich habe aber noch nicht einmal gegessen gehabt. Es ist also nicht möglich, daß ich in Weinlaune gewesen; ich war überhaupt niemals in Weinlaune.«[19]

Der Generalkonsul äußerte sich nicht dazu, wahrscheinlich wollte er nicht lügen. Während Jauner also mit dem Briten zusammenhockte, sich mutmaßlich wichtig machte und darüber die Zeit vergaß, schlug ein Schmetterling mit den Flügeln. Winzige Luftwirbel brachten etwas aus dem Gleichgewicht. Eine fatale Kettenreaktion nahm unbemerkt ihren Lauf.

Zur selben Zeit stahl sich ein zufriedenes Lächeln in die Gesichter der Bühnenarbeiter im Ringtheater. Der Direktor nicht da? Nur noch eine Stunde bis zum Beginn der zweiten Vorstellung von *Hoffmanns Erzählungen* um sieben Uhr, und niemand belästigte sie mit Arbeit. Also schwärmten sie in die benachbarten Wirtshäuser aus, während sich die Darstellerinnen und Darsteller in ihren Garderoben einfanden und dort unter lebhaftem Geplauder zu Bühnenfiguren wurden.

Noch eine halbe Stunde vor Vorstellungsbeginn mahnte sie niemand zur Konzentration auf das Wesentliche, keiner rief sie zur Eile. Wo blieb denn der Herr Direktor so lange?

Um Viertel vor sieben war wenigstens Beleuchtungsmeister Josef Nitsche wieder auf seinem Posten. Seit einigen Minuten strömte das Publikum in den Zuschauerraum. Durch den geschlossenen Vorhang drang das vertraute Knarren der Dielen und gedämpftes Gemurmel. Die Unruhe jenseits des Vorhangs, halb Vorfreude, halb Aufregung, signalisierte technischen Spezialisten wie Nitsche, dass es höchste Zeit war, ihres Amtes zu walten. Also entzündete er zunächst das Rampenlicht. Ein Hitzeschwall schien die Luft zu verflüssigen, sie flirrte über den Flammen. Wer hindurchblickte, nahm die Welt dahinter wie halb geschmolzen wahr.

Nun musste er sich um die Gaslampen oberhalb der Bühne kümmern, die in vier Reihen angeordnet waren und die Szenerie bis in die Tiefe erhellen würden. Die Leuchten ließen sich per automatischer Zündvorrichtung von unten in Betrieb nehmen. Eigentlich nicht sonderlich beschwerlich, zu anstrengend allerdings für Nitsche an diesem Abend.

Er sah sich nach einem seiner jüngeren Kollegen um, der ihm gefälligst helfen sollte. Keiner da, die Herrschaften saßen ja noch im Gasthaus. Dann sollte ihm eben jemand von der Statisterie zur Hand gehen, doch sämtliche Bühnenkräfte unterhielten sich blendend in den Garderoben.

Da taumelte der für die Theatersicherheit zuständige Herr Schagerl auf die Bühne, der nach seiner Exkursion ins Wirtshaus zu nichts mehr zu gebrauchen war. Aber der Kollege Breithofer, der ihn stützte, wirkte noch einsatzbereit. Nitsche scheuchte ihn zum Gasregulator. Die Lampen dort oben seien auf der Stelle zu entzünden.

Breithofer erledigte das nicht zum ersten Mal, aber immer hatte er es falsch gemacht.[20] Zwischen dem Öffnen des Gashahns und der Entzündung trödelte er. In der Folge schoss eine Stichflamme hervor und versengte die Kulissen. Immerhin loderten wenige Minuten später die ersten beiden Lampenreihen im Bühnenhimmel und brachten die Szenerie auf die übliche Betriebstemperatur.

Niemand konnte sich erklären, worauf Adele Pawlik wartete, am wenigsten diejenigen, die sie erfolglos umworben hatten. Siebenundzwanzig Jahre war die Tochter eines Wiener Prokuristen alt, höchste Zeit also, sich für einen ihrer Verehrer zu entscheiden, fanden die interessierten Herren. Offenbar hielt sie anderes im Leben für wichtiger oder zumindest für interessanter, etwa das Theater oder die Musik oder beides. Weil ihre ganze Familie dafür schwärmte, hatte man sich für den 8. Dezember etwas Besonderes vorgenommen.

Während sich Adele Pawlik, ihre Eltern, ihr Bruder, ihre Schwester und deren Verlobter für den Abend im Ringtheater zurechtmachten, es dunkelte schon, saß der Schriftsteller Ludwig Ganghofer in seiner Wohnung am Wiener

Heumarkt und versuchte sich an einem neuen Theaterstück. Doch in Gedanken war er bei der Schauspielerin Catharina Engel, die er erst seit wenigen Wochen kannte.

Jauner hatte Ganghofer im Sommer von München nach Wien geholt. Als Dramaturg des Ringtheaters sollte er dort das bayerische Volksstück pflegen, ein bisschen Abwechslung konnte auf der Bühne nicht schaden. Mehr als der Elan des Direktors beeindruckte den neuen Mitarbeiter allerdings besagte Frau Engel, eine stille Person, eine, die es ihm schwer machen würde, ihr Herz zu erobern, aber als Sohn eines Försters war Ganghofer zäh und geduldig – nur nicht an jenem Dezemberabend.

Um sechs Uhr habe er eine beklemmende Unruhe verspürt, vielleicht eine Vorahnung. »Es zog mich wie mit hundert Stricken zum Ringtheater«, schrieb er in seinen Memoiren. Catharina war zwar nicht für *Hoffmanns Erzählungen* eingeteilt, wollte sich das Stück aber von der Mitarbeiterloge aus anschauen. »Als es halb sieben geschlagen hatte, saß ich noch immer am Schreibtisch. Doch plötzlich [...] mußte ich die Feder fortwerfen.«[21] Ganghofer eilte los.

Als er in die Ringstraße bog, begann er zu rennen, verlor seinen Hut, war sich hundert Meter weiter nicht mehr sicher, ob er ihn beim Verlassen der Wohnung überhaupt aufgesetzt hatte. Die Votivkirche, die nun links von ihm auftauchte, nahm er kaum wahr. Dabei saß dort gerade ein Meister an der Orgel. Anton Bruckner ließ die Akkorde auf die Gläubigen herabdonnern.

Zu diesem Zeitpunkt befanden sich die Pawliks schon im Theater. Sie stiegen die verwinkelten Treppen hinauf zu ihren

Plätzen im zweiten Rang, letzte Reihe, nicht die beste Sicht auf die Bühne, auch nicht die schlechteste, eben genau das, was sich eine Prokuristenfamilie leistete, wenn sie auswärts einen unterhaltsamen Abend verbringen wollte.[22]

Nur noch Augenblicke, nur noch ein falscher Handgriff trennten die Normalität vom Verhängnis.

Plötzlich versagte die Technik. Eben hatte Breithofer die dritte Reihe der Gaslampen oberhalb der Bühne illuminiert, doch die vierte blieb dunkel. An fehlendem Gas lag es nicht, es rauschte durch die Rohre, zischte aus den offenen Ventilen. Breithofer blickte zu den widerspenstigen Leuchten empor, betätigte neuerlich den pneumatischen Zünder. Nichts, kein Funke flog, um die verbleibenden Brenner zu entflammen.

Solche Pannen kamen in Schauspielhäusern nicht selten vor, darum gab es dafür Regularien: Die Lichterreihe war in diesem Fall von oben herabzulassen, zu prüfen und auf der Bühne händisch zu entzünden. Oben, eingeklemmt zwischen den auf dem Schnürboden verstauten Kulissen, war es zu gefährlich, weil nach dem ersten und zweiten Zündversuch reichlich Gas ausgetreten war, das sich erst wieder verflüchtigen musste.

Doch von dieser Vorschrift wollte Breithofer später nichts gewusst haben, außerdem sollte die Vorstellung in gut zehn Minuten beginnen, nun aber schnell. Er stieg hinauf in den Bühnenhimmel.

Josef Nitsche war in den Maschinenraum verschwunden, Direktor Jauner noch immer nicht da. Nur Kollege Schagerl taumelte über die Bretter. Weitere Sekunden verstrichen, weitere Sekunden, in denen Gas ausströmte.

Zwei Versionen sind von den entscheidenden Momenten danach überliefert. In der ersten gewann Breithofer der Zündvorrichtung auf dem Schnürboden schließlich doch noch einen Funken ab. In der zweiten hat er einen Schwamm in Spiritus getränkt, ihn entzündet und an einen Stab montiert, mit dem er den Feuerball nun zu den Gasbrennern manövrierte.[23]

Plötzlich ein Gleißen, das ihn zurückzucken ließ, der Schwamm war nur noch Asche, der Stab brannte, auch die Kulissen standen in Flammen, dichter Rauch trübte nun die Sicht auf das Malheur. Hastig kletterte Breithofer über die Leiter zur Bühne hinunter. Bevor er jemanden verständigte, musste er sich erst einmal sammeln.

Mehrere Zeugen sahen, wie er kurz darauf das Wirtshaus Feilegger betrat.

Qualm war unterdessen auch in den Maschinenraum gedrungen, wo Josef Nitsche an diversen Geräten schraubte und nun erschrocken auf die Bühne stürzte. »Ich eilte hinab und wußte in der That nicht, was ich thun, was ich lassen sollte.«[24]

Adele Pawlik schaute sich im Zuschauerraum um. Auf der Galerie drängte sich das Publikum, nach unten hin nahm die Zahl der leeren Plätze zu. Die bessere Gesellschaft kam spät, wie in allen Theatern der Welt. Aber auch in den Logen an der Rampe zeigten sich nun die ersten opulent frisierten Damen. Dann fiel Pawliks Blick auf den Vorhang. Etwas war anders als sonst, der Samt wogte, als wiche er vor etwas zurück, das sich hinter ihm ereignete. Der Vorhang habe sich beim Souffleurkasten ein wenig nach vorne geschoben, und eine kleine Rauchwolke sei hervorgedrungen. Folgendes nahm die junge Frau in den Momenten danach wahr:

»Wir sind Alle sofort aufgestanden, der Vater hat ›Feuer!‹ gerufen, wir wendeten uns zum Ausgange; kaum machen wir einige Schritte, da schlägt plötzlich der brennende Vorhang hinauf bis an die zweite Galerie. Zugleich entsteht ein schreckliches Brausen, eine entsetzliche Rauchwolke wälzt sich auf uns, eine fürchterliche Hitze entstand, wir werden vorgedrängt, da wird es plötzlich finster inmitten des furchtbaren Rauches und Qualmes.«[25]

Falls das Gaslicht abgestellt werden musste, weil etwas in Brand geraten war, gab es in Theatern eine Notbeleuchtung, zumeist Öllampen an den Wänden der Korridore und Treppenhäuser, die den fliehenden Zuschauern den Weg wiesen. Über solche Lichter verfügte auch das Ringtheater. Allerdings waren sie nicht in Betrieb.

Nach einer Inspektion sechs Tage zuvor, hatte es Josef Nitsche versäumt, sie wieder ordnungsgemäß anzubringen und zu entzünden. Er habe zu viel anderes zu tun gehabt, sollte er sich später rechtfertigten, nachdem ihn die Untersuchung der Katastrophe als Mitschuldigen ausgemacht hatte.

An dem fatalen Abend selbst verschwendete Nitsche keinen Gedanken an Details wie eine Notbeleuchtung, als er aus dem Bühnenraum floh. Auch die Aberhundert Menschen jenseits des brennenden Vorhangs blendete er aus. Vielmehr setzte er alles daran, seine Habe zu retten.

Er hatte eine Wohnung im vierten Stock des Gebäudes, dorthin eilte er nun, während die Flammen nebenan in den

Dachstuhl vordrangen. Sie fraßen sich durch das Gebälk, Schindeln stürzten in die Tiefe, und durch die Öffnungen drang nun das Feuer ins Freie. In diesem Moment traf der Dichter Ludwig Ganghofer vor dem Theater ein:

> »Und hoch in den dunklen Lüften zuckt es wie ein mattes Wetterleuchten. Ich bleibe stehen und gucke nach aufwärts. Und da öffnet sich das steile Dach des Theaters wie eine schwarze Riesenmuschel. Und eine gelbe, rauchlose Flamme fährt baumhoch gegen den finsteren Himmel.«[26]

Auf dem Weg zu seiner Theaterwohnung stürzten Nitsche halb kostümierte Schauspieler entgegen, kreischend und flehend. Er selbst stemmte sich gegen die rempelnde Meute, hatte noch Kraft, fühlte sich mutig, denn alle anderen wollten raus aus dem Haus, er hingegen dachte noch an seine Dokumente und Wertgegenstände.

Unterdessen war das Publikum der Galerie unter dem Dach verloren. Die einen tötete das Feuer, die anderen der giftige Rauch. Verbrannt oder erstickt sollte man die Opfer Stunden später in den finsteren Korridoren vorfinden, übereinander, ineinander verkeilt, miteinander verschmolzen.

»Während dieser Vorgänge suchte der Theatersecretär Giesrau die Casse zu retten, ein Anderer seinen Winterrock, worin sich einige hundert Gulden befanden, ein Dritter seinen Regenschirm«[27], beschrieb der Zeitgenosse Carl Theodor Fockt die Ereignisse in den Personalräumen, die durch Eisentüren von dem Inferno getrennt waren und der Hitze daher länger standhielten.

Im vorderen Bereich des Gebäudes wurde hundertfach gestorben, hinten verfolgte man den eigenen Vorteil. Sogar zwei Klaviere konnten aus dem zweiten Stock geborgen werden, und Herr Nitsche brachte sein Eigentum in Sicherheit, selbstverständlich auch sich selbst.

Ein Teil der Belegschaft hatte sich schon ins Wirtshaus verabschiedet, als Ludwig Ganghofer den Bühneneingang erreichte. Die anderen Mitarbeiter standen davor und betrachteten das Feuer. Der Schriftsteller erkannte den Pförtner, packte ihn, wollte wissen, ob er Catharina im Theater begegnet sei: »Er sah mich ratlos an und lallte.«[28]

Ganghofer hastete die Treppen hinauf, schlug sich durchs Feuer, das auch die Künstlergarderoben erfasst hatte. Dort stand eine Frau und rührte sich nicht, halb nackt, den Blick in die Glut gerichtet. Catharina war das nicht. Er hob sie hoch und eilte zurück zur Treppe. Da hörte er verzweifelte Stimmen aus dem Bühnenraum und öffnete die Eisentür. »Zur Rechten sehe ich in wogendes Feuer hinein, fühle an meiner rechten Wange eine sengende Hitze, und zwischen unfaßbaren Bildern [...] lodert eine rote Hölle«[29], beschrieb er den Moment in seinen Memoiren. Fünf, sechs weitere Frauen klammerten sich an ihn. Gemeinsam erreichten sie ein Tor, es war verschlossen. Er trat es auf, und sie entkamen.

In der Votivkirche verstummte die Orgel. Unter den Gläubigen war Unruhe aufgekommen, und ein Musiker von Anton Bruckners Rang hatte es nicht nötig, seine Kunst an ein Publikum zu verschwenden, das nicht zuhörte. Er packte seine Sachen, trat vor das Gotteshaus und erschauderte. Seine Wohnung stand in Flammen!

Er hatte freie Sicht auf das Gebäude, das sich in südöstlicher Richtung vor dem Ringtheater erhob, darüber eine

Feuerkrone. Nicht sein Quartier war betroffen, stellte er fest, als er näher kam, sondern das Schauspielhaus. Doch die Flammen schlugen bedrohlich herüber.

Noch wusste er nichts von den Sterbenden im Theater, befürchtete wohl vor allem einen immensen Sachschaden. In seinem Arbeitszimmer raffte er seine noch ungedruckten Werke zusammen. Die Angst, seine Notenblätter könnten verbrennen, sollte ihn sein Leben lang begleiten.

Nachdem das Ausmaß der Tragödie ein paar Tage später bekannt geworden war, schrieb er seinem Schwager:

> »Ich wohne ganz am Ringtheater nur durch eine Straße getrennt. Gott sei Dank! unser Haus, wie alle übrigen sind verschont geblieben! Aber der namenlose Schrecken! und das unaussprechliche Elend so vieler, geht bis ins innerste Mark!«[30]

Auftritt Franz Jauner, nicht zu Fuß, sondern im Fiaker. Auf dem Weg vom britischen Generalkonsul zum Ringtheater hatte er seine Frau abgeholt, deshalb war er später dran als ohnehin schon. Noch freute er sich auf einen unbeschwerten Abend.

Plötzlich pulsierte Helligkeit in der Dunkelheit, ein rotes Glimmen über den Dächern, das Furchtbares verhieß. Möglicherweise hatte es ein Bauwerk in der Nachbarschaft des Schauspielhauses getroffen, tragisch auch das, aber der Herr Direktor wäre in dem Fall fein raus gewesen, nur ein weiterer Augenzeuge der Verheerung unter Tausenden anderen. Doch je näher die Kutsche kam, desto kleiner wurde die Hoffnung auf ein solches Szenario. Die Flammen schlugen genau dort in den Himmel, wo das Ringtheater stand.

Jauner sprang auf die Straße, taumelte, diagnostizierte: »Nun ja, ein Unglück!« Und fuhr gleich wieder davon. Das behaupteten manche Beobachter, während ihn andere gesehen haben wollten, wie er das Gebäude kurz betreten habe, um sich davon zu überzeugen, dass es verloren war. Zum Glück waren keine Menschenleben gefährdet, sagte er sich, schließlich habe er keine Schreie vernommen, nur das Tosen des Feuersturms.

Während Jauner durch das Gewühl schlingerte, stand seine Frau im Fiaker und schrie: »Mein Mann? Wo ist denn mein Mann? Mein Mann? Mein Mann?«[31] Aber da war er doch, kaum drei Meter entfernt, sie hatte ihn übersehen, weil sich der Direktor ausnahmsweise ganz klein machte.

Katastrophen verlangsamen die Zeit, dehnen einen Wimpernschlag zu einem Epos über die Unmenschlichkeit. Niemals hätten so viele Fehler und Versäumnisse, so viel Ignoranz und Kaltherzigkeit ansonsten an jenem 8. Dezember in so wenigen Minuten Platz gefunden. Es waren doch erst Augenblicke verstrichen, seit Breithofer oben auf dem Schnürboden gezündelt hatte, seit sich die Flammen ins Publikum wälzten und nun sogar aus dem Dach schlugen. Seit zwei Klaviere aus dem Theater gerettet worden waren, etliche Zuschauer allerdings darin umkamen. Seit Ludwig Ganghofer mehrere Frauen vor dem Tod bewahrt hatte, seine Catharina aber nicht darunter war.

Angelockt vom Flackerlicht, wuchs die Menschenmenge vor dem Theater. Was war da los? Was hatte man versäumt? Wo blieb denn die Feuerwehr? Die fehlte noch, dafür waren endlich Wachmänner zur Stelle, befehligt von Polizeirat Anton

Landsteiner, der nun das Foyer des Theaters betrat: Niemand da, auch die Haupttreppe war leer. Landsteiner schickte ein paar Beamte vor. Weit kamen sie nicht, zu viel Rauch, zu viel Hitze, aber keine Menschenseele.

Jemand löste sich aus der Menge vor dem Gebäude, eilte zu Landsteiner, forderte, man möge mit Fackeln weiter ins Haus vordringen. Die Zuschauer würden nicht herausfinden, weil es drinnen stockdunkel sei. »Über diese dringende Bitte gab Landsteiner die Erklärung ab: ›Beruhigen Sie sich – es wird alles gerettet‹; begab sich darauf zur Parkettstiege und verfügte zu der von ihm begehrten Rettung – nichts«[32], notierte der Chronist Carl Theodor Fockt.

Gefasst inspizierte der Polizeirat das Debakel, als wäre er durch sein Nichtstun zu der Überzeugung gelangt, es müsste gar nichts mehr gerettet werden, weil alles schon gerettet sei. Diese beruhigende Botschaft verbreitete sich unter den Menschen vor dem Gebäude so schnell wie der Brand im Inneren.

Zu denen, die es besser wussten, gehörte Johann Schönach, der auch an diesem Abend seinen Dienst an der Garderobe versehen und ein paar Hundert Mäntel entgegengenommen hatte, während nur vergleichsweise wenige Leute im Feuerschein aus dem Zuschauerraum gestolpert waren. Schneller als alle anderen hatte er die Flucht ergriffen, war längst auf und davon: »Ich hab g'schaut, daß ich z'Haus komme, ich hob' geglaubt, die Welt geht z'Grund.«[33]

Alles gerettet! Wie wohltuend diese Nachricht auf die Menschenmenge wirkte. Wer helfen hätte können, aber diesen Gedanken wieder verworfen hatte, weil er um die eigene Gesundheit fürchtete, brauchte kein schlechtes Gewissen zu haben, zumal Landsteiner nun das Hauptportal streng bewachen ließ. Keiner dürfe mehr rein ins Haus, sonst werde womöglich noch etwas gestohlen. In Wien komme nämlich alles abhanden, wenn man nicht gut darauf aufpasse.

Selbst Angehörige, die herbeigeeilt waren, um nach ihren Liebsten zu sehen, wurden abgewiesen. Fatalerweise hatte ausgerechnet das Ringtheater an diesem Abend die härteste Tür der Stadt. Niemand kam rein – und leider auch kaum jemand raus.

In diesem Augenblick erschien Erzherzog Albrecht am Unglücksort. Polizeirat Landsteiner machte untertänigst Meldung: Man habe alles evakuiert![34] Soso, der Erzherzog war skeptisch. Denn aus den Fenstern der oberen Stockwerke reckten sich Arme und Köpfe ins Freie, die Verzweifelten schrien durcheinander, Glas klirrte, und nun drängten weitere Menschen auf den Balkon über dem Portal. Ganz vorne an der Brüstung befand sich Adele Pawlik.

Nachdem sie im Zuschauerraum die Orientierung verloren hatte, war sie in das Zimmer hinter dem Balkon gelangt und zur Glastür gestürzt. Abgeschlossen. »Ein Herr versuchte dieselbe zu öffnen, was ihm auch gelang, nachdem er eine Scheibe eingeschlagen hatte«, erzählte sie später. Panisch blickte sie sich um. Ihre Angehörigen waren nirgends zu sehen. »Es sind noch so viele Menschen d'rin«, rief sie. »Die Menschen ersticken d'rin.«[35]

Das könne nicht sein, entgegneten ihr einige Herren, die vor dem Gebäude standen und zum Balkon hinaufblickten. Sie solle sich beruhigen, es sei doch alles gerettet.

Die meisten Zuschauer, die es an diesem Abend aus dem Theater schafften und um Hilfe für die Zurückgebliebenen flehten, mussten sich anhören, sie wären ahnungslos. Denn Herr Landsteiner hätte das Theater für evakuiert erklärt, und wenn sich einer auskannte, dann er.

Endlich bog die Feuerwehr um die Ecke. Eine Pumpe, eine Spritze, ein Sprungtuch und eine Leiter befanden sich auf dem Fuhrwerk. Das Ringtheater stand in Flammen, und die Löschmannschaft rückte mit Minimalausrüstung an. Sie hatte sich verschätzt und ein kleineres Haus mit einem kleineren Feuer erwartet.

Nun aber schnell, die ersten Verzweifelten sprangen schon vom Balkon des Theaters in den Tod, also her mit dem Sprungtuch. Noch fehlte allerdings das offizielle Kommando, die Eingeschlossenen zu retten. Darauf wollte einer der höherrangigen Beamten unbedingt warten und sagte deshalb zu einigen niederrangigen Kollegen, die voreilig nach dem Sprungtuch griffen: »Nehmen Sie es, aber lassen Sie nicht springen!«[36] Das erschien zwar absurd, lag aber, wie er fand, akkurat im Rahmen seiner Befugnisse und konnte aus dem Grund nicht falsch sein.

Befehl war Befehl, und so blieben die Verzweifelten oben und harrten aus, nur eine nicht, Adele Pawlik. Sie sprang.

> »Wie ich herunter komme und aus dem Springtuche gehoben werde, habe ich sehr gebeten, man möge mit Licht hinauf, auf den Stiegen liegen die Menschen, todt, sie ersticken. ›Nein Fräulein‹, sagte man mir, ›es ist Niemand mehr drinnen, gehen Sie getrost nach Hause, Sie werden Ihre Leute gewiß zu Hause finden.‹«[37]

Nun wagten auch andere den Sprung, der Balkon über dem Portal leerte sich. Viele der Geretteten schworen ebenfalls, ihre Angehörigen seien noch im Theater. Manche erhoben Vorwürfe gegen die Einsatzkräfte, die das unverschämt fanden. Allzu dreisten Krakeelern drohten sie mit Arrest. Dennoch zogen nun einige Beamte in Erwägung, sicherheitshalber in den oberen Etagen des Theaters nachzuschauen, bevor das Gebäude einstürzte.

So weit kamen sie nicht, schon auf der Treppe zum zweiten Stock stolperten sie über Beine und Köpfe. Die Feuerwehrleute stürzten im Dunkeln über Leichen, öffneten eine Tür, hinter der sich die Toten bis obenhin stapelten, jedenfalls wirkten sie tot, aber womöglich lebte der eine oder die andere noch. Bevor sie das aber prüfen wollten, kehrten sie zu ihrem Vorgesetzten zurück und meldeten, das Theater sei voller lebloser Körper. Und nun?

Entsetzen lähmte Polizisten, Offiziere, Erzherzog Albrecht und alle, die sonst noch vor dem brennenden Theater tatenlos herumgestanden hatten. Abertausende waren es mittlerweile. Gekommen, um den Untergang einer Wiener Bühne zu beobachten, Sensation, Sensation, sahen sie sich nun in die unangenehme Rolle von Zeugen eines Massensterbens gedrängt.

Noch ehe sich Feuerwehr und Polizei für den Rettungseinsatz sortiert hatten, handelten mehrere Freiwillige. Sie eilten die verqualmten Treppen hinauf und zerrten in der nächsten Stunde geschwärzte Körper nach draußen. Die Hitze in den Räumen des Theaters hatte sie warmgehalten, und so meinten einige Helfer fälschlicherweise, es sei noch Leben in ihnen.

Die Anzahl der Leichen wuchs, das Grauen auch. Männer, Frauen und Kinder, auf der Flucht vor den Flammen erstickt, lagen nun übereinander an der Ringstraße.

Ein furchtbarer Anblick, der an Wiens finsterste Zeiten erinnerte, als Seuchen nichts als Leichenberge und Verzweiflung hinterlassen hatten. Doch im späten 19. Jahrhundert war man zivilisiert und zu modern, um einen solchen Anblick zu ertragen. Also sammelte man die Toten, kaum geborgen, in der nahegelegenen Polizeidirektion, mehr als hundert waren es schon. Wenigstens jetzt wollte man die Opfer schützen, wenn ihnen schon alle Fürsorge verweigert worden war, als sie noch lebten.

»Um Mitternacht begannen die Leichenkarawanen«[38], hieß es tags darauf in der Zeitung, man brachte sie zur Identifikation ins Allgemeine Krankenhaus. Etliche Katastrophenvoyeure begleiteten auch noch diesen letzten Akt des Debakels.

Ludwig Ganghofer verzichtete auf das tragische Finale. Nachdem er seine Catharina hinter der Bühne nicht vorgefunden hatte, wartete er noch eine Weile vor dem Theater. Falls sie sich im Zuschauerraum befunden hatte, so sah er sie nicht, weder unter den Lebenden noch unter den Toten.

Wieder erfasste ihn Panik. Ein Fiaker klapperte über die Ringstraße, schon saß er im gepolsterten Fond: »Nibelungenstraße!« Er schlug dem jungen Kutscher auf den Rücken: »So fahren Sie doch! Herrgott! Ein Wiener Fiaker! Und kann nicht fahren!«[39] Endlich am Ziel, hastete Ganghofer hinauf in den dritten Stock, stürzte in die Wohnung, traf aber nur die überrumpelte Köchin an: »Der Herr Dokter! Über d' Stiegen kommt er auffi wie a Narr! [...] Und schnaufen tut er, und auffi rennt er wie a Verruckter!«[40]

»Catharina?«, fragte der Narr.

Da trat sie aus dem Nebenzimmer herein, ahnungslos wie die Köchin. Sie wunderte sich über ihren panischen Verehrer, über den energischen Kuss, den er ihr aufdrängte, bevor er seine Worte wiederfand und ihr von dem Unglück erzählte. Sie sei nicht im Theater gewesen, weil sie ihren kranken Neffen gehütet habe, sagte Catharina. Fünf Monate später heiratete sie Ludwig Ganghofer.

Als Adele Pawlik die Wohnungstür öffnete, waren die Räume dunkel. Von Anfang an habe sie den Feuerwehrmännern misstraut, die beteuert hatten, ihre Liebsten warteten gewiss daheim auf sie.[41] Erst Stunden später fand sie ihre Familie wieder. Sie war vollzählig im Hof des Allgemeinen Krankenhauses versammelt. Das sei ihre Mutter, dies ihr Vater, ihr Bruder, ihre Schwester, und bei dem Herrn dort drüben handle es sich um deren Verlobten, sagte sie. Der Arzt an ihrer Seite nickte und ließ ihre Angehörigen daraufhin zu den anderen Toten bringen, die inzwischen identifiziert worden waren.

10

FALSCHE SICHERHEIT (1882)

Der Ozeankreuzer, der am 14. Februar die Docks von Manhattan verließ, war keiner von der komfortablen Sorte. Wer auf dem Meer im Luxus schwelgen wollte, wählte einen anderen. Dennoch bildete sich die Reederei Guion einiges ein auf ihr Dampfschiff »Arizona«, weil es schon kurz nach dem Stapellauf vor zweieinhalb Jahren versehentlich einen Eisberg frontal gerammt hatte und danach mit zerknautschtem Bug einfach weitergefahren war, anstatt auf der Stelle zu sinken.

Der wehrhafte Koloss zählte außerdem zu den schnellsten seiner Art. In sagenhaften sieben Tagen und zehn Stunden schaffte er es von New York nach Liverpool, ein Schiff für Eilige, für Menschen, die der Zeit voraus sein wollten, anstatt ihr auf dem Wasser hinterherzuschippern.

Mitte Februar 1882 brach Francis Jehl an Bord der »Arizona« voller Hoffnung nach Europa auf. Bislang hatte er anderen Schiffen wehmütig hinterhergeblickt, hatte gesehen, wie der erste Dampfer mit elektrischem Licht ausgelaufen war, hatte den Jumbo-Stromgenerator verabschiedet.

Endlich befand er sich selbst an Deck und beobachtete, wie sich Amerikas Küste am Horizont verlor.

Auch Jehl gehörte nun zum erlesenen Kreis der Spezialisten, die ausersehen worden waren, das Glühlicht in die Welt zu tragen. Tatsächlich war Edison keine andere Wahl geblieben.

Die zögerlichen Europäer, die sein Beleuchtungssystem selbst nach dem Triumph bei der Pariser Elektrizitätsausstellung eher als Avantgarde-Accessoire betrachtet hatten, aufregend, aber nichts für die breite Masse, waren plötzlich ganz versessen auf die Technik.

Doch je mehr Generatoren und Lampen er lieferte, desto mehr Probleme gab es mit ihnen. Es lag nicht an den Geräten, stellte sich bald heraus, sondern an den Leuten, die sie bedienten und installierten. In aller Eile waren sie in Europa angelernt worden und schraubten dann Generatoren zusammen, die funkensprühend gegen den Pfusch rebellierten. Also dann eben Jehl – es gab keinen anderen, der das elektrische Beleuchtungssystem mit ähnlicher Hingabe und Fachkenntnis zur Höchstleistung anspornte. Außerdem war er billig.

Noch bevor die Opfer der Ringtheaterkatastrophe unter weltweiter Anteilnahme am Wiener Zentralfriedhof beerdigt worden waren, hatte sich die Überzeugung durchgesetzt, Gaslicht zähle zu den größten Gefahren auf Erden, ein Fluch, der endlich gebannt werden musste. Schonungslos hatte das Ereignis ein Defizit offengelegt, über das die Gesellschaft mindestens ebenso erschrak wie über die Toten:

»Wir haben die Erfahrung gemacht, daß wir in Wien von der Civilisation fast mehr den Schein als die Wirklichkeit besitzen«[1], bemerkte ein Kommentator. Ob es anderswo besser aussah, ließen etliche Städte nun diskret prüfen. Nur kein neuer Skandal nach der Wiener Tragödie!

Die Zustände erwiesen sich als verheerend. Unglaublich, worüber die meisten nach Nizzas Theaterbrand im Frühjahr 1881 hinweggesehen hatten, um in die falsche Sicherheit der Routine zurückzukehren: Lose Logenbrüstungen hingen windschief über offenen Flammen, Satindraperien wogten in aufsteigender Hitze. Lampen, die Gas aus Schläuchen bezogen, wurden auf Rollwagen über die Bühne geschubst, wo sie gegen leicht entzündliches Dekor krachten.

In Paris hatte man außerdem die Sitzreihen in den meisten Schauspielhäusern gefährlich eng angeordnet. Wer bei Feueralarm in Panik fliehen wollte, wäre dort buchstäblich festgeklemmt. »Der Polizeipräfect hat sich denn auch eingehend mit der Theaterfrage befaßt und zahlreiche Verordnungen zur Sicherung des Publicums erlassen, aber man wurde sich zuletzt klar, daß man die Niederreißung der Hälfte der Theater anordnen müßte, wollte man auch nur einigermaßen den angestrebten Zweck erreichen«[2], resümierte ein Korrespondent.

Gewiss, die Tragödie im Ringtheater war wegen ihrer hohen Verluste und der ihr vorausgegangenen Versäumnisse einzigartig. Allerdings zeigte die Inspektion in anderen Metropolen, wie wenig dort zu einem solchen Debakel gefehlt hätte. Man verfügte nicht über bessere Voraussetzungen, hatte nur mehr Glück gehabt.

Wer allerdings behauptete, er hätte nichts gewusst von den Gefahren, um das eigene Gewissen zu entlasten, wurde nicht nur von den Gasbränden widerlegt, die sich monatlich ereigneten. Außerdem wiesen Fachleute seit Jahren auf die Risiken hin. Die bislang ausführlichste Analyse hatte der Hamburger Ingenieur August Fölsch am Beispiel von Theaterbränden schon 1878 vorgelegt. Vormals weitgehend ignoriert, wurden seine Befunde nun in aller Welt zitiert. Denn sie hatten alles vorweggenommen, was am 8. Dezember 1881 zur Katastrophe in Wien führte, den sorglosen Umgang mit dem Gaslicht, die unzulänglichen Brandschutzmaßnahmen, die Panik, als das Haus in Flammen aufging. Fortan galt Fölsch als Prophet, obwohl er gar keiner sein wollte. Lieber wäre er rechtzeitig gehört worden.

Kaum eine Stadt, die keine Benefizkonzerte zugunsten der Hinterbliebenen der Wiener Tragödie ausrichtete. In London stand die Veranstaltung sogar unter der Schirmherrschaft der britischen Königsfamilie. Trauer von Budapest bis Bristol, von Temeswar bis Texas. Trauer und Dankgebete, weil man selbst nicht zu denen gehört hatte, deren Zähne der renommierte Wiener Gerichtsmediziner Eduard Hofmann nach dem Feuer akribisch kontrollierte, ein neues Verfahren, um bis zur Unkenntlichkeit entstellte Opfer zu identifizieren. Einer, der ihm dabei assistierte, war der Sanitätsreferent Ludwig Anton von Karajan, dessen Enkel Herbert einmal weltberühmt werden sollte, nicht als Arzt, sondern am Dirigentenpult.

Die ersten Lehren aus dem Unglück wurden schon unmittelbar nach dem Brand gezogen. Der Archäologe und Polarforscher Johann Nepomuk Wilczek gründete gemeinsam mit dem Juristen Eduard Lamezan-Salins und dem Arzt Jaromír von Mundy die Wiener Freiwillige Rettungsgesellschaft. Organisierte Krankentransporte gab es auch anderswo, aber in der österreichischen Hauptstadt sollte fortan immer auch ein Mediziner die Helfer begleiten. Ein Beispiel, das Schule machte.

Allein die Leuchtgasindustrie zeigte in den bedrückenden Dezembertagen des Jahres 1881 wenig Sinn für Pietät. Sie sei gänzlich unschuldig an der Wiener Misere, ließ sie wissen. Verantwortlich sei immer derjenige, der das Gaslicht entzünde. Aber genau darin lag das Problem: Wenngleich sich die Bühnentechniker des Ringtheaters durch Schlamperei und Unfähigkeit hervorgetan hatten, änderte das nichts an der Tatsache, dass selbst die Bedienung kleiner Gaslampen jedem Nutzer besondere Sorgfalt abverlangte – zu viel für einen Routinehandgriff.

Die Angst ging um in den Städten. Theater und andere Veranstaltungsorte blieben fortan leer, »man verlangt elektrische Beleuchtung«, schrieb am 10. Dezember die *Wiener Allgemeine Zeitung*.[3]

Vernunft mag ein kraftvoller Antrieb sein, um Dinge zu verbessern, Furcht hingegen kann eine Revolution entfesseln. Anders als nach Nizzas Theaterbrand war sie diesmal groß genug, um die Gesellschaft aus ihrer Komfortzone zu treiben. Der kritische Punkt war überschritten, ein Zurücksinken in die Behaglichkeit alter Gewohnheiten unmöglich. Nach der Elektrizitätsausstellung in Paris hatten die meisten europäischen Städte noch gezögert, eine zentrale Stromversorgung in Erwägung zu ziehen. Nun wurde die Technik von der Bevölkerung vor allem in öffentlichen Gebäuden als lebensnotwendig eingefordert.

Der Gemeinderat von Brüssel beschloss, sämtliche Theater der Hauptstadt seien fortan mit Strom zu beleuchten.[4] Experten aller Fachrichtungen mischten sich in die Debatte ein. Allein aus sanitären Gründen sei Gaslicht den Menschen nicht mehr zumutbar, urteilten Mediziner. Und Werner Siemens, für den Glühlicht unter allen Erscheinungsformen der Elektrizität bislang keine Hauptrolle gespielt hatte, mahnte in einem Vortrag dringend dessen Nutzung an, zumindest in Häusern mit Publikumsverkehr. Zwar berge auch die Installation von Stromleitungen einige Risiken, vor allem, wenn sie von unerfahrenen Technikern durchgeführt werde. »Mag aber auch immerhin die elektrische Beleuchtung nicht ganz frei von Feuergefährlichkeit sein, so ist diese doch sicher gar nicht in Vergleich mit der Feuersgefahr jeder anderen Beleuchtungsart und namentlich der Gasbeleuchtung zu bringen!«[5]

Der Vorstand der Berliner Hygiene-Ausstellung lobte darum einen Architektenwettbewerb für ein Mustertheater aus, bei dem sich Gaslampen mit geringem Aufwand durch elektrische ersetzen lassen sollten.[6] Und die österreichische Militärkapelle Erzherzog Ernst präsentierte unter ihren Novitäten die Polka »Elektrisches Licht!«, um der Forderung nach der Stromwende mit Pauken und Trompeten Ausdruck zu verleihen.[7]

Glühlicht für Bibliotheken, Bahnhöfe und Eisenbahnwaggons! Auch Fischteiche möge man künftig elektrisch beleuchten, verlangten diverse Mitglieder von Anglervereinen. Und Viehzüchter fanden Gaslicht bei Schweineauktionen plötzlich höchst dubios. Sauerei!

Überrascht vom Unmut der Bevölkerung erwog mancher Bürgermeister nun sogar, den Gasversorgern auf der Stelle zu kündigen und seine Gemeinde wieder vollständig auf Petroleumlicht und Kerzen umzustellen, bis die erforderlichen Stromleitungen verlegt waren.

Wachgehalten wurde das Interesse an einer Reform auch durch die Aussicht auf ein Ereignis, das es in dieser Form noch nie gegeben hatte. Beim sogenannten Ringtheaterprozess im April und Mai 1882 sollten alle Verantwortlichen zur Rechenschaft gezogen werden. Kein Bühnenbrand hatte jemals juristische Konsequenzen solcher Tragweite gehabt.

11

VON WUNDERN UND WUNDEN (1882)

Wie schnell man doch reifen konnte: Als unscheinbarer Menlo-Park-Veteran hatte sich Francis Jehl in Manhattan an Bord der »Arizona« begeben, als Snob stieg er in Liverpool nach einer Woche aus. Zwei Tage später erreichte er London und äußerte sich in einem Brief an einen New Yorker Kollegen entsprechend herablassend über die britische Weltstadt. Zu schmal die Gassen, zu dreckig die Plätze, zu unübersichtlich das Straßennetz. Wer nicht genau aufpasse, der verirre sich andauernd, wobei er keinen Zweifel ließ, dass er schon einige Male falsch abgebogen war. Eigentliche fühle er sich nur in Kensington wohl, dem exklusiven Habitat der Lords und Ladys. Dort habe er sich einquartiert, alles andere sei ihm zu riskant.

Natürlich war diese Betrachtungsweise zum größten Teil Show, das wusste Jehl wahrscheinlich selbst am besten, aber in ihm hatte sich in den vergangenen Jahren einiges angestaut. Während er sich erst in Menlo Park und danach in der Fabrik in Manhattan für Edisons Visionen aufgerieben hatte, waren seine eigenen Bedürfnisse viel zu kurz gekommen.

Nun testete er, welcher Grad an Hochmut einem wie ihm wohl angemessen war, zumal die Maschinen des versuchsweise errichteten Elektrizitätswerks in London dank seiner Hilfe bald tadellos liefen.

Neben seinen Allüren hatte er auch etwas Sinnvolles nach Europa mitgebracht, eine Weltneuheit, die unabdingbar war für ein kommerzielles Beleuchtungssystem. Jehl erklärte den staunenden Mitarbeitern der Londoner Zweigstelle die Funktionsweise des ersten Stromzählers der Geschichte, bei dem der Verbrauch durch Ablagerungen auf Metallplatten ermittelt wurde, die sich in dem Gerät bildeten.

Danach reiste er nach Mailand, wo man die Ausmusterung der Gasflammen noch energischer betrieb als in London und das Edison-System nicht erst testen, sondern gleich im großen Stil etablieren wollte. Als Jehl eintraf, hatte man gerade ein Café in der Galleria Vittorio Emanuele II elektrifiziert. Der Gast aus Amerika beseitigte die letzten technischen Mängel und versah die Anlage mit einem Stromzähler. In den Tagen nach der Neueröffnung vervielfachte sich die Zahl der Gäste. Sie kamen vor allem, um sich im neuen Licht zu sonnen.

In einem Brief an Edison schrieb Jehl, die Aufgeschlossenheit der Europäer für Glühlampen überrasche ihn angenehm. Schon in London hatte er erlebt, wie enthusiastisch sie im Straßenbild begrüßt worden waren, während sie in New York umso mehr Ansehen verloren, je länger Edison die Beleuchtung von Manhattan wegen immer neuer technischer Schwierigkeiten hinausschob.

Ersatzweise hatte er dort zwar mehrere Häuser mit kleinen Lichtanlagen versehen – zu wenig für die meisten Einwohner. Dergleichen gab es mittlerweile ja sogar in England. Bevor nicht mindestens ein ganzer Stadtteil elektrisch erstrahlte, würden sie jammern.

In Europa hingegen wuchs in den Monaten nach dem Ringtheaterbrand die Zuversicht. Wöchentlich entstanden neue Firmen für Elektrizität, die es eilig hatten, eigene Glühlampen auf den Markt zu werfen. Sie waren zu Diensten, wenn unter Druck geratene Kommunalpolitiker auf die Schnelle ein Bauwerk, einen Platz oder ein Fest probeweise erhellen wollten, damit sich die Bevölkerung auf der Höhe der Zeit wähnen konnte. Nicht der klangvolle Name eines Orchesters, sondern der Hinweis »Mit elektrischer Beleuchtung!« entschied in diesen Tagen über den Erfolg von Konzerten und Maskenbällen.

Die ersten Elektriker in Innenstädten waren Veranstaltungstechniker, die mit ihrer Maschinerie von einem Palais zum nächsten tingelten. Doch viele von ihnen boten nur Enttäuschendes. Der Funkenregen schadhafter Stromgeneratoren erzeuge mehr Helligkeit als das Licht selbst, schilderte Francis Jehl die Leistung der Konkurrenz in einem Brief an Edison[1].

Er hätte das besser gekonnt, aber er durfte nicht, denn die Edison Electric Light Company war kein Wanderzirkus, der Empfänge oder Tanzabende illuminierte und weiterzog, sobald die Schaulust befriedigt und die Wut der Bevölkerung über die Rückständigkeit ihrer Infrastruktur abgeklungen war.

Der Erfolg des amerikanischen Unternehmens bemaß sich nach den Verkaufszahlen der Glühbirnen und Generatoren. Sie würden überschaubar bleiben, wenn Jehl die ganze Ausstattung nach erbrachter Dienstleistung wieder mitnahm. Was er künftig installierte, sollte von Dauer sein.

Um die Expansion der Beleuchtung zu beschleunigen, hatte die Edison Electric Light Company unterdessen eine zweite Firma in Paris gegründet, die europäische Märkte jenseits von Frankreich erschließen sollte. Leider erreichte sie damit zunächst das Gegenteil, schuf ein Durcheinander der Zuständigkeiten, das selbst die eigenen Mitarbeiter überforderte. Briefwechsel legen offen, wie kaufwillige Glühlicht-Enthusiasten an den labyrinthischen Entscheidungswegen im Hause Edison verzweifelten.

Einer, der sich davon weder einschüchtern noch abschrecken ließ, war der Ingenieur Emil Rathenau. Nach der Begegnung mit dem unwilligen Charles Batchelor bei der Pariser Elektrizitätsausstellung hatte er mit der amerikanischen Muttergesellschaft Kontakt aufgenommen. Dort wurde er an Mitarbeiter der englischen Niederlassung verwiesen, die ihm wiederum empfahlen, sich an die französische Zweigstelle zu wenden, wo ihm ein verärgerter Batchelor neuerlich mitteilte, er sei hier falsch.

»Edison hatte seine europäischen Interessen in die Hände von Gesellschaften gelegt, deren Ideal zum wenigsten darin bestand, die Welt mit einem Kulturwerk zu beglücken«[2], kommentierte Rathenau das Geschäftsgebaren sarkastisch. Widersinnig erschien ihm die Prozedur und unamerikanisch. Die Zähigkeit, mit der er endlich aus »der Edisonschen Patent- und Rechtswirrniss die Verträge herauszuzwingen verstand«[3], beschrieb Felix Pinner in seiner Rathenau-Biografie als bislang größte Herausforderung für den Ingenieur, der die Schwierigkeiten seinerseits als »unsäglich« bezeichnete. Dennoch blieb er hartnäckig, bis die Pariser Compagnie Continentale Edison endlich die Lizenzen für die Verbreitung des Beleuchtungssystems in Deutschland herausrückte.

Von den Wachstumsschmerzen der Firma, die sich zwar mächtig aufgebläht hatte, darüber aber zu einem bürokratischen Moloch geworden war, bekam Francis Jehl nach seiner Ankunft in Frankreich nichts mit. Er war beschäftigt. Die vormalige Orgelfabrik in Ivry-sur-Seine bei Paris hatte man in den vergangenen Monaten umgerüstet. Noch standen die Maschinen allerdings still, weil dringend benötigte Ersatzteile fehlten. Außerdem hatte niemand genug Erfahrung mit den Geräten, um mit der Lampenproduktion zu beginnen. Das musste sich ändern, deswegen war Jehl hergekommen.

Schon in London und Mailand waren ihm die dort angeworbenen Mitarbeiter mit Respekt, wenn nicht stiller Bewunderung begegnet, weil er sich so gut auskannte. In Paris aber schauten sie zu ihm auf wie zu einer Lichtgestalt. Er werde hier wie ein Generalinspekteur behandelt, schrieb er stolz an die New Yorker Firmenzentrale.[4] Edison sollte ruhig wissen, was einer wie er international wert war. Eine Gratulation zu seinen bedeutenden Fortschritten in Europa blieb man ihm schuldig.

Nachdem er schon in London und Mailand ausgeholfen und bald auch die Pariser Produktion in Gang gebracht hatte, gewann Jehl den Eindruck, er bewerkstellige Europas Lichtrevolution im Alleingang. Entsprechend wenig hielt er von den neuen Mitarbeitern der Firma in Frankreich. Ihnen fehle es an technischer Vorbildung, an Talent, vor allem aber an Fleiß.

Aus allen Ländern des Kontinents kamen junge Männer nach Ivry-sur-Seine, um in Edisons Fabrik zu erstklassigen Elektrotechnikern zu reifen. Einer, der Francis Jehl von Beginn an suspekt war, ein Serbe, dessen Geburtsort Smiljan im heutigen Kroatien liegt und damals dem österreichischen Kaisertum unterstand, hatte in Graz studiert und sollte sich nun unter seiner Aufsicht in das neue Beleuchtungssystem einarbeiten. Dass der hagere Mann namens Nikola Tesla das Zeug zu einem gefeierten Helden der Branche hatte, entging Jehl. Bemerkenswert erschien ihm nur dessen Appetit, mit dem er in den Mittagspausen oft zwei Portionen Chateaubriand verschlang.

»Tesla missfiel die amerikanische Art der Aktivität, die Batchelor in der französischen Fabrik etabliert hatte, außerdem fehlte dem Ort der Glamour, den er sich von einer Edison-Niederlassung erhofft hatte«[5], stellte Jehl fest. Ein Lebemann sei der Neue, ein Genussmensch, möglicherweise intelligent, aber für ernsthafte Arbeit völlig ungeeignet. Er selbst hatte bald Wichtigeres zu tun, als Tesla mehrmals wöchentlich aus den Pariser Billardsalons zu holen und zur Arbeit zu eskortieren.

Man verlangte nach Jehl in Deutschland. Emil Rathenau plante dort sein großes Debüt als Elektrounternehmer und benötigte Unterstützung.

MÜNCHEN

Das bayerische Königreich traute sich etwas zu und hatte damit das österreichische Kaiserreich überrumpelt. Die erste Internationale Elektrizitätsausstellung im deutschen Sprachraum würde in München stattfinden, obwohl auch Wien dringend ein solches Symbol der Innovationskraft benötigt hätte. Seit dem Ringtheaterbrand haftete der Metropole der Makel an, die Gasbeleuchtung sei nirgendwo tödlicher.

Zwar war die Stadt zu Reflexion und Einsicht fähig. Das hatte sie im Frühjahr bewiesen, als das Landgericht beim Ringtheaterprozess nicht allein Franz Jauner und einige seiner Mitarbeiter, sondern auch den Alles-gerettet-Polizeirat Anton Landsteiner zu Gefängnisstrafen verurteilt hatte, wenn auch nur zu milden, gerade einmal ein paar Monate langen.

Weil aber nie zuvor ein Theaterbrand derart akribisch aufgearbeitet worden war, interessierten sich viel mehr Menschen dafür als erwartet, und so erfuhr man selbst im hintersten Oklahoma, was für leichtsinnige Zeitgenossen der Herr Jauner und die Mitangeklagten waren, und wie blamabel die österreichische Exekutive bei Katastrophen agierte. So viel Aufmerksamkeit war zum einen überraschend, zum anderen unangenehm. Dutzende Zeugen wurden vernommen, die noch einmal an den Schreckensabend erinnerten.

Die Analyse des eigenen Versagens war verdienstvoll, machte Wien aber nicht sympathischer, zumal Franz Jauner unverzüglich eine Nichtigkeitsbeschwerde gegen das Urteil einreichte, um so seinen Haftantritt auf unbestimmte Zeit hinauszuzögern. Insgeheim rechnete er mit einem Freispruch. Kurz darauf wurde er von mehreren Augenzeugen in bester Laune beim Angeln am Wörthersee gesichtet.[6] Den Urlaub habe er beim Gericht angemeldet, was ihm dank seiner guten Kontakte bewilligt worden war. Moralisch ging das für ihn völlig in Ordnung, bis zuletzt fühlte er sich unschuldig.

Eine elektrische Ausstellung wäre für die Hauptstadt des österreichischen Kaiserreichs also eine Chance gewesen, sich der Weltöffentlichkeit gleichermaßen geläutert und fortschrittlich zu präsentieren. Außerdem hätte die Veranstaltung den angelnden Jauner überstrahlt, der die Bemühungen um ein konsequentes Vorgehen gegen die Verantwortlichen der Brandkatastrophe konterkarierte.

Doch München war die entscheidenden Schritte voraus. Der Physiker Wilhelm von Beetz, der als Präsident der Veranstaltung fungieren würde, hatte sich schon die Schirmherrschaft des Königs Ludwig II. gesichert, um die allerhöchsten Ambitionen zu demonstrieren. Die Stadt rief Techniker in ganz Europa dazu auf, ihre Erfindungen vom 16. September bis zum 15. Oktober 1882 vorzuführen, während Wien noch nichts unternommen hatte, außer von einem Festival der Elektrizität zu träumen. Nun würde man dort erst im nächsten Jahr zum Zuge kommen.

Die Münchner Organisatoren waren sich schnell über den Veranstaltungsort einig. Ideal sei der Glaspalast im Alten Botanischen Garten, 1854 nach dem Vorbild des Londoner Crystal Palace errichtet. Im Schein der elektrischen Lampen würde er wie eine kolossale Laterne leuchten. Mehr als zweihundert Meter lang und fünfundzwanzig Meter hoch dominierte er das Stadtbild zwischen Bahnhof und Stachus. Kein anderes Bauwerk versprach bei dem Lichterfest eine ähnlich überwältigende Wirkung.

»Trotzdem nun die Basis des Unternehmens vollständig geregelt und gesichert war, ergaben sich doch noch verschiedene Schwierigkeiten, deren Ueberwindung keineswegs leichte Arbeit war«[7], hieß es im offiziellen Bericht zu dem Projekt. Denn für den Herbst 1882 hatte schon der landwirtschaftliche Verein den Glaspalast gebucht, wo er anlässlich des Oktoberfests seine Neuheiten präsentieren wollte.

Mit den Institutionen, die sich an dieser Volksvergnügung beteiligten, legte man sich besser nicht an. Die Großveranstaltung war längst zu einem Teil der Münchner Identität geworden. Sie stärkte das Selbstbewusstsein der Einheimischen, streichelte deren Seele, erlaubte ihnen, sich ohne Reue danebenzubenehmen.

Deshalb traten die Initiatoren der Elektrizitätsausstellung den Landwirten entsprechend demütig gegenüber, als sie ihre Argumente vorbrachten: München als Pionier des Fortschritts, München als Stadt von morgen, das wäre doch auch für Oktoberfest und Agrikultur ein Imagegewinn. Nach zähen Verhandlungen war der Bauernverein bereit, sich mit einer Restfläche im Glaspalast zu begnügen, sofern er am Gewinn der elektrischen Schau beteiligt wurde und seine traditionelle Tombola veranstalten durfte. Das erschien den Technikern annehmbar, und so hieß München am 16. September die Zukunft im Glaspalast willkommen.

Angelockt von der Helligkeit, die aus dem Gebäude drang, den Himmel illuminierte, sich in die angrenzenden Straßen ergoss, warteten um halb acht Uhr abends Tausende vor dem

Hauptportal. Sie hatten es eilig, die Wunder aus der Nähe zu bestaunen, durften aber noch nicht rein. Erst war Herzog Carl Theodor in Bayern an der Reihe, der den König vertrat.

Kaum war er im Gebäude, intonierte eine Blaskapelle den Festmarsch von Franz Lachner. Fast hätte man die Musiker zwischen dem Grünzeug übersehen, das in die Eingangshalle verpflanzt worden war. Es simulierte einen tropischen Park, der unter elektrischen Lampen die Farben wechselte.

Staatsräte, Magistratsräte, der Münchner Bürgermeister, die Generalität, der päpstliche Nuntius und Delegationen aus anderen Ländern folgten dem Herzog und nahmen in einer Reihe neben ihm Aufstellung: ein Panorama der Privilegierten, spannend allenfalls für die Beteiligten, langweilig für die Menschen vor der Tür. Nach einigen weitschweifigen Reden erledigten die Ehrengäste den Rundgang durch die Ausstellung zum Glück erstaunlich schnell. Und nun wurden endlich die Türen für alle anderen geöffnet.

Sie strömten ins Gebäude, betraten täuschend echt nachgebildete Räume von Patrizierhäusern, Museen, Künstlerateliers, deren Dekor im Glühlicht badete, gelangten schließlich in den gastronomischen Bereich, in dem herzhafte Köstlichkeiten dank der neuen Illumination noch verlockender wirkten als ohnehin schon. Selbst die Fettaugen auf der Suppe schimmerten wie die Silberpokale vom Münchner Juwelier Wollenweber, Theatinerstraße 36.

Während die Pariser Ausstellung vor einem Jahr alle Neuheiten weitgehend ohne Bezug zur Lebenswelt der Besucher versammelt hatte, holte München das neue Licht in verschiedene soziale Milieus. Manche Ausstellungsräume glichen herrschaftlichen Salons, andere waren wie Handwerksbetriebe eingerichtet. Sogar eine Tropfsteinhöhle hatte man aus Holz und Pappe gefertigt, um den Nutzen der Glühlampe im Bergbau zu demonstrieren.

Dass sich elektrisches Licht durchsetzen würde, stand für die Organisatoren außer Frage, offen war nur noch das Wie. Damit befand sich die Schau auf der Höhe des Zeitgeists. »München ist elektrisirt!«[8], frohlockte ein Reporter, obwohl das genau genommen nur für den Glaspalast galt, aber der Rest würde in Kürze folgen, dessen war sich der Journalist sicher. »Das elektrische Glühlicht mordet das Gaslicht«[9], schrieb ein anderer Chronist martialisch. Und ein Dritter bedachte schon die Konsequenzen des Umschwungs:

> »Kaum je dürften Wissenschaft und Technik in ihrer Vereinigung es verstanden haben, sich so populär zu machen, wie dies hier geschieht und sicher ist davon gerade für das allgemeine Verständniss der Vortheile in hygienischer Beziehung ein sehr günstiger Einfluss zu erwarten.«[10]

Auch Dutzende Kleinstbetriebe der Elektrobranche durften bei der Ausstellung beweisen, dass sie die Fähigkeit besaßen, Strom mit teils abenteuerlichen Kreationen zum Leuchten zu bringen. Zu den aufstrebenden Firmen zählte etwa J. Einstein & Cie, geführt von Albert Einsteins Vater Hermann und seinem Onkel Jacob, die im Glaspalast ihren ersten großen Auftritt mit ein paar Lampen zelebrierten. Der spätere Physik-Nobelpreisträger und Schöpfer der Relativitätstheorie selbst hatte noch nichts zu sagen. Er war zu diesem Zeitpunkt gerade einmal dreieinhalb Jahre alt.

Doch weder das bayerische Gasthaus noch das Patrizierzimmer, nicht einmal die Kapelle, die in Originalgröße errichtet und sogar mit einer als Kardinal verkleideten Puppe ausgestattet worden war, konnte mit den beiden Installationen konkurrieren, die sich als Höhepunkte der Veranstaltung erwiesen. Die eine betraf die Möglichkeiten der elektrischen Kraftübertragung, die andere die des Lichts.

Gemeinsam mit dem französischen Ingenieur Marcel Depréz präsentierte der Mitinitiator der Ausstellung Oskar von Miller eine Weltneuheit. Über gewöhnliche Telegrafendrähte schickte er Gleichstrom vom siebenundfünfzig Kilometer entfernten Miesbach in den Glaspalast, wo ein künstlicher Wasserfall angetrieben wurde. Nie zuvor hatte jemand Kraft per Elektrizität über eine so große Distanz übertragen. Dass Energie nicht dort genutzt werden musste, wo sie entstand, sondern in fernere Gegenden befördert werden konnte, gab Anlass zu den kühnsten Hoffnungen. Auf diese Weise ließe sich etwa die Wucht des Rheins auch für die Industrie in anderen Regionen nutzen, meinte der Physiker Leo Graetz, »man hätte dadurch auch die Möglichkeit, endlich mit der fürchterlichen Verschwendung von Kohlen aufzuhören«[11]. Und sollten die deutschen Flüsse nicht genügen, um sämtliche Fabriken im Land mit Strom zu versorgen, könne man immer noch die Niagarafälle anzapfen und deren Energie von Amerika herüberleiten nach Deutschland. Nach der geglückten Kraftübertragung von Miesbach nach München war elektrische Gigantomanie für Leo Graetz nur noch eine Frage der Zeit. Wenngleich das kolossale Projekt eine Vision blieb und die Anlage der Herren Miller und Depréz in München nach wenigen Tagen kaputtging, sollten Überlandleitungen später entscheidend zum Erfolg der flächendeckenden Elektrifizierung beitragen.

Im Ostflügel des Münchner Glaspalasts erhob sich die zweite Sensation der Ausstellung, ein Theater in Originalgröße, das mehr als sechshundert Zuschauer fasste: ein Indiz für die Brisanz des Themas. Dort stellte Emil Rathenau erstmals das Edison-System in Deutschland vor. Kunsthandwerker hatten die Holzkonstruktion opulent ausgestattet, damit sich Besucher wie in einem echten Schauspielhaus fühlten.

Vier Jahrzehnte lang hatte man versucht, das Gaslicht und die szenischen Anforderungen in Einklang zu bringen und war letztlich daran gescheitert. Erst fehlte die Erfahrung mit der Technik, danach schlich sich eine fatale Routine ein. Das Ergebnis blieb das gleiche. Die Häuser gingen in Flammen auf.

Erstaunlicherweise waren die Ansprüche an die Bühnenillusion auch nach dem Ringtheaterbrand hoch geblieben, nur wollte dafür kaum noch jemand sein Leben riskieren. Deshalb blieben viele lieber zu Hause. Emil Rathenaus Installation musste dem Publikum daher nicht nur gefallen, sondern ihm auch tief sitzende Ängste nehmen. Zugleich würden die Gäste keine Abstriche bei den szenischen Effekten tolerieren. Die Erwartungen an die zerbrechlichen, erstmals für Bühnenzwecke eingesetzten Edison-Glühlampen waren enorm.

Fast zwanzig Jahre war es her, seit Rathenau zuletzt für die Theaterbranche im Einsatz gewesen war, als er für die Berliner Inszenierung von Meyerbeers Oper *Die Afrikanerin* in Berlin ein Schiff gebaut und die Arbeit für Bühnen danach als unbefriedigend aufgegeben hatte. Zu viel Träumerei, zu wenig Substanz. Nun kehrte er zurück ins Reich der Illusionen, es ging nicht anders.

Um die Konkurrenz zu deklassieren, musste er sich der

größten aller Herausforderungen stellen: Wer das Publikum von den Vorzügen elektrischer Beleuchtung im Theater überzeugte, dem würde es auch zutrauen, Rathäuser, Museen, ja ganze Städte vom Leuchtgas zu befreien.

Achthundert Lampen hatte Rathenau in den Kulissen montiert. Auf Wunsch filterten farbige Gelatineplatten das Licht, tauchten die Szenerie mal in Grün, mal in Blau, mal in Höllenrot. Weil aber eine leere Bühne selbst mit fulminanter Beleuchtung trostlos wirkte, waren außerdem Tänzerinnen der königlichen Oper verpflichtet worden.

Nun war alles vorhanden, um das Publikum zu überwältigen, makellose Technik, anmutige Damen, noch dazu leicht bekleidet. Obendrein wurden die knappen weißen Kostüme im Licht der Glühlampen durchsichtig, was etliche Chronisten erwähnten, den Effekt aber als keineswegs störend empfanden.

Hingegen missfiel ihnen die stümperhafte Bühnenmalerei, deren Defizite im Gaslicht nicht aufgefallen wären. Die Künstler seien aufgerufen, sich künftig mehr anzustrengen, wenn sie Szenen bebilderten. Man verbitte sich »Klexereien«.

Darüber hinaus mahnte man die Damenwelt, sich künftig sorgsamer zu schminken. Schlampig aufgetragenes Make-up, im Schein der Gasflammen kein Problem, zeichne sich im neuen Licht unschön auf den Gesichtern ab. Dass die Herren ihrerseits bei elektrischer Illumination womöglich keine Augenweide waren, zogen sie nicht in Betracht.

Mit jeder weiteren Vorstellung wuchs die Popularität der Münchner Modellbühne. »Die allgemeine Stimmung hält die Umwandlung aller Theater-Gasbeleuchtungen in Edison-System in kurzer Zeit für gesichert«[12], gab sich der Korrespondent des *Prager Tagblatts* überzeugt. Die entscheidende Prüfung stand Rathenau aber noch bevor.

Am 26. September 1882 tagte die Generalversammlung des Deutschen Bühnenvereins in München. Vierundzwanzig Theaterintendanten reisten an, vierundzwanzig Profis, die mit ihren Inszenierungen allabendlich das Unterhaltungsprogramm der deutschen Bevölkerung verantworteten. Sie hatten schon zu viele umjubelte Premieren und leider auch diverse Theaterbrände erlebt, um sich von Neuheiten, die nichts taugten, blenden zu lassen.

Schon Tage vor ihrer Ankunft hatten sie von der Attraktion bei der elektrischen Schau erfahren, kaum eine Zeitung, die nicht davon schwärmte. Das mussten sie sehen, und sei es, um die Angelegenheit als Humbug zu entlarven. Ihr Urteil würde darüber entscheiden, ob die Schauspielhäuser bei der Elektrifizierung der Städte vorangingen oder lieber abwarteten und anderen den Vortritt ließen.

Also nahmen an besagtem Tag gegen zehn Uhr abends zwei Dutzend Bühnenexperten in dem Ausstellungstheater Platz. »Mit den Vorständen der größten deutschen Bühnen und den Delegirten der Regierungen waren im Glaspalast gegen hundert Vertreter der europäischen und amerikanischen Presse erschienen«[13], meldete die Zeitung *Neueste Nachrichten und Münchener Anzeiger* unter dem Titel »Ein Triumph des Menschengeistes«.

Dann hob sich der Vorhang über den Tänzerinnen, die nicht viel mehr zu tun hatten, als hübsch auszusehen. Der Hauptdarsteller war das Licht, das erst die Morgendämmerung simulierte, dann Sonnenschein um zwölf Uhr mittags, schließlich mehrere Wetterwechsel, heiter bis wolkig, regentrüb, grell wie ein Nachmittag im Juli und düster wie ein Sturmtief im Dezember.[14] Ohne Geruckel und Geflacker ging das vonstatten, die Eleganz, mit der die Beleuchtung wechselte, übertraf sogar noch die der Tänzerinnen.

Als der Vorhang fiel, hatten sich die Intendanten schon erhoben, aber nicht, um sogleich nach nebenan in die Ausstellungsgastronomie zu eilen. Auf die Bühne wollten sie und den Wunderapparat aus der Nähe betrachten. Vielleicht offenbarte er ja dann den einen oder anderen Mangel. Die Darbietung hatte sie überwältigt, was nach Jahrzehnten im Geschäft selten vorkam. Sie misstrauten ihrer eigenen Begeisterung.

Das Erste, was ihnen hinter der Bühne auffiel, war die Temperatur. Sie froren, wie einer der Journalisten verblüfft berichtete, der die Fachleute begleiten durfte:

> »Frieren auf einer Bühne? Am Abend? [...] Wohl haben Sie Recht, wenn Sie zweifelnd den Kopf schütteln! Kenne und fürchte ich doch selbst die entsetzliche Temperatur unserer gasüberheizten Bühnen nur zu sehr. [...] Und da treten wir plötzlich auf eine Bühne, auf der man frisch und frei und unbeengt athmet, auf der die Künstler, noch zu sehr an die überheizten Bühnenräume gewöhnt, über Kälte klagen!«[15]

Misstrauisch blickten sich die Experten um. Hunderte Lampen waren auf sie gerichtet, jede barg Glut im Vakuum. Plötzlich schnappte sich einer von ihnen eine Tänzerin, bugsierte sie nah zum Licht, wickelte ihren Tüllrock um eine der Glühbirnen und band ihn fest. Nun schimmerte die Helligkeit durch mehrere Lagen des Gewebes, auch dies ein schöner Effekt, der aber niemanden interessierte.

Man wollte die Hitze aufspüren, die mit den glühenden Bambusfäden im Inneren der Lampen einhergehen musste. Bei künstlichem Licht gerieten Menschen nun einmal ins Schwitzen, das war in diesen Tagen so unstrittig wie die Schwerkraft. Mit welchen Tricks wurde den Theaterprofis hier also weisgemacht, es sei anders?

Die Lampe hing am Stromkabel, die Ballerina an der Lampe. Einer der Intendanten griff nach einem Holzstück, das hinter der Bühne lag, und holte aus, um die Erfindung von Thomas Alva Edison herauszufordern.

Erst vor zwei Wochen, am 4. September 1882, hatte sie in New York ihren bislang größten Erfolg erzielt. An diesem Tag war das erste städtische Elektrizitätswerk der Welt endlich in Betrieb gegangen, ausgelegt für vierzehntausend Glühlampen in dem Gebiet zwischen Spruce Street und Wall Street am East River. Zunächst waren dort sechs Jumbo-Generatoren im Einsatz, sechs weitere sollten bald folgen und noch einmal sechs, wenn die Leitungen auch in weiteren Straßen verlegt sein würden. Er habe alles verwirklicht, was er versprochen habe, hatte Edison zu Protokoll gegeben. Die New Yorker sollten endlich aufhören zu nörgeln, was sie auch taten.

Auf der Münchner Bühne klirrte Glas, das Holzstück hatte die Glühbirne zertrümmert. Doch es schlug keine Flamme empor, der Rock der Tänzerin blieb heil. Die Intendanten prüften den Stoff, aber es rieselten nur Scherben und der zerbröselte Bambusfaden zu Boden. In dem Moment, in dem

Luft in das Gehäuse gedrungen war, hatte Sauerstoff die blitzschnelle Verbrennung der porösen Glühfaser bewirkt. Als die Reste mit dem Tüll in Berührung kamen, waren sie nicht mehr heiß genug, um Schaden anzurichten.

Einstimmig vermeldeten die Theaterleute, dass es »für Bühnen kein vollkommeneres Beleuchtungssystem gibt«[16]. Fortan ging es nicht mehr darum, ob sie sich diese Technik gönnen wollten, sondern nur noch um die Frage, wer von ihnen der Erste sein würde. Gerüchteweise hatte man zwar gehört, ein britisches Privattheater, das Savoy in London, bezeichne sich schon als erste elektrifizierte Bühne der Welt, weil es ein System des englischen Erfinders Joseph Swan installiert hatte. Doch das zählte nicht, denn die Lampen leuchteten unzuverlässig, behaupteten manche, sie seien launenhaft wie Diven. Obendrein setzte man im Savoy auch weiterhin auf Gasbeleuchtung, weil man der Elektrizität noch misstraute.

Der Münchner Intendant Karl von Perfall bestellte Emil Rathenau unverzüglich ins Prinzregententheater. Diese Bühne sei zu beleuchten, hurtig. »Machen Sie die Sache auf Ihre Gefahr; wenn sie gut geht, behalte ich sie, sonst ist es Ihr Pech«[17], sagte er. Trotz der anmaßenden Bedingungen willigte der Ingenieur ein. Die Zuversicht, die er bei der Münchner Ausstellung geweckt hatte, durfte nicht schwinden. Deshalb musste er schnellstmöglich Beweise für die Überlegenheit der Elektrizität liefern. Bald erreichten Rathenau auch Anfragen aus Dresden und Hamburg, Dessau und Berlin.

Ebenso wichtig waren für ihn Investoren. Nachdem er sich die Deutschland-Lizenz für Edisons System gesichert hatte, waren Banken zu einer Anschubfinanzierung bereit gewesen. Sie ermöglichte die elektrische Installation im Glaspalast und erste Trippelschritte auf dem Weg zu einer ernst zu nehmenden Firma.

Nach der Demonstration in München erhielt Rathenau endlich genug Kapital, um sich deutschlandweit zu behaupten. Er gründete ein Unternehmen namens Deutsche Edison-Gesellschaft für angewandte Elektrizität. Dessen rege Geschäftstätigkeit sollte bald nicht nur die aller anderen europäischen Edison-Zweigstellen übertreffen, sondern selbst die der amerikanischen Zentrale.

Die Leuchtgasunternehmen hingegen hatten in den vergangenen Monaten gelitten wie nie. Seit dem Ringtheaterbrand galten sie als Brandstifter der Nationen. Ihre Technologie war gefährlich, das konnten selbst die größten Bewunderer der offenen Flammen nicht mehr bestreiten. Dennoch brachten sie noch das eine oder andere Argument zu ihren Gunsten vor, um den eigenen Abstieg hinauszuzögern:

> »Daß die neue Beleuchtung wenig Hitze erzeugt, wird in manchen Fällen angenehm empfunden, aber in anderen Fällen ist auch den Konsumenten erwünscht, daß die Gasflammen zugleich einen Theil der Heizung mit besorgen.«[18]

Gelogen war das nicht. Vor allem Wirte, die keinen Kamin im Gastraum besaßen, betrachteten Licht ohne Hitze als geschäftsschädigend. Bislang hatten Gasbrenner und die Körperwärme der Gäste für wohlige Temperaturen gesorgt. Nun fürchteten sie kalte Räume.

Doch letztlich glaubten die traditionellen Energieversorger selbst nicht mehr an den Fortbestand ihres Geschäftsmodells. Also erwog man Alternativen. Eine davon, die heikelste, sah eine Kooperation, wenn nicht sogar eine Fusion mit der Konkurrenz vor. Nachdem die Gasmanager aus Manchester nach der Pariser Elektrizitätsausstellung vor einem Jahr erstmals diesen Wunsch geäußert hatten, galten sie unter ihresgleichen als vertrottelte Gesellen. Der Selbsterhaltungstrieb der Branche erzwang jetzt ein Umdenken.

Als diese Überlegungen publik wurden, fühlte sich die elektrische Industrie in ihrer Überzeugung bestätigt, sie sei auf dem einzig richtigen Weg und die Konkurrenz ein Auslaufmodell. Aber Spott brachte niemanden weiter, fand Wilhelm Oechelhäuser, als Generaldirektor der Deutschen Continental-Gas-Gesellschaft in Dessau einer der einflussreichsten Branchenvertreter in Deutschland.

Er hatte auch ein privates Interesse an einer Reform der Energieversorgung. Denn Oechelhäuser gehörte zu den größten Theaterenthusiasten des Landes. Als Gründer der Deutschen Shakespeare-Gesellschaft saß er regelmäßig im Zuschauerraum. Die Vorstellung, dort wegen achtlos gehandhabter Gastechnik eines Tages draufzugehen, behagte ihm nicht, sosehr er das Flackerlicht beruflich schätzte.

Bis vor Kurzem hatte er noch zu den schärfsten Kritikern sämtlicher elektrischer Errungenschaften gezählt und deren vermeintliche Nichtigkeit mit den abstrusesten Argumenten untermauert, was die Verhandlungen mit Rathenau erschweren würde. Dennoch begab er sich in geheimer Mission in den Münchner Glaspalast, um Möglichkeiten der Zusammenarbeit zu prüfen.

Unglücklicherweise sickerte etwas durch. Ein Reporter

des *Berliner Börsencouriers* belauschte die Unterhaltung und vermeldete tags darauf, der alte Oechelhäuser paktiere mit dem Feind, was der Gas-Direktor wütend dementierte. Man werde ja wohl miteinander plaudern dürfen.[19] Weitere Versuche, mit der Elektrobranche gemeinsame Sache zu machen, unterließ er bis auf Weiteres.

Es gab noch eine andere Möglichkeit, um den Untergang der Gasindustrie abzuwenden. Hätte Oechelhäuser damals geahnt, dass damit deren Fortbestand bis ins 21. Jahrhundert gesichert werden konnte, wäre er erst gar nicht zu Rathenau nach München gefahren.

Sollten die Glühbirnen doch das Leuchtgas und die offenen Flammen aus den Wohnräumen und Theatern verdrängen! Wenn Kleider oder Dekor Feuer fingen, wenn sich kostbares Mobiliar in der toxischen Luft verfärbte, Menschen die Verbrennungsrückstände einatmeten und erkrankten, brachte das doch ohnehin nichts als Ärger.

Als entscheidend für das Überleben der Branche sollte sich nicht das Licht, sondern das unterirdische Leitungsnetz erweisen. Denn das ließ sich auch für andere Zwecke nutzen. In London hatten erste Tests bereits die erfreulichsten Ergebnisse erzielt. Die neue Strategie beschrieb ein Chronist folgendermaßen:

»Die Gasgesellschaften bringen nämlich den Verlust, den ihnen das vordringende elektrische Licht verursacht, dadurch wieder herein, daß sie das Gas in erhöhtem Masse zu Heizzwecken verwenden. Durch diesen Anstoss ist übrigens eine solche Zahl nützlicher Heizapparate construirt worden, daß sich auch in dieser Richtung eine neue Aera eröffnet, indem nämlich in der Zukunft immer mehr die Heizung der Herde, ja sogar der Oefen mittelst Gases bewerkstelligt werden wird.«[20]

Nicht nur ihre eigenen Umsätze konnten die Energieversorger dadurch sichern. Daneben entstand eine neue Industrie, die Öfen für wachsende Ansprüche fertigte. Nach Schmuckstücken wurde verlangt, so raffiniert gestaltet wie Tabernakel mit Wärmemodul, etwa das Modell 00 von Siemens, wahlweise in Barock- oder Rokoko-Ausstattung.[21] Ganzseitige Zeitungsanzeigen versprachen neben ästhetischem Genuss und höchstem Wohnkomfort auch »absolut sichere Abführung der Verbrennungsgase«.

War das nun weniger riskant? Es war ungefährlich genug, um die Gaswerke wieder ins Spiel zu bringen. Loderten die Flammen in den frühen achtziger Jahren noch in allen Lebensbereichen, so wurden sie künftig in Herden und Öfen konzentriert, wo sie leichter zu kontrollieren waren. Die Geräte aus feuerfestem Material versahen die Hersteller mit Rauchabzügen und Ventilation, damit Mensch und Mobiliar geschont wurden.

Die Taktik ging auf, denn in ihrem Bestreben, bald nicht nur Licht, sondern die komplette Haustechnik auf Strombetrieb umzustellen, kam die elektrische Industrie kaum gegen die neue Heizoffensive der Gasversorger an.

Auch deren Licht sollte sich als wehrhafter erweisen als angenommen. Im Jahr 1885 meldete der österreichische Chemiker Carl Auer von Welsbach ein Patent auf eine Erfindung an, die Flammenschein durch die Verwendung seltener Erden potenziert. Über eine Gaslampe gestülpt, erzeugte sein mit einer entsprechenden Lösung durchtränkter Glühstrumpf ein Vielfaches der üblichen Helligkeit und war bald weltweit gefragt.

Im Herbst 1882 deutete noch wenig auf diese neuen Strategien hin, und für Emil Rathenau ging in München ein Traum in Erfüllung, auch für die Theaterintendanten und für alle anderen Besucher der elektrischen Ausstellung. Bereitwillig ließen sie sich von den Wunderdingen des Fortschritts einlullen. Erst auf dem Heimweg, im dürftigen Schein der Gaslaternen, erkannten sie, wie viel zu tun war, bis die Innovationen auch ihren Alltag aufwerten würden.

Schwer zu sagen, welche Rolle Francis Jehl bei der Vorbereitung der Theaterinstallation im Glaspalast zufiel. Nachdem er in Deutschland eingetroffen war, um Rathenau zu unterstützen, hatte er sich gewiss tatkräftig eingebracht. Doch weder Journalisten noch Rathenau erwähnten ihn lobend. Obwohl er sich in London, Mailand und in der Fabrik bei Paris bewährt hatte und jede Edison-Glühlampe auch von seinem selbstlosen Engagement in Menlo Park kündete, übersah ihn die Welt bedauerlicherweise immer noch.

Auch er selbst hielt sich diesmal zurück, aussagekräftige Briefe fehlen in seiner Korrespondenz. Dabei war die Reise nach Deutschland für ihn etwas Besonderes. Schließlich hatten seine Eltern hier gelebt, bevor sie nach Amerika aufgebrochen waren, um dort ihr Glück zu suchen. Francis Jehl hatte es an Edisons Seite gefunden und war nun zurückgekehrt, um das Kaiserreich zu beleuchten. Eine Familienchronik strebte ihrem Höhepunkt entgegen, ein Kreis schloss sich. Jehl schwieg.

Möglicherweise schickte ihn Rathenau schon kurz nach

seiner Ankunft wieder fort, weil er das elektrische System schneller durchschaut hatte als erwartet und ohne den pedantischen Assistenten aus Amerika auskam. Erst zwei Monate später sollte sich Jehl wieder bemerkbar machen, und wie.

BRÜNN

Der Wettstreit um das erste vollelektrische Theater war eröffnet, und nicht allein deutsche Intendanten rangen um den Triumph. Auch die Österreicher hatten eine Delegation in den Münchner Glaspalast geschickt. Erst skeptisch, dann überwältigt erwog man nun, das neue Hofburgtheater an der Ringstraße entsprechend auszustatten. Noch war das Bauwerk nicht fertig, das verschaffte den Deutschen einen Vorsprung. Denn sie brauchten nur vorhandene Häuser umzurüsten, sofern nicht noch ein Brand dazwischenkam. Auch Mailand erhob Ansprüche auf das erste Theater mit Glühlampen, und in der Pariser Oper, wo man schon diverse Lichtsysteme erprobt hatte, sollte es plötzlich ebenfalls ganz schnell gehen.

Während die Edison Electric Light Company in New York zunächst alle Ambitionen darauf gerichtet hatte, ein Wohn- und Gewerbeviertel per zentralem Elektrizitätswerk zu beleuchten, strebte Europa nach Stromlicht in Prachtbauten, um dessen Vorzüge zu demonstrieren. Prestige versprachen solche Installationen zwar auch in Rathäusern oder Schlössern, aber in Schauspielhäusern fanden sie nun einmal das größte Publikum. Außerdem hatten Intendanten nach der Katastrophe im Ringtheater etwas gutzumachen und gaben sich nun so innovativ wie in den vergangenen zweihundert Jahren nicht.

Dennoch waren die Bühnen in Paris, Berlin, Hamburg und München allesamt zu spät dran. Ein Außenseiter in Europas Theaterwelt kam ihnen zuvor: Brünn!

Als Manchester des österreichischen Kaiserreichs wurde die mährische Industriestadt von vielen bezeichnet, die meinten, es wäre ein Kompliment, die Identität einer Stadt auf einen Haufen qualmender Fabriken zu reduzieren. Um das Vorurteil zu widerlegen, kultivierte Brünn eine Leidenschaft für die Künste.

Vor mehr als zehn Jahren war das Brünner Theater abgebrannt, seitdem mussten die Freunde der dramatischen Kunst mit einem Provisorium vorliebnehmen. Wie alle anderen Bühnen Europas wurde auch das Reservequartier nach dem Ringtheaterbrand genauestens überprüft. Erschrocken stellte man fest, es sei brandgefährlich.

Das war die Chance, den sogenannten Kulturmetropolen zu zeigen, was Brünn vermochte. Der Gemeinderat trat zusammen. War dies andernorts ein Indiz, dass ein Beschluss eine halbe Ewigkeit auf sich warten lassen würde und dessen Umsetzung eine ganze, handelte Brünn so schnell wie effizient.

Beim österreichischen Büro Fellner & Helmer, einem Theaterbau-Imperium, das Städte von Norddeutschland bis zur Schwarzmeerküste mit Bühnen bestückte, hatte man im Frühjahr 1881 ein neues Gebäude in Auftrag gegeben: ein Stein gewordener Flirt mit der Renaissance, prachtvoll, dennoch nichts, womit sich Brünn mit der Pariser oder der Wiener Oper hätte messen können. Eine Provinzschönheit eben.

Obwohl die Bauarbeiten schon begonnen hatten, mussten die Pläne nun schleunigst adaptiert werden, damit das Haus sämtliche nach der Ringtheaterkatastrophe verschärften Sicherheitsvorschriften mustergültig befolgte.[22] Weil der Gemeinderat außerdem bei der Haustechnik ein Statement setzen wollte, verwarf er die ursprünglich geplante Gasbeleuchtung und nahm Kontakt zur Pariser Edison-Gesellschaft auf: Ein Theater sei zu verkabeln, kein temporäres Holzmodell wie im Münchner Glaspalast, sondern ein echtes.

In der französischen Niederlassung war das interne Durcheinander endlich beseitigt worden. Die Firma ließ die Brünner nicht lange warten. Man habe glücklicherweise gerade einen Fachmann in der Gegend, der gerne vorbeikommen werde. So gelangte Francis Jehl vom bayerischen Königreich nach Mähren im österreichischen Kaiserreich.

Als er eintraf, waren die Generatoren, Kabel und Glühlampen schon aus Frankreich geliefert worden und die heimischen Handwerker standen ratlos um die Apparate herum. Jehl freute sich über so viel Vertrautes in der Fremde. Fast zweitausend Leuchten, bruchsicher in Fässern gelagert, warteten darauf, dem Theater die größte Attraktion von allen zu bescheren.

Es gab weitere Vorzüge, die dieses Schauspielhaus von anderen unterschied. Zwischen Bühne und Saal war eine Brandmauer eingezogen worden, ein massiver Vorhang aus Eisen sollte die Gebäudeteile bei einem Feuer trennen. Allein den Zuschauern im Parterre bot das Theater acht Ausgänge, anstatt zwei oder drei. Und alle Türen öffneten sich nach außen, wie es nach dem Ringtheaterbrand für öffentliche Gebäude vorgeschrieben worden war, damit sie bei Gefahr nicht von drängenden Menschen blockiert werden konnten. Außerdem verfügte das Haus über elektrische Ventilation.

Weil er nach den Wochen im Londoner Nobelviertel Kensington auf den Geschmack gekommen war, stieg Jehl im Brünner Grand Hotel ab. Dort war er allerdings selten anzutreffen, denn die Tage und Nächte verbrachte er fortan auf der wichtigsten Baustelle der Stadt.

Im Rest Europas bemerkte man spät, was in Brünn vorging. Vielleicht lag es an der Arroganz der Metropolen, vielleicht daran, dass alles, was Francis Jehl anpackte, grundsätzlich unterhalb der Wahrnehmungsschwelle blieb. Erst sechs Wochen vor der Eröffnung, am 8. Oktober 1882, verkündete die Wiener Tageszeitung *Die Presse* erstaunt:

»Das ganze Haus bis in die entlegensten Winkel erhält elektrisches Glühlicht, wie solches noch nirgends und niemals im gleichen Maße zur Beleuchtung von Innenräumen zur Verwendung gekommen.«[23] Schnell machte die Neuigkeit die Runde. Noch bevor Jehl sein Werk vollendet hatte, war die Premiere ausverkauft, weil sich neben den üblichen Würdenträgern so viele Intendanten um Karten bemüht hatten. Professoren und Techniker erbaten zudem Privatführungen, weil sie das elektrische Beleuchtungssystem besonders gründlich inspizieren wollten.

Der Österreichische Ingenieurverein erhielt eine Zusage für den 17. Dezember und wies stolz auf der Titelseite seiner Hauszeitschrift darauf hin. Alle seien aufgerufen, sich an der außergewöhnlichen Exkursion zu beteiligen, nur Damen nicht. Ausdrücklich wollte man das nicht als Herabwürdigung verstanden wissen, rechtfertigte die Entscheidung vielmehr mit organisatorischen Schwierigkeiten.[24] Denn die österreichische Bahn wollte nur den Herren Ingenieuren des Vereins Fahrkarten spendieren, nicht deren Begleitung. Also ließ man die Ehefrauen daheim.

Am 29. Oktober meldete Francis Jehl Vollzug, fast neunhundert Lampen waren auf der Bühne installiert worden, achthundert im Zuschauerraum. Die Generatoren und die für deren Betrieb benötigten Dampfmaschinen befanden sich in einem separaten Funktionsbau. Falls sie Funken sprühten, gar etwas in Brand geriet, sollte das Theater nicht in Mitleidenschaft gezogen werden. In einem Brief an Edison rühmte er sein Meisterwerk:

> »Vorige Nacht habe ich zum ersten Mal die Generatoren gestartet, um den Zuschauerraum und das Vestibül zu beleuchten. Sie können sich nicht vorstellen, wie überrascht die Leute hier waren. Der Bürgermeister von Brünn, der gerade bei einem Konzert war, kam sofort zu mir herüber und zeigte sich begeistert.«[25]

Die Beleuchtung sei die großartigste überhaupt, verkündete Jehl. Das erschien verwegen, zumal in Manhattan schon ein ganzes Stadtviertel elektrisch erstrahlte. Er sehnte sich nach Anerkennung, die ihm Edison trotz seiner Leistungen in Europa bislang vorenthalten hatte.

Erstmals wurden Kabel durch Leitungskanäle in den Mauern geführt und hingen nicht wie Girlanden an den Wänden und von den Decken, wie es bei den ersten Installationen üblich gewesen war. Auch dadurch demonstrierten der Bürgermeister und die Gemeinderäte ihr Vertrauen in die Technik.

Außerdem war bislang bei keinem anderen Neubau vergleichbarer Größe auf einen Gasanschluss komplett verzichtet worden.

Neben dem Stromzähler kam noch eine weitere von Edisons jüngsten Erfindungen zum Einsatz. Später wurde sie von anderen Elektrofirmen übernommen, weil sie sich als unerlässlich für dauerhaft installierte Beleuchtung erwies: Jehl versah jeden Stromkreis mit Sicherungsschaltern, die ihn notfalls automatisch unterbrachen. All das schilderte er detailreich in seinem Brief an die New Yorker Firmenzentrale.

Doch Edison antwortete nicht.

Am 14. November 1882, einem Dienstag, schrubbte sich Brünn den Ruß der Fabriken aus den Poren. Das Straßenpflaster wurde so gründlich gesäubert, als wollte man darauf Knödel servieren. Die Stadt machte sich fein für den Empfang hoher Persönlichkeiten aus allen Ländern des Kontinents. Vertreter aus Politik und Wirtschaft, Wissenschaft und Kunst fanden sich ein, füllten nach Einbruch der Dunkelheit den weiträumigen Theatervorplatz. In diesem Moment begann es zu schneien, Flocken überzuckerten Zylinder und Festfrisuren, und durch die Fenster des Vestibüls leuchteten Edisons Glühlampen wie ein vorgezogenes Weihnachtswunder.

Schon nachmittags hatte Francis Jehl die Dampfmaschinen für die Stromgeneratoren auf Temperatur gebracht. Nun setzte er sich hinter der Bühne ans Schaltpult und ließ den Zuschauerraum geschmeidig in die Schwärze driften. Spontan erhob sich Applaus. Und siehe da, selbst Franz Jauner befand sich unter den Gästen, kein gutes Omen, aber in diesem Schauspielhaus hatte er zum Glück nichts zu melden.

Wie alle anderen Premierengäste saß der vormalige Bühnenzauberer im Publikum, während diesmal Francis Jehl für die magischen Momente zuständig war.

Noch ahnte Jauner nicht, dass der Oberste Gerichtshof in Wien dreieinhalb Monate später, Ende Februar 1883, seine nach der Verurteilung im Ringtheaterprozess vorgebrachte Nichtigkeitsbeschwerde verwerfen und selbst einen wie ihn tatsächlich in Arrest nehmen würde, zumindest für acht Wochen, die Hälfte der ursprünglichen Haftstrafe.

Eröffnet wurde der Abend in Brünn mit einem eigens für diesen Anlass verfassten Stück, in dem die Stadt Brünn als kultivierte Dame auftrat, die sich über Jahre nach einem Theater gesehnt hatte und endlich ein standesgemäßes Haus geschenkt bekam. Viel Pathos, wenig Substanz, gekünstelte Phrasen, als hätte sie der Theaterfriseur onduliert.

Francis Jehl machte die Defizite wett, orgelte ein vielfarbiges Lichterspektakel auf die Bretter, das selbst die anspruchsvollsten Gäste überwältigte. Und Franz Jauner bemerkte, wie seine Leidenschaft für die dramatische Kunst wieder aufloderte. Er brauchte dringend eine neue Bühne, um sich fortan unter elektrischen Bedingungen zu verwirklichen. Jehls Lichterzauber hatte ihn inspiriert.

Das Bankett nach der Vorstellung machte die Ehrengäste mit jedem weiteren Glas noch glücklicher: ein Hoch auf den Kaiser, ein Hoch auf den Bürgermeister, ein Hoch auf die futuristische Theatertechnik, auf die vor allem.

Doch der Höhepunkt der Francis-Jehl-Festspiele stand noch bevor: Der österreichische Kaiser wollte den Amerikaner schleunigst kennenlernen. Kurz darauf betrat er die Wiener

Hofburg. Sie wirkte auf ihn nach eigenen Worten wie ein Märchenland. Er unterhielt sich mit Franz Joseph I. über seine Meisterleistung in gebrochenem Deutsch. Mehr hatten ihm seine Eltern von ihrer Muttersprache nicht mitgegeben. Der Regent kokettierte mit der Idee, seine Gemächer ebenfalls modern zu illuminieren. Fürs Erste wurde die Beleuchtung des Hofballs in Auftrag gegeben, um zu sehen, wie die Sache ankam.

Es waren Tage, in denen die Chronisten überlegten, ob dieser Jehl vermutlich wichtiger war als angenommen, ob sie ihn als Pionier eigenen Ranges würdigen sollten. Noch war man in der Kennenlernphase mit all den Missverständnissen, die ein Flirt einschloss. In Zeitungsartikeln hieß er mal Jel, mal Yehl, aber solche Details waren unerheblich. Schließlich hatten die Journalisten einst auch mit Edison gefremdelt, der zu Eddison oder Edisson aufgebläht worden war. Dessen Karriere hatte es nicht geschadet.

Nur das beharrliche Schweigen des großen Meisters auf der anderen Seite des Atlantiks irritierte Jehl. Nicht einmal ein Wort des Dankes ließ er seinem Stellvertreter in Brünn zukommen. Aufgeputscht von den Lobpreisungen seitens des Kaisers und sämtlicher bei der Premiere anwesenden Theaterintendanten und Techniker, legte Jehl noch einmal nach.

Es war der entscheidende Schritt zu viel, was er allerdings erst erkannte, als seine große Zukunft in der Elektrobranche zu einer Fußnote in der Chronik der Technik geschrumpft war.

In einem drei Seiten langen Artikel für die renommierte britische Fachzeitschrift »The Electrician« rühmte er die Beleuchtung in Brünns Theater ebenso großspurig wie in seinem Brief an Edison, sie sei das Beste und Schönste, was die noch junge Disziplin der Elektrotechnik bislang zustande gebracht hätte. Freimütig plauderte er Betriebsgeheimnisse aus, erklärte aller Welt, wie der allseits bewunderte Lichtdimmer funktionierte.[26] Und endlich reagierte Edison, aber anders als erhofft.

Er wütete. Er war außer sich, weil einer seiner unscheinbarsten Mitarbeiter plötzlich fern der Heimat im Rampenlicht herumturnte und mit seinen Erfindungen prahlte, während er selbst in langwierigen Patentprozessen sein geistiges Eigentum zu verteidigen hatte. Mit den Eskapaden müsse Schluss sein, auf der Stelle, schrieb er in seinem Brief und noch einiges mehr, das Jehl später in seinen Memoiren unterschlug. Er hielt es für nicht zitierfähig. Nur so viel: Er sei übel beschimpft worden. Einen Hinweis auf die Heftigkeit der Vorwürfe gab folgender Satz: »Ich habe Post vom ›alten Mann‹ bekommen und war froh, 3000 Meilen von ihm entfernt zu sein.«[27]

Edisons Zorn verletzte Jehl. Er entschuldigte sich wortreich per Brief. Schweigen. Er entschuldigte sich abermals. Schweigen. Er teilte schließlich mit, er habe in Europa alles erledigt, was ihm aufgetragen worden war und wolle wieder zurück nach Hause.

Darauf antwortete Edison. Für Jehl sei in der New Yorker Zentrale kein Platz mehr. Der Österreicher Hermann Claudius, der einst das erste Modell für die Beleuchtung von New York angefertigt und die Stadträte damit begeistert hatte, übernahm seine Aufgaben und arbeitete nun an der Elektrifizierung anderer Großstädte.

Ausgerechnet in Europa, wo jeder, der nicht den Herrscherdynastien angehörte, ein Untertan war, schien Jehl seine Fähigkeit zur bedingungslosen Unterwerfung verloren zu haben. Und jemanden, der sich für seine Ziele nicht bis zur Selbstverleugnung verausgabte, konnte Edison nicht gebrauchen. Wieder und wieder schrieb Jehl, er sehne sich nach seinen Kollegen in Manhattan. Dann gab er auf, weil er ohnehin keine Antwort erhalten würde und das Schweigen leichter zu verkraften war, wenn es auf Gegenseitigkeit beruhte.

Edison, der Oberbeleuchter der Welt, hatte ihn zurück in den Schatten der Geschichte gedrängt. Und dort blieb er.

12

DIE GRÖSSTE SHOW AUF ERDEN (1911)

Thomas Alva Edison wollte nicht nach Budapest, denn laut Reiseführer ließen die ungarischen Straßen zu wünschen übrig. Das galt auch für die Fähigkeiten seines Chauffeurs. Eine gefährliche Kombination. In der Schweiz war er mit seiner gemieteten Daimler-Knight-Limousine aus einer Kurve geschlittert. In Bayern hatte er danach einen zwölfjährigen Jungen gerammt, obwohl die Straßen dort tadellos waren.

Wenngleich die zuständigen Behörden dem weltberühmten Erfinder zugesichert hatten, er sei vollkommen schuldlos, fürchtete Edison um seinen Ruf, sollte während seiner Europareise auch noch auf Ungarns maroden Pisten ein Malheur geschehen. Für einen Visionär seines Ranges war ein Chauffeur, den die neueste Technik überforderte, blamabel.

Noch waren Automobile zwar selten, den Fuhrwerken im Straßenbild unterlegen. Wer allerdings im frühen 20. Jahrhundert fortschrittlich unterwegs sein wollte, der benötigte so eine Knatterkiste und begab sich damit künftig nur noch an Orte, die halbwegs unfallfrei erreichbar waren. Budapest gehörte nicht dazu.

Dann solle er eben den Zug nehmen, sagte Stephan von Fodor verärgert. Der Direktor der Budapester Elektrizitätswerke engagierte sich seit Jahren für die Verbreitung des Edison-Systems in Ungarn. Er war eigens nach Wien gereist, um den Amerikaner dort abzuholen, der sich nun zierte, als wäre Budapest ein belangloses Provinznest.

Mutmaßlich wusste Herr von Fodor nichts von Edisons besonderen Beziehung zum Automobil, das er zwar nicht erfunden, aber entscheidend geprägt hatte. Als er im Jahr 1896 die Firmenniederlassung in Detroit besuchte, unterhielt er sich mit den Ingenieuren über eine Sache, die sie seit Jahren beschäftigte: über elektrische Mobilität. Die gab es damals zwar schon, allerdings hatte sie ein entscheidendes Manko. Die Akkumulatoren der Fahrzeuge waren nicht effizient genug. Dies zu verändern, war den Experten bislang nicht geglückt, wenngleich sie die Überzeugung vertraten, Strom sei die Lösung aller Probleme.

Einer der Mitarbeiter verfolgte trotzdem einen anderen Ansatz. Im Grunde griff er auf ein Prinzip zurück, das die Menschheit seit Jahrtausenden nutzte, wenn sie spontan Energie benötigte: Etwas wurde verbrannt – in dem Fall ein Gasgemisch in einem neuartigen Motor.

Edison war hingerissen: »Junger Mann, das ist es! Sie haben es, bleiben Sie dran!«[1] Der junge Mann, der ganz so jung nicht mehr war, nämlich dreiunddreißig, hieß Henry Ford, damals in Edisons Diensten.

Nachdem er längst zum Automobilgiganten aufgestiegen war, sollte er diesen Augenblick als Erweckungserlebnis beschreiben. Ausgerechnet der Grandseigneur der Elektrizität hatte ihn motiviert, den Verbrennungsmotor zu einem wettbewerbsfähigen Produkt zu verfeinern. Das gelang Ford mit Bravour. Der durchschlagende Erfolg machte bald alle Ambitionen der Stromindustrie zunichte, Elektromobilität im 20. Jahrhundert als Standard zu etablieren.

Ein Verbrennungsmotor befand sich auch in Edisons Daimler-Knight während seiner Europareise. Vermutlich ließ ihn das Gefährt an die Tage zurückdenken, als Henry Ford noch ein Edisonian war und ihm seine revolutionären Pläne offenbart hatte. Das Fahrzeug als Fortbewegungsmittel und Erinnerungsmaschine – so etwas ließ man ungern zurück, bloß um Budapest zu besuchen.

Edison war die Reise noch aus einem anderen Grund unangenehm. Denn in Ungarn erwartete ihn jemand, den er lieber gemieden hätte, ein Mann, der endlich Antworten wollte auf dringende Fragen: Warum hatte ihn Edison damals im Stich gelassen, warum seine Hilferufe überhört? Francis Jehl war mittlerweile einundfünfzig, ein Alter, in dem sein energischer Vorwärtsdrang der Nostalgie gewichen war. Ja, er war angekommen, aber nicht dort, wo er hingewollt hatte.

In einem seiner Briefe an einen alten Kollegen aus Menlo Park schrieb er resigniert:

> »Wir werden alt, [...] und wenn wir zurückblicken, stellen wir fest, dass wir außerhalb unseres ehrlichen und bescheidenen Lebens nicht viel erreicht haben. Aber das ist nicht unser Fehler, oder? Wir haben unseren Beitrag geleistet, haben uns viel mehr angestrengt als jene, die jetzt so berühmt sind.«[2]

Von Edison fühlte er sich um seinen Ruhm gebracht. Der »alte Kerl« habe ihn nie wertgeschätzt. Seit seinem Triumph am Brünner Stadttheater war bei Jehl nicht mehr viel los gewesen, entschieden zu wenig für einen Geburtshelfer der elektrischen Beleuchtung, wie er fand.

Er lebte mal in der mährischen Stadt, mal in Wien, bemühte sich um neue Aufträge, fand das Zaudern und Zögern, vor allem die jede Initiative lähmende Gemütlichkeit im österreichischen Kaiserreich schwer erträglich, wollte mehr, wollte alles, erhielt aber nur einen Brief von Edisons unverschämtem Sekretär. Jehl möge die mickrigen Edison-Firmenanteile, die ihm einst geschenkt worden waren, umgehend wieder herausrücken oder dafür bezahlen. Das immerhin konnte er abwenden, indem er an das Mitgefühl appellierte. Er habe kein Geld, müsse mit dem wenigen, das er besitze, auch seine in Amerika zurückgelassene Mutter unterstützen. So weit war es mit ihm gekommen.

»Auf seine Weise war Edison ein großes Genie, das gebe ich zu«, schrieb Jehl an seinen Kollegen. Er habe ein besonderes Talent besessen, aus enthusiastischen und duldsamen Mitarbeitern ein perfektes Team zu formen, das der Menschheit in seinem Namen die größte Show auf Erden bescherte.

Er selbst kam nach vier kargen Jahren in Europa beim Edison-Verehrer Stephan von Fodor unter, der in Budapest gerade die Elektrizität etablierte. Berufliche Erfüllung fand er dort nicht, dafür aber die Liebe. Immerhin. Zwei Söhne gingen aus der Ehe hervor, Fritz und Fred. Technikgeschichte wurde anderswo geschrieben.

In Amerika entbrannte in den späten Achtzigern des 19. Jahrhunderts der sogenannte Stromkrieg. Neben Edison, der von Beginn an auf Gleichstrom vertraut hatte, strebte bald noch ein anderer nach der Vorherrschaft auf dem neuen Markt.

Der New Yorker Ingenieur George Westinghouse wollte Wechselstrom durchsetzen, denn der ließ sich mit geringeren Verlusten per Fernleitung über große Distanzen transportieren – dank Transformatoren, welche die Spannung am Ursprungsort erhöhten und am Ziel wieder senkten. Dadurch ging unterwegs weniger Energie verloren.

Und ausgerechnet Nikola Tesla, der sich Jehl gegenüber einst in Paris vor allem als Vielfraß mit fragwürdigem Arbeitsethos hervorgetan hatte, galt als Visionär dieser Technologie. Er hatte Westinghouse die entscheidenden Patente verkauft: Tesla im Mittelpunkt, Jehl an den Rand gedrängt, auf einen Tribünenplatz mit eingeschränkter Sicht.

Von Budapest aus musste er zusehen, wie die Edison Electric Light Company den aus Deutschland stammenden Transportunternehmer Henry Villard als neuen Direktor verpflichtete. Vor Jahren hatte er Edison sein Dampfschiff »Columbia« für die erste elektrische Beleuchtungsanlage zur Verfügung gestellt und danach in die Firma investiert. Ihm traute man zu, dass er sich gegen den übergriffigen Westinghouse behauptete.

Er bündelte die Kräfte des Industriebetriebs. Für Elektrizitätswerke, Kabelverlegung und Glühlampenproduktion waren nach den ersten Erfolgen mehrere Tochterunternehmen gegründet worden. Villard vereinte die Geschäftsfelder zur Edison General Electric Company.

Nach einer Fusion mit einem weiteren Wettbewerber, mit der Thomson-Houston Electric Company, reduzierte er den Firmennamen auf seine Essenz: Edison wurde gestrichen. Doch nicht einmal die schnittige General Electric Company konnte gegen Westinghouse bestehen und unterlag schließlich im Kampf um die Übertragungsweise von Elektrizität.

Wechselstrom wurde zum Standard, der Konzern schwenkte notgedrungen um und sicherte sich so seine Zukunft.

Als Edison 1911 durch Europa reiste, zum zweiten Mal nach seinem Besuch während der Pariser Weltausstellung 1889, war er längst aus dem Direktorium ausgeschieden. Im Zuge der Umstrukturierung hatte er sich zum Rückzug entschlossen. Erst verschwand sein Name aus dem Firmenlogo, dann er selbst aus dem Unternehmen. In seinem neuen Labor in West Orange, New Jersey, widmete er sich wieder dem, was er am besten konnte: dem Träumen und Erfinden und notgedrungen auch den Neugierigen aus aller Welt, die ihn dort unangekündigt aufsuchten und störten. Er galt als einer der Giganten des 19. Jahrhunderts, schließlich war seine Glühlampe inzwischen in fast allen Metropolen zu besichtigen.

In Deutschland sei die Elektrifizierung sogar noch weiter fortgeschritten als in Amerika, stellte Edison bei seiner Rundreise erstaunt fest. Emil Rathenau hatte dort ganze Arbeit geleistet und in Berlin schon 1885 das erste permanente Kraftwerk an der Markgrafenstraße errichtet, das zunächst fünftausend Lampen mit Strom versorgte.

Die Verflechtung mit der französischen Edison-Gesellschaft empfand der deutsche Geschäftsmann mit wachsendem Erfolg als Fessel, die sein Wirken kleinhielt. Im Jahr 1888 kam es zum Bruch, er kaufte sich aus der belastenden Partnerschaft heraus, benannte die Deutsche Edison-Gesellschaft um in Allgemeine Elektricitäts-Gesellschaft, kurz AEG, und formte daraus einen der einflussreichsten Konzerne der Branche weltweit. Rathenaus Sohn Walther, der spätere Außenminister, den rechtsextremistische Terroristen im Juni 1922 ermordeten, begann seine berufliche Karriere im Betrieb seines Vaters und brachte es dort zum Aufsichtsratsvorsitzenden.

Waren dem Bau des ersten Berliner Elektrizitätswerks noch jahrelange politische Debatten vorausgegangen, ob solche Installationen nützlich genug seien, um sie finanziell zu fördern, so wurden die Generatoren der später errichteten Zentralstation an der Spandauer Straße sogar im Baedeker als Sehenswürdigkeit gepriesen. Die entfesselten Kräfte der Industrie fügten sich in die Epoche eines noch viel größeren Umbruchs.

Die alte Ordnung hatte Risse bekommen. Weil sich in Phasen der Unsicherheit jedes Land selbst am nächsten war, wuchsen die gesellschaftlichen und politischen Spannungen. In China trudelte das zweitausendjährige Kaiserreich seinem Finale entgegen, in Mexiko wurde der Präsident gestürzt. Obendrein setzte der erste internationale Frauentag ein Zeichen für Gleichberechtigung. Passenderweise wurde die Forscherin Marie Curie 1911 mit dem Nobelpreis geehrt, schon mit dem zweiten.

Ein Mann namens Franz Marc malte im selben Jahr ein Pferd, das gegen alle Wahrscheinlichkeit blau war, und in Belfast lief ein Schiff vom Stapel, dessen Generatoren mehr Strom produzierten als Edisons Jumbos im New Yorker Kraftwerk des Jahres 1882. Neben zehntausend Glühlampen benötigten Telefonanlagen und elektrische Küchengeräte an Bord eine Menge Energie. Die RMS Titanic wollte die luxuriöse Atlantiküberquerung auf ein neues Niveau heben, wurde letztlich aber ein Symbol für alles, was auf dem offenen Meer schiefgehen konnte, als sie kaum ein Jahr später sank. Die Elektrik war daran schuldlos.

Die Welt vibrierte wie ein Generator unter Maximalbelastung, dennoch blieb die Stromrevolution um die Jahrhundertwende ebenso unvollendet wie der nächste Elektrifizierungsschub nach dem Ersten Weltkrieg und der übernächste nach dem Zweiten. Denn zur Herstellung wurden weiterhin fossile Ressourcen herangezogen, später ergänzt durch Atomkraft, die zwar nicht auf der Verbrennung von Kohlenwasserstoffen beruhte, dafür aber andere Gefahren heraufbeschwor. Die Hoffnung vieler Visionäre der ersten Stunde, man würde elektrische Energie demnächst allein aus erneuerbaren Quellen wie Wasser, Wind und Sonnenlicht gewinnen, blieb zu deren Lebzeiten unerfüllt und auch in den Jahrzehnten danach. Sie ist es noch heute.

Immerhin war Glühlicht 1911 nichts Außergewöhnliches mehr, zumindest in den Zentren der Metropolen. Am eiligsten hatten es die Theater gehabt. Bis zur Jahrhundertwende verfügten fast alle über Elektrizität und warben damit erstens für sich selbst und zweitens für die Annehmlichkeiten einer Technik, die aus ehemaligen Feuerfallen mustergültige Etablissements machte. Manche Intendanten und Direktoren, die in der Gaslicht-Ära groß herausgekommen waren, hatten damit trotzdem kein Glück. Zu ihnen zählte Franz Jauner. Seine schillernden Weltflucht-Szenarien büßten ihre Anziehungskraft ein, trotz elektrischer Beleuchtung. Am Ende seiner Karriere kehrte er ans Wiener Carltheater zurück. Über dieser Bühne war sein Stern einst aufgegangen, nun ging er dort unter, während Jauners Schulden wuchsen.

Am 23. Februar 1900 schreckte ein Schuss seine Hausangestellten auf. Als sie ins Arbeitszimmer des Herrn Direktors stürzten, konnte nur noch dessen Tod festgestellt werden. Seine rechte Hand umklammerte noch den Revolver.

Während etliche öffentliche Gebäude und Sehenswürdigkeiten im frühen 20. Jahrhundert mit elektrischem Licht renommierten, blieben Glühbirnen für den Eigenbedarf die Ausnahme, teils wegen hoher Betriebskosten, teils, weil Strom den Großteil der Vorstädte und der Provinz noch gar nicht erreicht hatte. Dort begnügten sich die Bewohner weiterhin mit Gasbeleuchtung oder Petroleumlampen. Zwar war die Anzahl der Elektrizitätswerke allein in Deutschland zwischen 1890 und 1905 von dreißig auf mehr als tausend gestiegen.[3] Zwar wuchs das Anlagekapital der öffentlichen Stromversorgung seit 1900 im Schnitt um zwanzig Prozent jährlich, dreimal mehr, als die Gesamtindustrie erzielte.[4] Doch den Unternehmen war das zu wenig.

Das bislang von der amerikanischen Standard Oil Company günstig nach Deutschland exportierte Petroleum unterbot ihre Preise und verlangsamte daher die Elektrifizierung von Privathaushalten. Die Branche konstatierte nach wie vor eine gewisse »Voreingenommenheit des Publikums gegen die ›teure Elektrizität‹«[5], wenn es um die Beleuchtung von Apartments und Wohnhäusern ging. Mit einer groß angelegten Werbeoffensive sollten die Menschen endgültig von den Vorzügen eines Stromanschlusses überzeugt werden.

Ausstellungen in etlichen deutschen Städten beschäftigten sich mit der »Elektrizität im Hause«. Experten verfassten Broschüren für Laien, um Zweifler zu bekehren. Allein der Titel von Hermann Zipps Ratgeber klang wie ein Befehl zum Umstieg auf Strom: *Alles elektrisch! Ein Wegweiser für Haus und Gewerbe.* Wer daheim nach wie vor auf Gas oder Petroleum setzte, musste sich nach der Lektüre nicht nur hoffnungslos rückständig fühlen, sondern auch als Verräter nationaler Interessen:

> »In den kleinsten Städtchen und Dörfern, gewinnen die Glühlampe und der Elektromotor neue Freunde, dagegen verliert die Petroleumbeleuchtung ständig an Boden, zum Vorteil unseres Volksvermögens, denn jährlich fließen aus Deutschland 83 Millionen Mark in die Taschen der ausländischen Beherrscher des Petroleummarktes.«[6]

In ähnlicher Weise bearbeiteten Leopold Bloch und Richard Zaudy zögernde Zeitgenossen in ihrer Schrift *Elektrotechnische Winke für Architekten und Hausbesitzer*, in der sie sowohl die technischen als auch die ästhetischen Vorzüge von Glühlicht im Eigenheim priesen, dessen Installation nun wirklich keine Zauberei mehr sei.

Galt Edisons massive Reklame für die Glühlampe einst in anderen Ländern als befremdlich, wenn nicht vulgär, so hatten mittlerweile auch Europas Fachkreise die Notwendigkeit sogenannter »Elektrizitäts-Propaganda« erkannt, um die Durchdringung des Marktes zu beschleunigen. In Deutschland wurde die Geschäftsstelle für Elektrizitätsverwertung (Gefelek) eingerichtet, die Branchenvertretern bei der wirksamen Kundenansprache behilflich war. Schließlich ging es der Stromindustrie nicht allein um die Modernisierung des Landes, sondern auch um die Steigerung ihres Profits.

In allen Lebensbereichen wurde die Bevölkerung mit einschlägigen Appellen konfrontiert, auf Plakaten, in Zeitungen, auf Fahrscheinen, auf Theaterzetteln. Wer schon über einen Stromanschluss verfügte, sollte ihn großzügig nutzen: »Elektrische Bügeleisen sind ein wichtiges Mittel zur Erhöhung des Stromverbrauchs«, hieß es an einem Diskussionsabend der Geschäftsstelle für Elektrizitätsverwertung in Berlin. »Zweckmäßig wäre eine Konstruktion, um die Bügeleisen auch als Kochplatten und Fußwärmer verwenden zu können.«[7] Mit dem multifunktionalen Gerät wollte man die Annehmlichkeiten der Elektrizität demonstrieren, die über eine rußfreie Beleuchtung hinausreichten.

Trotz aller propagandistischen Anstrengungen seitens der deutschen Stromindustrie blieb die private Nutzung zunächst hinter deren Erwartungen zurück. Der Erste Weltkrieg verzögerte die Expansion. Sie gelang erst in den Jahren danach, als Hausanschlüsse endlich zu einem Massenphänomen wurden.

Auch auf der anderen Seite des Erdballs wurden Lichtzeichen gesetzt. Der Palast von Hawaiis König David Kalākaua erstrahlte schon 1886 elektrisch und kurz darauf ganz Honolulu, was insofern brisant war, als das Weiße Haus in Washington, wo man den Regenten des Inselreichs tendenziell für eine Faschingsfigur hielt, erst fünf Jahre später gleichzog.

Die Glühlampe selbst war ebenfalls modernisiert worden. Den neuen Modellen fehlte die biologische Komponente. Tantal und Wolfram ersetzten die Bambusfasern. Die hohen Schmelzpunkte der Metalle ermöglichten einen ökonomischeren Langzeitbetrieb mit größerer Leuchtkraft. Dennoch war Edison überzeugt, es gebe noch besseres Glühmaterial, das unter den Pflanzen zu finden sein müsse. Den Beweis blieb er schuldig, ihm fehlte die Zeit, denn er war in aller Welt als Prophet gefragt. Mit der Autorität des ersten internationalen Hightech-Helden orakelte er unbefangen drauflos: Man werde künftig nicht mehr auf Papier, sondern auf Metallblättern schreiben, prognostizierte er, verhieß selbst Häuser und Möbel aus Eisen. Außerdem werde bald jeder seine eigene Flugmaschine besitzen.

Die Zeitgenossen lauschten und nickten aus Höflichkeit, denn von Edison hätten sie mehr erwartet. Wer das Wunder vollbracht hatte, die Welt elektrisch zu erleuchten, der musste schon etwas mehr bieten als fliegende Blechbüchsen, die sie nicht halb so aufregend fanden.

Eigentlich interessiere er sich nur noch für die Natur, sagte Edison während seiner Europareise oft, machte dann aber die Lebensqualität fremder Städte an der Zahl ihrer Fabriken und Schornsteine fest. Nur die Tiroler Berge hatte er auch ohne Qualm genossen.

Als ihn die Honoratioren in Wien zu einem Pferderennen schleppten, konnte er dem Spektakel noch weniger abgewinnen als der Aussicht auf eine Begegnung mit Francis Jehl. Befragt nach seinen Eindrücken, bezeichnete er die Veranstaltung als Dummheit.[8] Wie man sich im Jahr 1911 noch für Mobilität ohne Motor begeistern konnte, erschien ihm schleierhaft. Von Wien hatte er genug gesehen. Endlich gab er dem Drängen des Direktors der Budapester Elektrizitätswerke nach und brach mit ihm unverzüglich nach Ungarn auf, mit dem Zug, nicht mit dem Automobil.

Empfangen wurde er dort wie der Kaiser persönlich. Neben einer Delegation hochrangiger Elektrotechniker drängten sich Adel und Autogrammjäger. Hobby-Erfinder präsentierten dem Gast ihre Eigenkreationen, jede das nächste große Ding nach der Glühlampe, garantiert! Reporter verlangten Interviews, Bettler streckten ihm hohle Hände entgegen. Auch Francis Jehl stand in der Menge und wartete auf seine Chance, Edison endlich zur Rede zu stellen. Noch war es nicht so weit, zu viele Leute und er mittendrin, man übersah ihn, tja.

Zunächst wurde Edison alles vorgeführt, was in Budapest elektrisch funktionierte, darunter Kraftwerke, Beleuchtung und die 1896 eröffnete U-Bahn, die erste auf dem Kontinent, leider nicht von Edison, sondern von Siemens. Jehl geduldete sich. Er beschloss, den hohen Gast abends bei der Gala im Festsaal des Grand Hotels Hungaria anzusprechen.

Mit Béla Berkes hatte er nicht gerechnet. Der in ganz Europa geschätzte Violinist war für die Tafelmusik engagiert worden, und weil man ihn vorab informiert hatte, der berühmte Amerikaner sei fast taub, begab er sich an dessen Tisch und geigte ihm folkloristische Melodien aus kürzester Distanz ins geschädigte Ohr. Jehl zögerte. Dann drängelte er sich an den Verehrern und Gratulanten vorbei. Schon erblickte ihn Edison und fühlte sich plötzlich so unbehaglich, dass er das Gespräch mit einem Affront eröffnete:

Wenn er Geld wolle, sei Jehl bei ihm falsch, er habe keines, jedenfalls nicht für ihn.

»Wer hat denn um Geld gebeten? Ich nicht, da bin ich mir sicher«, entgegnete Jehl.

Edison musterte ihn irritiert. Er hatte seinen vormaligen Assistenten als jemanden in Erinnerung, der zurückwich und klein beigab, ihn jedenfalls nicht mit Gegenfragen belästigte.

Noch bevor er antworten konnte, war Jehl wieder am

Wort, hielt ihm vor, sein Vertrauen missbraucht, ihn ausgenutzt zu haben. Und zum Dank für Jehls Loyalität habe er ihn in Europa vergessen wie im Übrigen auch andere Pioniere, die er über den Atlantik geschickt habe, um dort die elektrische Beleuchtung zu etablieren.

»Du hättest eben besser auf dich achten müssen«, erwiderte Edison gleichmütig.

»In diesem Fall wären Ihre Interessen und Wünsche zu kurz gekommen.«[9]

Nun sagte Edison nichts mehr, zuckte nur mit den Schultern, wie er es einst in Menlo Park getan hatte, wenn ein weiterer Glühdraht durchgeschmort war. Dann widmete er sich wieder dem ungarischen Geigengott.

Und plötzlich begriff Jehl. Ignoranz und Rücksichtslosigkeit waren bei Edison das unerlässliche Zubehör, um seine große Mission zu erfüllen, als hätte er kein Herz in der Brust, sondern einen Jumbo-Generator, der ihm mit vierhundert Umdrehungen in der Minute zur Unsterblichkeit verhalf.

PERSONENREGISTER

Wiederkehrende Akteure in alphabetischer Reihenfolge

CHARLES BATCHELOR (1845–1910)

Der britische Erfinder und Maschinist verbrachte die ersten zwanzig Jahre seines Lebens in Manchester. Als er nach Amerika geschickt wurde, um dort Geräte in einer Fabrik zu installieren, lernte er Thomas Alva Edison kennen, der sich Anfang der siebziger Jahre mit der Optimierung von Telegrafenanlagen beschäftigte. Fasziniert von den Möglichkeiten der Elektrizität, blieb Batchelor in den Vereinigten Staaten und unterstützte Edison. Er stieg zu dessen wichtigstem Mitarbeiter auf. Nach der Pariser Elektrizitätsausstellung 1881 verantwortete er noch drei Jahre lang Edisons Geschäfte in Frankreich und machte anschließend in der New Yorker Firmenzentrale Karriere. Wegen seiner enormen technischen Fähigkeiten wunderten sich Branchenkenner, warum er kaum eigene Patente anmeldete. Was Batchelor entwickelte und verbesserte, tat er für Edison und in dessen Namen.

SARAH BERNHARDT (1844–1923)

Die Tochter einer Kurtisane kam in Paris zur Welt. Erst wollte sie Nonne werden, entschied sich aber mit vierzehn Jahren für eine Schauspielausbildung. Ihre wachsende Bekanntheit verdankte sie auch ihrem Talent zur Selbstvermarktung und ihrem extravaganten Lebensstil. Mitunter erregten ihre opulenten Kostüme mehr Aufsehen als ihre Darbietungen auf der Bühne. In ihrer Wohnung umgab sie sich mit exotischen Tieren. Neben ihrer Tätigkeit als Schauspielerin fertigte sie auch Gemälde und Skulpturen. Außerdem schrieb sie Romane und eine Autobiografie, in der sie die zudringliche Gesellschaft mitunter als so verrückt darstellte, wie sie umgekehrt in deren Augen erschien. Manchmal wichen ihre Erinnerungen nachweislich von der Realität ab, was die Bernhardt, die Abend für Abend eigene Welten im Rampenlicht schuf, am wenigsten störte.

LUDWIG BÖHM (1859–NACH 1907)

Geboren im thüringischen Lauscha, übersiedelte er in den siebziger Jahren nach Bonn und assistierte dort dem ebenfalls aus Thüringen stammenden Glasbläser Heinrich Geißler, der sich auf wissenschaftliche Instrumente spezialisiert hatte. Bei der Arbeit an dessen geißlerscher Röhre, einer Gasentladungsröhre, die unter Strom leuchtete, erlernte Böhm die Herstellung von Vakuum in elektrischen Apparaten. Eine der großen Herausforderungen bestand darin, Stromdrähte so durch das Glas zu führen, dass an diesen Stellen keine Luft eindrang. Mit seinen Kenntnissen brachte Böhm später die Entwicklung der Glühlampe in Menlo Park voran. Nach mehrjähriger Tätigkeit für Edisons Konkurrenten Hiram Maxim kehrte er nach Deutschland zurück, um dort zu studieren, wahrscheinlich Chemie. Denn als er anschließend wieder nach Amerika übersiedelte, arbeitete er dort nicht nur für die Elektrobranche, sondern auch für die chemische Industrie. Obwohl Edison den Wechsel des Glasbläsers zum Rivalen Maxim einst als Verrat empfand, sollte er Ludwig Böhm später zu seinen wichtigsten Mitarbeitern bei der Entwicklung der Glühlampe zählen.

THOMAS ALVA EDISON (1847–1931)

Edisons Familienchronik verzeichnet väterlicherseits holländische Vorfahren, die im frühen 18. Jahrhundert in Amerika eintrafen. Er selbst wuchs in die Phase der Industrialisierung hinein, erlebte als Zeitungsverkäufer in Zügen die Expansion der Eisenbahn. Als er zunächst die Telegrafentechnik weiterentwickelte, zählten auch Sigmund Bergmann und Johann Sigmund Schuckert zu seinen Mitarbeitern, die nach ihrer Rückkehr nach Deutschland die Elektrizitätswirtschaft in Europa mit ihren eigenen Firmen prägten. Nachdem Edisons Beleuchtungssystem die General Electric Company groß gemacht hatte, wollte er mit neuen Projekten an diesen Erfolg anknüpfen. Mit dem Kinetoskop leistete er etwa Pionierarbeit in der Frühphase des Films, während eine andere Unternehmung spektakulär scheiterte: Obwohl er Unsummen investierte, misslang sein Versuch, mit magnetischen Verfahren eine profitable Eisenförderung zu lancieren. Origineller war eine Kooperation mit dem Kölner Schokoladenfabrikanten Ludwig Stollwerck. Die gemeinsam entwickelte »Sprechende Schokolade« für Kinder ließ sich auf einem kleinen Phonographen abspielen. Als das Gerät 1903 auf den Markt kam, zählte es zu den beliebtesten Weihnachtsgeschenken.

FRANZ JAUNER (1831–1900)

Kurze Zeit nach dem Ringtheaterbrand 1881 kam in Wien das Gerücht auf, Jauner diene sich diversen Theatern in Berlin an, um dort komödiantische Rollen zu spielen. Angesichts der Brandkatastrophe wurde dieses Vorhaben als Gipfel der Geschmacklosigkeit empfunden. Der vormalige Direktor sah sich zu einer Richtigstellung veranlasst: Er sei nicht nach Berlin gereist, um als Komödiant aufzutreten, sondern um sich bei Siemens & Halske über die Vorzüge der elektrischen Beleuchtung zu informieren. Das gefiel der Wiener Gesellschaft. Dem Tenor der Zeitungsberichterstattung nach hatte sie ihm seine Fehler und Versäumnisse verziehen, als er 1883 dafür in Haft musste. Etliche Zeitgenossen betrachteten ihn mittlerweile als Opfer misslicher Umstände. Im Theater an der Wien wollte Jauner an seine früheren Erfolge anknüpfen, was ihm misslang. Schließlich kehrte er als Direktor zum Carltheater zurück, wo er einst triumphiert hatte. Mutmaßlich wegen wachsender Schulden setzte er seinem Leben am 23. Februar 1900 ein Ende.

FRANCIS JEHL (1860–1941)

Aufgewachsen in New York, verlor er schon als Kind seinen Vater, der als Assistent eines Architekten bei einem Bauprojekt in Südamerika umkam. Nach den in diesem Buch beschriebenen Ereignissen blieb er in Europa, erlebte dort den Ersten Weltkrieg und die Wirtschaftskrise danach. Die Inflation entwertete seine Ersparnisse. In den späten zwanziger Jahren, mit fast siebzig, bekam er endlich eine neue Chance. Der Automobilmagnat und Edison-Verehrer Henry Ford holte ihn nach Dearborn, Michigan, wo er das Menlo-Park-Laboratorium mit Originalmateralien rekonstruieren und als Museum zugänglich machen wollte. Als einer der letzten noch lebenden Edison-Pioniere begleitete Jehl das Projekt. Außerdem schrieb er auf Fords Wunsch seine Erinnerungen in drei Bänden auf. Der letzte Teil blieb unvollendet. Im Alter von achtzig Jahren starb Francis Jehl während des Schreibens, pflichtbewusst bis zuletzt.

DAVID KALĀKAUA (1836 – 1891)

Im Jahr 1874 bestieg er Hawaiis Thron und regierte bis zu seinem Tod. Weltweit bekannt wurde er 1881 durch seine Reise um die Erde. Als Regentin folgte ihm seine Schwester Lili'uokalani nach, die ihn schon während seiner Welttournee vertreten hatte. Beide schwärmten für Musik, er vor allem für deutsche Märsche und Walzer, sie für hawaiianische Volkslieder. Lili'uokalani selbst komponierte unzählige Melodien, darunter den Klassiker Aloha 'Oe. Auf Betreiben einflussreicher amerikanischer Plantagenbesitzer in Hawaii wurde die Königin 1893 gestürzt und Sanford Dole, der Neffe des mächtigen Ananas-Exporteurs James Dole, zum Präsidenten des Landes erklärt. Die Vereinigten Staaten annektierten Hawaii im Jahr 1898.

EMIL RATHENAU (1838 – 1915)

Eine seiner größten Gaben sei das Schauen und Erkennen gewesen, sagte Walther Rathenau am Grab seines Vaters. »Als er zum erstenmal diese kleine Birne leuchten sah, da sah sein Auge die Erde umspannt mit kupfernen Netzen, da sah sein inneres Auge den Strom rinnen von Land zu Land«[1], hieß es in der Trauerrede. Emil Rathenau, seinerseits Sohn eines jüdischen Kaufmanns, habe »Technik und Finanzkraft, Finanzkraft und Kaufmannsgenie«[2] vereint. Während Werner Siemens mit selbst entwickelter Technik und eigenem Kapital seinen Familienbetrieb über Jahrzehnte zum Konzern formte, erwarb Rathenau Patente mit Investorengeld und weitete sein Geschäftsfeld von Beleuchtungssystemen auf elektrische Kraftübertragung aller Art aus. Dadurch machte er die AEG zu einer der einflussreichsten Firmen der Branche. Noch 1970, mehr als ein halbes Jahrhundert nach seinem Tod, gehörte sie zu den größten Elektrofirmen. Dann begann der Niedergang. Die Expansionsstrategie forderte ihren Preis, die Verbindlichkeiten wuchsen. Anfang der achtziger Jahre war das Unternehmen zahlungsunfähig. Ein Retter nahte, die Daimler-Benz AG stieg bei der AEG ein, doch inzwischen waren im Sanierungseifer so viele Sparten veräußert worden, dass dem siechenden Unternehmen die Identität verloren gegangen war. Die Reste des von Emil Rathenau gegründeten Konzerns gingen 1996 in der Daimler-Benz AG auf.

DANKSAGUNG

Höchste Zeit, das großartige Ensemble zu würdigen, das mich unterstützt und dieses Buch erst ermöglicht hat:

Sein beeindruckendes Wissen über die Pioniere der Elektrifizierung hat der Technikhistoriker Dr. Frank Dittmann vom Deutschen Museum mit mir geteilt. Dafür bin ich ihm ebenso dankbar wie dem österreichischen Kulturwissenschaftler Prof. Dr. Philipp Maurer, der über das alte Wien so lebendig erzählen kann, dass man meint, der Kaiser käme gleich ums Eck. Beide Experten haben sich in mein Manuskript vertieft und mir mit ihren Anmerkungen enorm weitergeholfen.

Ich danke Nannette Elke, Anna-Marie Mamar und allen anderen Mitarbeitern von HarperCollins, die auch mein zweites Buchprojekt von Beginn an gefördert und mit großem Engagement umgesetzt haben. Die Zusammenarbeit ist so angenehm wie inspirierend. Meine Lektorin Dr. Ute Maack hat das Manuskript behutsam und ungemein kenntnisreich besser gemacht. Ich staunte über diese Leistung – und staune immer noch.

Mein Agent Gerald Drews kannte die Idee für dieses Buch schon, als sie noch kaum ein halbes DIN-A4-Blatt füllte. Sein Vertrauen und seine Anregungen sind wertvoll, immer.

Besonders möchte ich meiner Familie danken, ohne die »Der elektrische Traum« ein Traum geblieben wäre. Ihr Zuspruch hat mich beim Schreiben auf Kurs gehalten. Ihr Verständnis, wenn ich an Wochenenden zu nichts zu gebrauchen war, weil ich in Gedanken mit Francis Jehl in Budapest festsaß, bedeutet mir viel. Eure Anmerkungen zum Manuskript waren eine Bereicherung! Meine Tochter sagte, sie werde die kritische Lektüre nachholen, wenn sie größer sei. Ich werde gerne darauf zurückkommen, liebe Mia.

ANMERKUNGEN

1 IN FLAMMEN

1 Vgl. Wiener Allgemeine Zeitung: Aus Nizza. 19. Februar 1881. S. 5
2 Neue Freie Presse: Bijoux de Monaco. 17. Februar 1881. S. 2
3 Wiener Zeitung: Ein russischer Nabob. 16. Januar 1881. S. 7
4 Neue Freie Presse: Das höchste Honorar der Patti. 17. Januar 1881. S. 1
5 Vgl. Prager Abendblatt: Der Theaterbrand in Nizza. 26. März 1881. S. 3
6 Neue Illustrirte Zeitung: Wiener Wochenchronik. 14. Februar 1875. S. 14
7 Ebd.
8 Vgl. Morgen-Post: Er kommt. 7. März 1875. S. 4
9 Theodor Jauner: Franz Jauner und seine Zeit. Fünf Jahre Wiener Operntheater 1875–1880. Hrsg. im Selbst-Verlag. Wien 1962. S. 118
10 Neue Freie Presse: Franz Jauner, ein Theaterfeldherr. 25. Februar 1925. S. 11
11 Illustrirtes Wiener Extrablatt: Elephant, wo bist Du?. 12. März 1875. S. 4
12 Neues Fremden-Blatt: Lokalnachrichten. 15. März 1875. S. 3
13 Vgl. Das Vaterland: Tages-Nachrichten. 16. März 1875. S. 3
14 Morgen-Post: Vom Tage. 28. März 1875. S. 1
15 Vgl. Die Presse: Theater- und Kunstnachrichten. 21. März 1875. S. 8
16 Morgen-Post: Theater, Kunst und Literatur. 24. März 1875. S. 4
17 Morgen-Post: Wie man sich in Nizza die Zeit vertreibt. 14. Februar 1881. S. 1
18 Wiener Salonblatt: Cannes – Nizza – Monaco. 6. Februar 1881. S. 8
19 Vgl. Alois Riedler: Emil Rathenau und das Werden der Großwirtschaft. Julius Springer. Berlin 1916. S. 15
20 Neues Bayerisches Volksblatt: Die Afrikanerin von Meyerbeer. 4. Dezember 1865. S. 1323
21 Riedler: Emil Rathenau. S. 16
22 Ebd. S. 17
23 Ebd. S. 35
24 Vgl. Felix Pinner: Emil Rathenau und das elektrische Zeitalter. Akademische Verlagsgesellschaft. Leipzig 1918. S. 20

25 Ebd. S. 28
26 Ebd. S. 36
27 Vgl. ebd. S. 362 f.
28 Vgl. Jauner: Franz Jauner und seine Zeit. S. 3
29 Ebd. S. 7
30 Ebd. S. 8
31 Vgl. Prager Abendblatt: Der Theaterbrand in Nizza. 26. März 1881. S. 3
32 Vgl. Neue Freie Presse: Der Theaterbrand in Nizza. 28. März 1881. S. 2
33 Vgl. Die Presse: Der Theaterbrand in Nizza. 26. März 1881. S. 3
34 Vgl. Wiener Allgemeine Zeitung: Der Theaterbrand in Nizza. 25. März 1881. S. 7
35 Die Presse: Kleine Chronik. 30. März. S. 2
36 Heinrich Lux: Die öffentliche Beleuchtung von Berlin. S. Fischer. Berlin 1896. S. 3
37 Vgl. Der Humorist: Wiener Tags-Courier. 30. November 1847. S. 1144
38 Illustrirtes Wiener Extrablatt: Eine Bädeker-Dichtung. 31. März 1875. S. 4
39 Wiener Zeitung: Theater. 30. März 1875, S. 3
40 Die Presse: Die Reise um die Welt in achtzig Tagen. 30. März 1875. S. 3
41 Fremden-Blatt: Die Reise um die Welt in achtzig Tagen. 30. März 1875, S. 4
42 Die Presse: Die Reise um die Welt in achtzig Tagen. 31. März 1875. S. 9
43 Wiener Zeitung: Theater. 30. März 1875. S. 4
44 Vgl. Morgen-Post: Das Carl-Theater unter Jauner. 31. Mai 1878. S. 1
45 Anton Langer's Hans Jörgel von Gumpoldskirchen: Unsere Gas-Tyrannen. 15. Februar 1879. S. 2
46 Ludwig Herbeck: Johann Herbeck. Ein Lebensbild. Albert Gutmann. Wien 1885. S. 387
47 Jauner: Franz Jauner und seine Zeit. S. 137

2 ZAUBER DER STIMME (1878)

1 Report of National Academy of Sciences 1878. Washington D.C. 1879. S. 2 f.
2 Vgl. Neil Baldwin: Edison. Inventing the Century. Hyperion. New York 1995. S. 18
3 The Sun: The Inventor oft he Age. 29. April 1878. S. 3
4 Vgl. Robert Conot: Thomas A. Edison. A Streak of Luck. Da Capo Press. New York 1979. S. 100
5 Ebd. S. 109
6 The Evening Star: National Academy of Sciences. 19. April 1878. S. 1
7 Vgl. Francis Jehl: Menlo Park Reminiscences. Vol. 1. The Edison Institute. Dearborn, Michigan, 1937. S. 159
8 The Evening Star: National Academy of Sciences. 19. April 1878. S. 1
9 Vgl. Conot: Thomas A. Edison. S. 108
10 Ladon (d.i. Maximilian Harden): Emil Rathenau. In: Die Zukunft. 65. Band. Berlin 1908. S. 432
11 Ebd.

12 Ebd. S. 433
13 Vgl. The North-China Herald: Shanghai Gas Company. 4. April 1879. S. 328
14 Wiener Sonn- und Montags-Zeitung: Von der Hofoper. 13. Mai 1878. S. 1
15 Mährisches Tagblatt: Die Millionen einer Sängerin. 12. Januar 1891. S. 1
16 Vgl. Morgen-Post: Theater, Kunst und Literatur. 1. Oktober 1878. S. 3

3 GROSSE VERSPRECHEN (1878)

1 Jehl: Menlo Park Reminiscences. Vol 1. S. 7
2 Vgl. W. K. L. Dickson und Antonia Dickson: The Life and Inventions of Thomas Alva Edison. Thomas Y. Crowell. New York 1892. S. 105
3 Jehl: Menlo Park Reminiscences. Vol 1. S. 17
4 Ebd. S. 20
5 Vgl. ebd. S. 20
6 Paul B. Israel u. a. (Hrsg.): The Papers of Thomas A. Edison. Vol. 5. Johns Hopkins University Press. Baltimore 2004. S. 86 f.
7 Vgl. Conot: Thomas A. Edison. S. 121
8 Vgl. ebd. S. 123
9 Vgl. The Sun: Edison's newest Marvel. 16. September 1878. S. 3
10 Vgl. The Electrician: Lecture on the Electric Light at the Colston Hall. 23. November 1878. S. 8 f.
11 Vgl. William Henry Preece: The Electric Light. In: The Electrician. 15. Februar 1879. S. 154
12 Vgl. ebd. S. 166
13 Illustrirter Kalender für 1881: Naturwissenschafts-Kalender. Physik. J. J. Weber. Leipzig 1880. S. 36
14 Conrad Matschoß: Werner Siemens. Ein Kurzgefaßtes Lebensbild Nebst Einer Auswahl Seiner Briefe. Springer. Berlin, Heidelberg 1925. S. 582 (Brief an Wilhelm Siemens vom 5. November 1878)
15 Ottokar Burghart: Ueber das elektrische Licht und dessen Chancen für die Zukunft. In: Der Civil-Techniker. 1. Jahrgang. Nr. 6. Wien, 15. März 1879. S. 41
16 Vgl. The New York Herald: Fiat Lux! The New York Herald. 14. Oktober 1878. S. 9
17 The Economist: The Fall of Gas Shares. 12. Oktober 1878. S. 1199 f.
18 Vgl. Report from the Select Committee on Lighting by Electricity. Ordered, by The House of Commons, to be Printed. 13. June 1879
19 Paul B. Israel u. a. (Hrsg.): The Papers of Thomas A. Edison. Vol. 4. Johns Hopkins University Press. Baltimore 1998. S. 700
20 Vgl. Karl Schriftgiesser: Oscar of the Waldorf. E.P. Dutton. New York 1943. S. 35
21 Vgl. Conot: Thomas A. Edison. S. 129
22 Vgl. ebd. S. 818
23 Jehl: Menlo Park Reminiscences. Vol 1. S. 247
24 Ebd.

4 HIGHTECH IN DER KAISERZEIT (1879)

1 Vgl. The Journal of Gas Lighting, Water Supply & Sanitary Improvement. 3. Juni 1879. S. 849
2 Ebd. S. 850
3 Ebd. 14. Januar 1879. S. 42
4 Ebd. 18. Februar 1879. S. 228
5 Hippolyte Fontaine: Die electrische Beleuchtung. Lehmann & Wentzel. Wien 1880. S. V
6 Vgl. Jehl: Menlo Park Reminiscences. Vol. 1. S. 251
7 Israel u. a. (Hrsg.): The Papers of Thomas A. Edison. Vol. 5. S. 51
8 Heinrich Hilgard-Villard: Jugend-Erinnerungen. Hermann Bartsch Printing House. New York 1902. S. 73
9 Conot: Thomas A. Edison. S. 143
10 Jehl: Menlo Park Reminiscences. Vol. 1. S. 324
11 Ebd. S. 327
12 Vgl. Francis Jehl: Menlo Park Reminiscences. Vol. 2. The Edison Institute. Dearborn, Michigan, 1939. S. 516
13 Vgl. Conot: Thomas A. Edison. S. 152
14 Signale für die Musikalische Welt: Foyer. Heft 8. Januar 1880. S. 122
15 Eduard Hanslick: Aus meinem Leben. Zweiter Band. Allgemeiner Verein für Deutsche Literatur. Berlin 1894. S. 315
16 August Fölsch: Theaterbrände und die zur Verhütung derselben erforderlichen Schutz-Massregeln. Otto Meissner. Hamburg 1878. S. 52
17 August Fölsch: Erinnerungen aus dem Leben eines Technikers. Otto Meisner. Hamburg 1889. S. 193
18 Ebd. S. 166
19 Morgen-Post: Wiener Plaudereien. 10. November 1878. S. 2
20 Wiener Sonn- und Montags-Zeitung: Richard Wagner's »Götterdämmerung«. 24. Februar 1879. S. 2

5 DAS LEUCHTENDE SCHIFF (1879/1880)

1 Vgl. Jehl: Menlo Park Reminiscences. Vol. 1. S. 258
2 Scientific American: From the Laboratory of T. A. Edison. 26. Juli 1879. S. 52
3 Jehl: Menlo Park Reminiscences. Vol. 1. S. 324
4 Ebd. S. 258 f.
5 Ebd. S. 327
6 The New York Herald: Edison's Light. 21. Dezember 1879. S. 5
7 Jehl: Menlo Park Reminiscences. Vol. 1. S. 338
8 Ebd. S. 355
9 Vgl. ebd. S. 356
10 Ebd. S. 357
11 Vgl. Robert Friedel & Paul Israel: Edison's Electric Light. Biography of an Invention. Rutgers University Press. New Brunswick, New Jersey, 1986. S. 103

12 Vgl. New York Herald: Edison's Light. 21. Dezember 1879. S. 5
13 Vgl. Jehl: Menlo Park Reminiscences. Vol. 1. S. 368
14 Israel u. a. (Hrsg.): The Papers of Thomas A. Edison. Vol. 5. S. 527
15 Ebd. S. 526
16 New York Herald: Edison's Light. 21. Dezember 1879. S. 5.
17 New York Herald: A Night with Edison. 31. Dezember 1879. S. 3
18 Ebd.
19 Ebd.
20 Vgl. Jehl: Menlo Park Reminiscences. Vol. 1. S. 422
21 Vgl. The Sun: The Light in Menlo Park. 3. Januar 1880. S. 7
22 Ebd.
23 Israel u. a. (Hrsg.): The Papers of Thomas A. Edison. Vol. 5. S. 543
24 Ebd. S. 683
25 Epoche: Elektrisches Licht. 6. Januar 1880. S. 4
26 The Coal Trade Journal: Notes of the Week. 7. Januar 1880. S. 24
27 Ebd: Gas vs. Electricity in England. 11. Februar 1880. S. 84
28 Vgl. The British Trade Journal: Course of Foreign Exchange. 1. Februar 1880. S. 49
29 Friedrich von Hefner-Alteneck: Ueber die Theilung des elektrischen Lichtes. In: Elektrotechnische Zeitschrift. März 1880. S. 90
30 The American Gas Light Journal. 16. April 1880. S. 181
31 Ebd.: Edison's new Discovery. 2. April 1880. S. 145
32 Ebd.: Manchester District Institution of Gas Engineers. 17. Mai 1880. S. 219
33 Pinner: Emil Rathenau und das elektrische Zeitalter. S. 81
34 Ebd. S. 82
35 Vgl. Scientific American: The Columbia. 22. Mai 1880. S. 326
36 Vgl. Jehl: Menlo Park Reminiscences. Vol. 2. S. 562
37 Ebd. S. 558
38 Henry Villard: Memoirs of Henry Villard. Vol. 2. Houghton, Mifflin and Company. Boston / New York 1904. S. 290
39 Jehl: Menlo Park Reminiscences. Vol. 2. S. 563
40 Vgl. Scientific American: The Columbia. 22. Mai 1880. S. 326

6 BAMBUSTAGE (1880)

1 Ladon (d. i. Maximilian Harden): Emil Rathenau. S. 433
2 Vgl. Elektrotechnische Zeitschrift: Vereins-Angelegenheiten. Januar 1882. S. 4
3 Jehl: Menlo Park Reminiscences. Vol. 2. S. 614
4 George S. Bryan: Edison. The Man and His Work. Alfred A. Knopf. New York 1926. S. 133
5 Vgl. ebd. S. 133 ff.
6 Vgl. Thomas Alva Edison: The Success of the Electric Light. In: North American Review. New York, Oktober 1880. S. 295–300.
7 Ebd. S. 297

8 Vgl. The Journal of Gas Lighting: Some Notes from America. 1. März 1881. S. 357
9 Vgl. Israel u. a. (Hrsg.): The Papers of Thomas A. Edison. Vol. 5. S. 894
10 Vgl. ebd. S. 905
11 Vgl. ebd.
12 Kikeriki: Jauner – der Unersetzliche. 1. Juli 1880. S. 2
13 Vgl. Neue Freie Presse: Hofoperntheater. 29. Juni 1880. S. 1
14 Wiener Zeitung: Amtlicher Theil. 22. Juni 1880. S. 2
15 Vgl. Neue Freie Presse: Kleine Chronik. 21. Juni 1880. S. 9
16 Sarah Bernhardt: My Double Life. Memoirs of Sarah Bernhardt. William Heinemann. London 1907. S. 351
17 Max Nordau: Paris. Studien und Bilder aus dem wahren Milliardenlande. 2. Band. Duncker & Humblot. Leipzig 1881. S. 138 f.
18 Bernhardt: My Double Life. S. 363
19 Ebd.
20 Vgl. The Sun: Wanted. 30. Oktober 1880. S. 4
21 New-York Tribune: Bernhardt as Phaedre. 24. November 1880. S. 4
22 Bernhardt: My Double Life. S. 374
23 Vgl. ebd.
24 Ebd.
25 Israel u. a. (Hrsg.): The Papers of Thomas A. Edison. Vol. 5. S. 889
26 Vgl. ebd. S. 934
27 Vgl. Centralblatt für Eisenbahnen und Dampfschiffahrt in Oesterreich: Personal-Nachrichten. 11. August 1866. S. 271
28 Bernhardt: My Double Life. S. 377
29 Ebd. S. 378
30 Ebd.
31 Jehl: Menlo Park Reminiscences. Vol. 2. S. 772
32 Vgl. ebd. S. 700 ff.
33 The Builder: The Progress of Invention. 10. Juli 1880. S. 1
34 John Hubert Greusel: Thomas A. Edison. The Man, His Work and His Mind. The Arts and Crafts Publishers. Los Angeles 1913. S. 91
35 Francis Rolt Wheeler: Thomas Alva Edison. The MacMillan Company. New York 1922. S. 134
36 Hiram S. Maxim: My Life. Methuen & Co. Ltd. London 1915. S. 130
37 Ebd. S. 132

7 RUHM IN REICHWEITE (1881)

1 Vgl. The Richland Beacon: Wise Words. 8. Januar 1881. S. 1
2 Die Presse: Die Gasvergiftung in Wien. 11. Juni 1880. S. 9
3 Zit. nach Hugo von Ziemssen u. a. (Hrsg.): Handbuch der Krankheiten des Respirations-Apparates. Band 1. F. C. W. Vogel. Leipzig 1876. S. 301
4 Vgl. Eduard Lucas: Schutz der Obstbäume gegen Krankheiten. Eugen Ulmer. Stuttgart 1879. S. 24 f.

5 G. Jäger, A. Kengott (Hrsg.): Enzyklopädie der Naturwissenschaften. Erste Abtheilung. Eduard Trewendt. Breslau 1879. Vgl. S. 462
6 Lucas: Schutz der Obstbäume gegen Krankheiten. S. 25
7 William N. Armstrong: Around the World with a King. Frederick A. Stokes Company. New York 1904. S. 85
8 Vgl. Neuigkeits Welt-Blatt: Eine vierhändige General-Direktion. 9. Oktober 1880. S. 7
9 Das Vaterland: Komische Oper. 19. März 1874. S. 1
10 Die Presse: Der erste Abend in der Komischen Oper. 16. Januar. 1874. S. 8
11 Figaro: Die komische Oper. 24. Januar 1874. S. 5
12 Neue Freie Presse: Wiener Theaterbriefe. 8. September 1881. S. 5
13 Neuigkeits Welt-Blatt: Wochen-Betrachtungen. 11. September 1881. S. 5
14 Jehl: Menlo Park Reminiscences. Vol. 2. S. 778
15 Ebd. S. 785
16 Vgl. New York Tribune: Mr. Edison corrected. 2. Dezember 1880. S. 3
17 Ministère des Postes et des Télégraphes (Hrsg.): Congrès International des Électriciens. G. Masson. Paris 1882. S. 2 f.
18 Jehl: Menlo Park Reminiscences. Vol. 2. S. 552
19 Ebd. S. 897
20 Vgl. Israel u. a. (Hrsg.): The Papers of Thomas A. Edison. Vol. 5. S. 974 f.
21 Jehl: Menlo Park Reminiscences. Vol. 2. S. 868

8 UNTER STROM (1881)

1 Vgl. Daily Globe: The Nice Theater Horror. 25. März 1881. S. 1
2 Neue Freie Presse: Brand des Opernhauses in Nizza. 25. März 1881. S. 7
3 Vgl. Centralblatt der Bauverwaltung: Sicherheitsmaßregeln für Theater. 30. April 1881. S. 38
4 Morgen-Post: Wiener Wespen. 11. April 1881. S. 1
5 Wiener Zeitung: Theater-Regulativ. 7. August 1881. S. 2
6 Morgen-Post: Theater, Kunst und Literatur. 18. August 1881. S. 4
7 Die Presse: Theater- und Kunstnachrichten. 19. August 1881. S. 10
8 Kikeriki: Sarah Bernhardt. 25. August 1881. S. 3
9 Morgen-Post: König Kalakaua in Wien. 9. August 1881. S. 2
10 Vgl. Hawaiian Gazette: The King's Tour around the World. 7. September 1881. S. 6
11 Die Presse / Abendblatt: Kleine Chronik. Vom König Kalakaua. 13. Oktober 1881. S. 3
12 Morgen-Post: Elektrische Ausstellung in Paris. 13. August 1881. S. 3
13 Le Figaro: Exposition d'Électricité. 15. August 1881. S. 2
14 Paul B. Israel u. a. (Hrsg.): The Papers of Thomas A. Edison. Vol. 6. Johns Hopkins University Press. Baltimore 2007. S. 145
15 Jehl: Menlo Park Reminiscences. Vol. 2. S. 897
16 Ernst Hinkefuß: Die erste elektrische Weltausstellung. In: Die Gartenlaube. Nr. 43. 1881. S. 712–716. S. 714

17 Neue Freie Presse. Abendblatt: Von der elektrischen Ausstellung. 25. August 1881. S. 2
18 Max Nordau: Elektropolis (1. Teil). In: Neueste Nachrichten und Münchner Anzeiger. 15. September 1882. S. 1
19 L'Électricité: Opinion de Victor Hugo sur l'Exposition. 20. August 1881. S. 258
20 Vgl. August Bebel: Die Frau und der Sozialismus. Dietz. Berlin 1923. S. 389
21 Vgl. New York Dispatch: Where's the Light? 25. September 1881. S. 4
22 Vgl. Israel u. a. (Hrsg.): The Papers of Thomas A. Edison. Vol. 6. S. 180
23 Francis Jehl: Menlo Park Reminiscences. Vol. 3. The Edison Institute. Dearborn, Michigan, 1941. S. 975
24 Ebd.
25 Israel u. a. (Hrsg.): The Papers of Thomas A. Edison. Vol. 6. S. 174
26 Vgl. William Joseph Hammer: The First Central Station for Incandescent Lighting. In: Electrical World and Engineer. 5. März 1904. S. 452

9 EIN TRAUERSPIEL (1881)

1 Neue Freie Presse: Theater- und Kunstnachrichten. 3. November 1881. S. 6
2 Vgl. Morgen-Post: Theater, Kunst und Literatur. 1. Oktober 1881. S. 4
3 Die Presse/Abendblatt: Theater- und Kunstnachrichten. 1. Oktober 1881. S. 2
4 Morgen-Post: Der Ringtheater-Proceß. 25. April 1882. S. 2
5 Alois Wohlmuth: Ungeschminkt. Autobiographische Skizzen. Münchener Kunst- und Verlags-Anstalt Dr. E. Albert & Co. München 1890. S. 119
6 Vgl. Neuigkeits Welt-Blatt: Der sensationelle Ringtheater-Prozeß in Wien. 30. April 1882. S. 7
7 Neue Freie Presse: Ringtheater. 4. November 1881. S. 7
8 Wiener Abendpost. Beilage zur Wiener Zeitung: Wiener Ringtheater: Fräulein Sarah Bernhardt als Gast. 10. November 1881. S. 1
9 Daniel Spitzer: Wiener Spaziergänge. Fünfte Sammlung. Julius Klinkhardt. Wien und Leipzig 1882. S. 324
10 Pinner: Emil Rathenau und das elektrische Zeitalter. S. 92
11 Ebd. S. 88
12 Vgl. The Journal of Gas Lighting, Water Supply & Sanitary Improvement: Southern District Association of Gas Engineers and Managers. 15. November 1881. S. 882
13 Vgl. ebd. 13. Dezember 1881. S. 990
14 The Sun: Kalakaua visits Edison. 26. September 1881. S. 1
15 Ebd.
16 Neue Freie Presse/Abendblatt: Der Ringtheater-Process. 24. April 1882. S. 3
17 Hans Jörgel von Gumpoldskirchen: Theater-Woche. 3. Dezember 1881. S. 10
18 Vgl. Neue Freie Presse/Abendblatt: Der Ringtheater-Proceß. 24. April 1882. S. 6

19 Ebd.
20 Vgl. Carl Theodor Fockt: Der Ringtheater-Proceß in Wien im April und Mai 1882. A. Hartleben's Verlag. Wien 1882. S. 26
21 Ludwig Ganghofer: Lebenslauf eines Optimisten. Autobiographie. Edition Ludwig Ganghofer. Weltbild. Augsburg (o. J.). S. 521
22 Vgl. Das Vaterland: Gerichtshalle. 1. Mai 1882. S. 2
23 Vgl. Wiener Feuerwehr-Zeitung: Schutz der Personen in öffentlichen Versammlungs-Räumen. 15. Juli 1885. S. 62
24 Morgen-Post: Der Ringtheater-Proceß. 25. April 1882. S. 3
25 Das Vaterland: Gerichtshalle. 1. Mai 1882. S. 2
26 Ganghofer: Lebenslauf eines Optimisten. S. 521
27 Carl Theodor Fockt: Der Brand des Ringtheaters in Wien. A. Hartleben's Verlag. Wien 1881. S. 31
28 Ganghofer: Lebenslauf eines Optimisten. S. 523
29 Ebd.
30 Zit. nach Hans Conrad Fischer: Anton Bruckner. Sein Leben. Residenz. Salzburg 1974. S. 177
31 Ganghofer: Lebenslauf eines Optimisten. S. 524
32 Fockt: Der Ringtheater-Proceß in Wien. S. 31
33 Neuigkeits Welt-Blatt: Der sensationelle Ringtheater-Prozeß in Wien. 3. Mai 1882. S. 9
34 Vgl. Fockt: Der Ringtheater-Proceß in Wien. S. 67
35 Das Vaterland: Gerichtshalle. 1. Mai 1882. S. 2
36 Fockt: Der Ringtheater-Proceß in Wien. S. 34
37 Das Vaterland: Gerichtshalle. 1. Mai 1882. S. 2
38 Das Vaterland: Der Brand des Ringtheaters. 9. Dezember 1881. S. 2
39 Ganghofer: Lebenslauf eines Optimisten. S. 526 f.
40 Ebd.
41 Vgl. Neuigkeits Welt-Blatt: Der sensationelle Ringtheater-Prozeß in Wien. 3. Mai 1882. S. 8

10 FALSCHE SICHERHEIT (1882)

1 Wiener Allgemeine Zeitung / Abendblatt: Der Brand im Ringtheater. 12. Dezember 1881. S. 2
2 Die Presse: Pariser Brief. 29. Juli 1882. S. 11
3 Wiener Allgemeine Zeitung: Telegramme. London. 10. Dezember 1881. S. 8
4 Vgl. Wiener Zeitung / Wiener Abendpost: Theater. 13. Januar 1882. S. 3
5 Werner Siemens: Elektrizität gegen Feuersgefahr. In: Elektrotechnische Zeitschrift. Januar 1882. S. 10
6 Vgl. Neue Freie Presse / Abendblatt: Ein Mustertheater. 23. März 1882. S. 2
7 Vgl. Grazer Volksblatt: Inserat »Grosses Promenade-Concert«. 12. Februar 1882. S. 7

11 VON WUNDERN UND WUNDEN (1882)

1 Kritik an den Leistungen der Konkurrenten äußerte Francis Jehl in mehreren Briefen an Edison, etwa in jenem vom 28. März 1882. The Thomas A. Edison Papers Digital Edition. Rutgers School of Art and Sciences. Ordner D8239-F. Dokument D8239ZAN
2 Pinner: Emil Rathenau und das elektrische Zeitalter. S. 93
3 Ebd. S. 92
4 Vgl. Francis Jehl an Thomas Alva Edison. Brief vom 1. September 1882. The Thomas A. Edison Papers Digital Edition. Rutgers School of Art and Sciences. Ordner D8238-F. Dokument D8238ZCS
5 Jehl: Menlo Park Reminiscences. Vol. 3. S. 1024
6 Vgl. Neuigkeits Welt-Blatt: Theater, Kunst und Musik.12. August 1882. S. 7
7 Wilhelm von Beetz u. a. (Hrsg.): Offizieller Bericht über die im Königlichen Glaspalaste zu München 1882 unter dem Protektorate Sr. Majestät des Königs Ludwig II. von Bayern stattgehabte Internationale Elektricitäts-Ausstellung. Autotypie-Verlag. München 1883. S. 11
8 Neue Illustrirte Zeitung: Die Internationale elektrische Ausstellung in München. 24. September 1882. S. 822
9 Neuigkeits Welt-Blatt: Die elektrische Ausstellung in München. 8. Oktober 1882. S. 9
10 Wiener Medizinische Wochenschrift: Von der Elektrizitäts-Ausstellung. 14. Oktober 1882. S. 1229
11 Leo Graetz: Die Elektricitätsausstellung in München. In: Allgemeine Zeitung. München. 1. Oktober 1882. S. 4035
12 Prager Tagblatt: Kleine Chronik. 28. September 1882. S. 8
13 Neueste Nachrichten und Münchener Anzeiger: Ein Triumph des Menschengeistes. 28. September 1882. S. 1
14 Vgl. Wiener Salonblatt: Das elektrische Theater in München. 1. Oktober 1882. S. 5
15 Wiener Allgemeine Zeitung / Abendblatt: Von der Elektricitäts-Ausstellung. 21. September 1882. S. 1
16 von Beetz u. a. (Hrsg.): Offizieller Bericht. S. 54
17 Riedler: Emil Rathenau. S. 45
18 Deutsche Industrie-Zeitung: Bemerkungen über das elektrische Licht. 22. November 1882. S. 467
19 Vgl. Centralblatt für Elektrotechnik: Verschiedenes. Nr. 3, 1883. S. 68 f.
20 Der Bautechniker: Vermischtes. 2. März 1883. S. 83
21 Vgl. Österreichische Illustrirte Zeitung: Wie heizen wir unsere Wohnungen gesund, billig, reinlich und bequem?. 21. Juni 1895. S. 11
22 Vgl. Wiener Allgemeine Zeitung: Telegramme d. »Wiener Allg. Zeitung«. 11. Januar 1882. S. 7
23 Die Presse: Das neue Brünner Theater. 8. Oktober 1882. S. 2
24 Wochenschrift des österreichischen Ingenieur- und Architekten-Vereines: Angelegenheiten des Vereines. 9. Dezember 1882. S. 305

25 Francis Jehl an Thomas Alva Edison: Brief vom 29. Oktober 1882. The Thomas A. Edison Papers Digital Edition. Rutgers School of Art and Sciences. Ordner D8238-F. Dokument D8238ZEC
26 Francis Jehl: Electric Lighting at Brünn. In: The Electrician. 25. November 1882. S. 38
27 Jehl: Menlo Park Reminiscences. Vol. 3. S. 985

12 DIE GRÖSSTE SHOW AUF ERDEN (1911)

1 Henry Ford: Edison as I know him. J. J. Little & Ives Company. New York 1930. S. 5
2 Francis Jehl an William Joseph Hammer: Brief vom 31. Dezember 1910. The Thomas A. Edison Papers Digital Edition. Rutgers School of Art and Sciences. Ordner X098A-F. Dokument X098A076
3 Vgl. Thomas Bohn u. Hans-Peter Marschall: Die technische Entwicklung der Stromversorgung. In: Wolfram Fischer (Hrsg.): Die Geschichte der Stromversorgung. VWEW-Verlag. Frankfurt a. M. 1992. S. 39–120. S. 49
4 Vgl. Thomas Herzig: Wirtschaftsgeschichtliche Aspekte der deutschen Elektrizitätsversorgung 1880 bis 1890. in: ebd. S. 123–166. S. 129
5 Elektrotechnische Zeitschrift: Die Ausstellung: »Die Elektrizität im Hause, im Kleingewerbe und in der Landwirtschaft«, München 1911. 1. Juni 1911. S. 538
6 Hermann Zipp: Alles elektrisch! Ein Wegweiser für Haus und Gewerbe. Springer. Berlin, Heidelberg 1912. S. 6
7 Elektrotechnik und Maschinenbau: Diskussionsabend über »Elektrizitäts-Propaganda«. 2. März 1913. S. 195
8 Pester Lloyd: Thomas Alva Edison in Budapest. 12. September 1911. S. 1
9 Francis Jehl an William Joseph Hammer: Brief vom 8. Oktober 1911. The Thomas A. Edison Papers Digital Edition. Rutgers School of Art and Sciences. Ordner X098A-F. Dokument X098A077

PERSONENREGISTER

1 Walther Rathenau: Gesammelte Schriften. Band 5: Reden und Schriften aus Kriegszeit. S. Fischer. Berlin 1918. S. 16
2 Ebd. S. 18